Mantenimiento Industrial

I0480768

JORGE SARMIENTO EDITOR - UNIVERSITAS

IVÁN GALLARÁ

MBA – ICDA
Universidad Católica de Córdoba

Ing. Electricista Electrónico

DANIEL PONTELLI

Ing. Mecánico Aeronáutico
Universidad Nacional de Córdoba

Ing. Laboral
Universidad Tecnológica Nacional

MANTENIMIENTO INDUSTRIAL

JORGE SARMIENTO EDITOR - UNIVERSITAS

CRÉDITOS DE LA PRESENTE EDICIÓN:

Diseño de Carátula: JORGE SARMIENTO
Diagramación y Diseño: EL AUTOR
Dibujos y Gráficos: EL AUTOR

El cuidado de la presente edición estuvo a cargo de

Jorge Sarmiento

Gallará, Iván
    Mantenimiento industrial / Iván Gallará ; Daniel Pontelli. - 1a ed . - Córdoba :
Universitas - Editorial Científica Universitaria, 2020.
    Libro digital, PDF

    Archivo Digital: online

    1. Ingeniería Industrial. I. Pontelli, Daniel. II. Título.
    CDD 621.8

CÁMARA ARGENTINA DEL LIBRO

Books from
Argentina

Fundación
El Libro

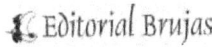

UNIVERSITAS
Editorial Científica Universitaria

Obispo Trejo 1404. 2 "B". Bº Nueva Córdoba. (5000) Córdoba. Te: +54 9 351 3650681
Email: universitaslibros@yahoo.com.ar
Miembros de la Cámara Argentina del Libro y Calipacer

CÁMARA ARGENTINA DEL LIBRO

1ª edición (2017)

© (2017) Gallará, Ivan
© (2019) JORGE SARMIENTO EDITOR-UNIVERSITAS. EDITORIAL CIENTÍFICA UNIVERSITARIA

Distribución en el exterior: Editorial Brujas. Pje. España 1485. Córdoba. Argentina. Te: +54-351-4606044 y 4691616. Horario: lunes a
                            viernes de 9 a 18 hs.
                            Email: publicaciones@editorialbrujas.com.ar - Web site: http://www:editorialbrujas.com.ar

Venta directa: Universitas. Obispo Trejo 1404. 2 "B". Te: +54 9 351 3650681. Email: universitaslibros@yahoo.com.ar -
                            Córdoba. Argentina. Horario: de 10 a 20 hs.

Indice

Indice 5

1. Tipos de Mantenimiento 9
  1.1 Introducción: 9
  1.2 Evolución del mantenimiento 11
  1.3 Funciones del mantenimiento-Objetivos 12
  1.4 Tipos de mantenimiento..14
    1.4.1 Mantenimiento a Rotura..15
    1.4.2 Mantenimiento Programado o Planificado 15
    1.4.3 Mantenimiento Preventivo...16
    1.4.4 Mantenimiento Predictivo..16
    1.4.5 Mantenimiento Autónomo 18
    1.4.6 Mantenimiento Correctivo 18

2. El Mantenimiento en la Organización 21
  2.1 Introducción: 21
  2.2. Componentes de una organización: 22
  2.3. Consideraciones para la organización de un mantenimiento: 24
  2.4. Diferentes formas de organizar el mantenimiento: 25
  2.5. Áreas internas del mantenimiento:...28
  2.6. Gestión administrativa del mantenimiento: 31
  2.7 Consideraciones sobre los objetivos 32
  2.8 Consideraciones sobre autoridad y poder: 33

3. Mantenimiento Preventivo..37
  3.1 Planificación del mantenimiento. Mantenimiento programado..........................37
  3.2 Relevamiento y evaluación inicial. 38
    3.2.1 Inventario de equipos...38
    3.2.2 Clasificación de los equipos. Prioridad de fallas. 40
    3.2.3 Metas en los niveles de fallas...43
  3.3 Preparación del programa de mantenimiento..44
    3.3.1 Mantenimiento con parada de planta. 44
    3.3.2 Gestión de las Ordenes de Trabajo. 46
  3.4 Eliminación del deterioro de los equipos..53

3.4.1 Intervenciones a cargo de los operadores. 53
3.4.2 Mejorar el equipo. Evitar las fallas eventuales. 54
3.5 Gestión mediante sistema informático. 54
3.6 Mantenimiento preventivo (TBM) 57
   3.6.1 El lanzamiento del proyecto 60
   3.6.2 La justificación del proyecto 62
   3.6.3 Implementación del proyecto 63

4. Mantenimiento Predictivo (CBM) **77**
4.1 Consideraciones generales 77
4.2 Análisis de las condiciones 78
4.3 Análisis de vibraciones 81
   4.3.1 El equipo de medición 92
4.4 Análisis termográfico 98
   4.4.1 Aplicaciones de la termografía 101
4.5 Análisis de lubricantes 105
   4.5.1 Consideraciones generales 105
   4.5.2 Características de los lubricantes 105
   4.5.3 Aceites 110
   4.5.4 Grasas 120
   4.5.5 Importancia del control de lubricantes 123
4.6 Gestión de la lubricación. 124
   4.6.1. Consideraciones generales 124
   4.6.2. Identificación de los lubricantes 126
   4.6.3. Desarrollo operativo de la lubricación 127
   4.6.4. Sistemas de lubricación. 129

5. Técnicas de Análisis de Averías **135**
5.1 Consideraciones generales 135
5.2 Clasificación de las principales pérdidas 135
5.3 Eficiencia global de planta 139
5.4 Indicadores de la gestión de mantenimiento 141
5.5 Técnicas de análisis de averías. 153
   5.6.1. Análisis fenómeno físico / variables de proceso (análisis P-M) 153
   5.6.2. Análisis de los modos de fallas y sus efectos (AMFE) 157
   5.6.3. Otras técnicas 162

6. T.P.M. **169**
6.1 Origen y desarrollo del T.P.M. 169
6.2 ¿Porqué es tan popular el T.P.M. ? 170
6.3 Características especiales de las industrias de procesos a considerar para el T.P.M. 171
6.4 Definición de T.P.M. 172
6.5 Desarrollo del T.P.M. 172
6.6 Mantenimiento Autónomo. 177
   6.6.1 Esquema 177
   6.6.2 Objetivos generales del mantenimiento autónomo. 177
   6.6.3. Establecimiento de las condiciones básicas del equipo. 179
   6.6.4. La importancia de la limpieza. 180
   6.6.5. Puntos clave de la inspección. 181
   6.6.6. ¿Qué es la limpieza diaria?. 181
   6.6.7. Implantación del mantenimiento autónomo paso a paso. 181

7. Importancia Económica del Mantenimiento **183**
7.1. Gestión de los costos 183
7.2. Indices de Costos 184
7.3 Indices de Mano de Obra 188
7.4 Backlog 193
   7.4.1. Backlog Estable 195
   7.4.2 Backlog creciente 196
   7.4.3. Backlog decreciente 196
   7.4.4 Backlog con aumento brusco 198
   7.4.5 Backlog con reducciones bruscas. 198
   7.4.6 Backlog con variaciones periódicas o cíclicas (Diente de sierra). 199
7.5 Control Dinámico de las Grandes Reparaciones 200
7.7 Horas de Espera 201
7.8 Los contratistas 202
   7.8.1 Generalidades 202
   7.8.2 Objetivos y característica de las contrataciones 202
   7.8.3 Qué se contrata 203
   7.8.4 Etapas de las contrataciones 203

8. El Almacén de Mantenimiento. Los costos de las Amortizaciones **207**
8.1 El almacén de mantenimiento 207
   8.1.1 Generalidades 207
   8.1.2 Las existencias 208
   8.1.3 Clasificación selectiva de las existencias 209
   8.1.4 Codificación de existencias 209
   8.1.5 Catálogo de repuestos 210
   8.1.6 Los movimientos del Almacén. 211
   8.1.7 El nivel de existencias y las reposiciones 214
8.2 Los costos de las Amortizaciones 216
   8.2.1 Conceptos: depreciación y agotamiento. Sus causas 216
   8.2.2 La valoración contable de la depreciación 216
   8.2.3 La valoración del agotamiento 222
   8.2.4 La contabilización de las amortizaciones 222

9. Planificación Integral del Mantenimiento **225**
9.1 Generalidades 225
9.2 Entorno seguro y no contaminante 225
   9.2.1. Definiciones y conceptos generales de seguridad laboral 226
   9.2.2. Las causas de los accidentes 228
   9.2.3. Axiomas de la seguridad. 233
   9.2.4. Técnicas operativas 233
   9.2.5. La seguridad a través del mantenimiento autónomo 235
   9.2.6. La seguridad en las máquinas 237
9.3 Mantenimiento de Calidad 240
   9.3.1 Condiciones Generales 241
   9.3.2 El mantenimiento de calidad 242
   9.3.3 Condiciones previas para un mantenimiento de calidad eficiente 242
   9.3.4 Elementos básicos de un programa de mantenimiento de calidad 243
9.4 Los recursos humanos 244
   9.4.1 Generalidades 244
   9.4.2 Objetivos 245

9.4.3 Los Recursos Humanos en la actividad de Mantenimiento 245
9.4.4 Funciones 246
9.4.5 Actividades de los Recursos Humanos en Mantenimiento 247
9.4.6. Sistema de Información de RRHH 247
9.4.7 Planeación 248
9.4.8. El Reclutamiento 249
9.4.9. Desarrollo de los Recursos Humanos 249
9.4.10. Evaluación del Desempeño 250
9.4.11 Especialidades Necesarias 250
9.4.12 Productividad del Personal de Mantenimiento 253
9.4.13. Acciones para Motivar al Personal 253

Bibliografía **255**

1

Tipos de Mantenimiento

1.1 Introducción:

Para entender la actividad de mantenimiento es necesario basarse en el concepto de sistema. Si tomamos una de las definiciones académicas de sistema como aquel "conjunto de elementos relacionados entre sí para formar un todo", verá que la conexión de sus componentes responde al objetivo de transformar los ingresos o *inputs* en salidas o *outputs* de acuerdo a una meta a cumplir. Es claro que una primera aproximación a nuestra experiencia diaria nos dice que el mantenimiento de algo no es en sí mismo un fin, sino que sirve a otro propósito, lo consideramos una asistencia.

Dentro de los procesos productivos el sistema de mantenimiento se inserta como un proceso accesorio que converge en el principal y que muchas veces en los altos niveles de conducción de las empresas no se valora su utilidad en su justa medida. Generalmente es considerado un gasto ya que no agrega valor al producto. Es una "carga necesaria" que cobra notoriedad por su ausencia o sus falencias y no por la contribución a los objetivos de la organización. Afortunadamente esta manera de pensar está cambiando porque los avances tecnológicos de los medios productivos y las demandas de productividad y calidad del mercado hacen necesario que quien deba administrar el cuidado de las instalaciones desempeñe un rol de mayor importancia. Hoy es imposible ser competitivo si no se cuenta con el apoyo de un mantenimiento calificado que asista a la producción.

En el proceso de elaboración principal las materias primas son transformadas en una sucesión de operaciones ordenadas dentro de cuya secuencia se agrega valor a las mismas para obtener el producto final. Usamos aquí el concepto de producto en un sentido más amplio, extendiéndolo a un producto determinado o a un servicio, tal como lo considera la norma ISO 9001:2000. Evidentemente existen actividades dentro del proceso que no agregan valor pero su ausencia podrían quitar mucho valor. Por ello es necesaria una adecuada administración de estas áreas para que su incidencia en el costo final del producto sea mínima por un lado y por el otro, y su desempeño optimice la performance de la empresa.

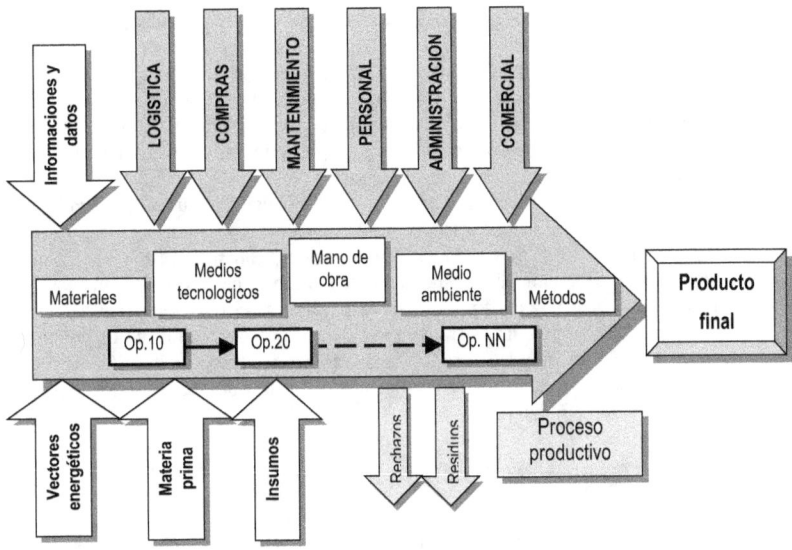

Figura 1.1

En la figura 1.1 observamos que dentro del proceso productivo existen aspectos o variables que condicionan el logro de los objetivos. Es bien sabido que las variaciones en la capacidad de los medios tecnológicos, la dispersión en las características de los materiales, la falta de un método adecuado de trabajo, un ambiente físico y social no apropiado y un comportamiento de los individuos no acorde a lo esperado por la organización influyen directamente en el producto final y las expectativas de los clientes y otras partes interesadas.

Además los inputs del sistema tales como informaciones y datos, materias primas, insumos y vectores energéticos inciden notablemente en el producto final. A su vez el proceso elimina (lo deseable es que no lo haga o lo haga de manera racional y controlada) residuos y genera no conformidades del producto que serán rechazadas definitivamente o serán reparadas. Pero lo más relevante es que transversalmente al flujo del proceso existen otros procesos auxiliares (dentro de los cuales el mantenimiento es uno de ellos) que de una manera u otra tienen su participación en el cumplimiento de los objetivos de la organización. Estos poseen idénticas características al proceso principal, es decir desarrollan determinadas fases sucesivas tendientes a cumplir con sus metas. De este modo se puede seguir dividiendo los procesos en subprocesos de una manera fractal hasta llegar a las operaciones elementales que cada individuo ejecuta en la organización. Es dentro de este marco que la actividad del mantenimiento debe ser abarcada: es un proceso, con aspectos similares al flujo principal, que tiene un objetivo en sí mismo pero no un fin absoluto. Esto se comprende si se analiza el tipo de estructura organizativa de cada empresa, es decir si ésta premia el logro de objetivos parciales de cada sector, seguramente no se estará favoreciendo el objetivo común porque generalmente las metas a cumplir de los departamentos son contrapuestas.

Existe entre las industrias manufacturera y las de procesos continuos una notable división debido a características bien diferenciadas en los tipos de procesos. En las primeras, la producción por lotes seriados en operaciones de conformación plástica, fusión, arranque de material o ensamble de partes es lo distintivo, mientras que las segundas se caracterizan por desarrollar regímenes de producción continua o semicontinua. Ejemplo de estas: la generación electricidad, distribución de gas, la industria petroquímica y la química en general, la siderúrgica, la explotación petrolera y minera, la textil, la papelera, la cementera y la alimenticia, en tanto que de las primeras podemos mencionar la automotriz, las grandes obras mecánicas, la industria del mueble, la construcción, los electrodomésticos y electrónica, la matricera, la fundición de partes, los astilleros, los ferrocarriles, maquinaria agrícola y vial. Si analizamos las diferencias en lo que se refiere a las instalaciones de cada una, las de proceso continuo tienen grandes instalaciones fijas en las que generalmente existen redes de conductos y cañerías por donde los productos y subproductos circulan. Son propias de estas industrias los reactores, hornos, intercambiadores de calor, calderas, compresores, bombas, turbinas, tanques y torres de enfriamiento. En estas instalaciones se desarrollan procesos que consumen grandes cantidades de energía y tanto la puesta en marcha como la parada de los mismos conllevan una gran inercia. Además, a raíz del tipo de instalaciones, estas últimas requieren de poco personal para su operación y tienen el control centralizado de los procesos. Asimismo los productos de estas industrias en muchos casos pueden ser tóxicos, explosivos, corrosivos, irritantes o contaminantes. Por todo lo anterior se deduce que la tipología de las fallas y por ende las características del servicio de mantenimiento serán distintas.

1.2 Evolución del mantenimiento

El mantenimiento industrial tuvo sus orígenes a finales del siglo XIX. Hasta la Primera Guerra Mundial las averías en las instalaciones de las fabricas eran reparadas por los mismos operarios de producción puesto que la maquinaria era de una concepción simple y el mantenimiento era considerado una actividad sin relevancia. Con la aparición de la producción seriada implementada por Henry Ford, se hizo necesaria la creación de equipos de operarios que llevaran a cabo reparaciones lo más rápido posible de manera de no entorpecer los programas de producción. Estos grupos estaban subordinados a los mandos de producción y por lo tanto la importancia del mantenimiento como actividad seguía postergada. Naturalmente en este marco la única intervención que cabía era la solicitada por rotura de la maquinaria. La situación no cambiaría hasta pasada la mitad de la década del 30 ya que con el advenimiento de la Segunda Guerra Mundial la industria armamentista, que movía grandes recursos y trabajaba contra el reloj, requería de un servicio de mantenimiento que no solo corrigiera las fallas sino que se anticipara a las mismas. Entonces, los cuadros técnicos encargados de prevenir y solucionar las paradas se constituyeron en una estructura independiente de la producción, ya que se necesitaba un perfil más profesional de su personal. Pasado el conflicto global, alrededor de los 50, los responsables de las áreas de mantenimiento de las industrias, en especial la aeronáutica y la electrónica, que estaban en pleno desarrollo, detectaron que sus equipos técnicos demoraban mas tiempo en diagnosticar una falla que en corregirla, esto condujo a la formación de un ente llamado Ingeniería de Mantenimiento, con el objeto de aportar competencia técnica a estos grupos y realizar un mejor análisis de las causas de los desperfectos, al tiempo que era responsable de la planificación y el control del mantenimiento de prevención. A mediados de los años 60 con la aparición de las computadoras y la mayor complejidad de los instrumentos de medición, las Asociaciones de Mantenimiento establecieron los primeros criterios para un nuevo concepto de mantenimiento basado en el diagnóstico por instrumentos que permite predecir el comportamiento de la maquinaria y cuando esta fallará. Es en este período cuando aparece en Francia la Escuela Latina de Mantenimiento cuyo concepto era la planificación y coordinación de las actividades del mantenimiento a través de grupos en distintos niveles de supervisión a los fines de mejorar la eficiencia de las operaciones. El desarrollo del mantenimiento era apoyado por un sistema informático. A comienzos de los 70 en Inglaterra aparece el concepto de Terotecnología (Tero: del griego, $\Theta\varepsilon\rho\alpha-\pi\varepsilon\upsilon\varepsilon\iota\nu$, *therapeuein*: cuidar, curar) que combina la actividad del mantenimiento con los recursos financieros, las evaluaciones técnico-económicas, los estudios de fiabilidad y los procedimientos de gestión para determinar los ciclos de vida de las instalaciones y consecuentemente los planes de intervenciones. A mediados de los 70 las Naciones Unidas (*United Nations Industrial Development Organisation*) establece que la actividad de producción lleva implícitos los conceptos de operación y mantenimiento. Esto se encuadra en una tendencia en la que la actividad de mantenimiento no solo debe mejorar la eficiencia de los medios productivos atendiendo al cumplimiento de los programas de producción y a la economía de la empresa, sino que es un complemento indispensable para alcanzar los niveles de calidad exigidos por el cliente. Por otra parte, desde Japón llega la idea de que el mantenimiento debe involucrar decididamente al hombre de producción desplazando el concepto que existió por décadas que consideraba que el cuidado de las máquinas es competencia exclusiva del mantenimiento. Este nuevo modelo, que recoge toda experiencia de las otras formas de realizar mantenimiento y las complementa, da origen al automantenimiento, retomando así el primer modo de hacer mantenimiento de principio del siglo XX. Mediante esta óptica, el propio hombre de producción es quien efectúa las primeras intervenciones elementales pero no por ello, menos importantes. Este es el paso fundamental que apuntala el TPM o *Total Productive Maintenance*, con la misma visión integradora que aporta la Calidad Total. Por último, en nuestros días, las empresas de vanguardia mundial desarrollan un mantenimiento con grupos de las propias empresas, asesorados o no por expertos externos, a fin de conformar los equipos de Análisis y Diagnóstico. Esta forma de operar vincula la gestión del mantenimiento con otras áreas, como compras, métodos, etc. a los fines de coordinar las acciones y mejorar la competitividad de la empresa.

1.3 Funciones del mantenimiento-Objetivos

Retomando el concepto que considera al mantenimiento como un proceso en sí mismo y además como tributario de otro proceso donde converge y al cual sirve, podemos tentar explicar sus funciones:

1) Como proceso con un fin determinado, es el conjunto de las actividades tendientes a permitir que los medios tecnológicos productivos no sufran detenciones que ocasionen pérdidas en la productividad de un proceso de elaboración. Los resultados de las intervenciones del mantenimiento serán evaluados primeramente por este enfoque simple: los medios deben estar en perfectas condiciones para realizar la producción con los niveles requeridos de calidad, seguridad y cuidado ambiental.

2) Para cumplir esta exigencia, que por resumida no deja de ser a veces muy compleja, el mantenimiento debe gestionar sus recursos. Demás estar decir que éstos casi siempre son escasos debido a los permanentes pedidos de racionalización de gastos en busca de un incremento en la productividad de la empresa. A su vez esto hace que las dotaciones de personal sean cada vez más reducidas y demanda una mayor competencia profesional, que los repuestos en los almacenes deban satisfacer un criterio racional, equilibrando el capital inmovilizado con la pronta respuesta a los desperfectos, que los medios con que cuenta el servicio deban ser adecuados y estar bien conservados. Todos estos factores inciden directamente en el tiempo de respuesta, que también debe tender al mínimo. Esta situación lleva a conformar una gestión dinámica del mantenimiento dentro del cual la recolección de información, la evaluación de las situaciones y las acciones que se deban tomar requieran de una administración calificada.

Se observa que los párrafos anteriores representan criterios o direcciones contrapuestas. El dilema es en el fondo económico. En todas las organizaciones, aún las sin fines de lucro que requieran de un servicio de mantenimiento, adolecen de la misma disyuntiva: el mantenimiento debe sobresalir por su capacidad de respuesta y por sus bajos costos, es decir debe ser eficaz y eficiente. Por ello, el mantenimiento desarrolla una *función económica* a través de actividades técnicas, y por lo tanto deberá ajustarse a un presupuesto de gastos dentro de una estructura de costos. El peso de la actividad de mantenimiento dependerá de la actividad dentro de la que se desenvuelve. En el cuadro 1.2 siguiente se muestra la incidencia del costo del mantenimiento en función de las utilidades por ventas y en función del capital invertido en las instalaciones en un grupo de empresas de Estados Unidos. Los valores son el promedio de 5 años. (Según el Ing. Raimundo González en su trabajo Mantenimiento Industrial)

Cuadro 1.2

INDUSTRIA	N° EMPRESAS	COSTO MANTENIMIENTO EN % DE VENTAS	COSTO MANTENIMIENTO EN % DE INVERSIONES
Radio y TV.	4	0.9	3.2
Calzado	3	1.3	6.1
Frigorífica	4	1.3	7.5
Aeronáutica	5	1.5	7.6
Alimenticia	5	1.8	5.3
Farmacéutica	6	1.9	3.9
Eléctrica	5	2.2	5.8
Caucho	5	3.2	6.2
Petrolera	7	3.3	2.6
Automotriz	4	6.3	12.8
Química	6	6.8	3.8
Vidrio	5	7.3	7.9
Acero	5	12.8	8.6

Este cuadro es solo referencial y sirve para establecer la importancia que tiene en cada rama de la actividad el mantenimiento. Obsérvese el valor que la industria automotriz da al mantenimiento en función del costo de la instalación. Esto tiene lógica ya que ésta industria ha desarrollado gran tecnología en la automatización de los procesos lo que sin duda trae aparejado una necesidad de mano de obra altamente calificada y los repuestos son complejos y caros. En tanto el elevado valor que en la industria del acero asigna al mantenimiento como porcentaje de las ventas nos dice que en dicho rubro tiene una gran incidencia el volumen producido, en otras palabras, el mantenimiento tiene un alto componente de costo variable.

La competencia por un espacio de mercado genera una búsqueda incesante de mejoras en la productividad de las empresas. Los procesos utilizan medios con mayor capacidad productiva y por lo tanto cada intervalo de tiempo que estos equipos no estén disponibles representan mucho dinero. Sin duda estos activos, que son fruto de un importante desarrollo tecnológico, incrementan a la par de su capacidad su complejidad y su costo. Esto hace del mantenimiento un sector de la empresa que debe tener una política clara, subordinada por supuesto a la política general del establecimiento. Debe plantearse una visión estratégica, ya que al ser un área eminentemente técnica a veces es difícil que en otros niveles de la organización se comprendan las consecuencias de una errada administración del mantenimiento que privilegie los hechos urgentes a los importantes, lo inmediato a lo mediato. Es aquí donde entra en juego la otra misión del mantenimiento. Este, al tener una *función técnica* es el ente más idóneo para preservar los activos de la empresa. Como se dijo antes la responsabilidad del cuidado de los bienes no es competencia exclusiva del mantenimiento sino que la función operativa debe hacer su parte. Es imposible que una máquina mal operada de manera sistemática tenga un adecuado rendimiento, no habrá mantenimiento del mundo que logre preservarla. Además el operador del equipo convive a diario con la maquinaria y conoce las señales que anticipan o denotan una falla. Pero es el mantenimiento que, con su capacidad, debe establecer los estándares a seguir para el cuidado de las instalaciones, debe recolectar las informaciones y llevar las estadísticas de las intervenciones, debe estar atento a las innovaciones tecnológicas de los componentes de las máquinas, debe dominar técnicas de análisis de fallas, debe garantizar la idoneidad de sus recursos humanos y debe racionalizar los stocks en los almacenes de repuestos. A través de la función técnica se sostiene la función económica ya sea asistiendo a la producción para el logro de sus objetivos como cuidando el patrimonio de la empresa. Por un lado los activos sufren depreciación debido al desgaste propio. Este se puede ver potenciado si el departamento de producción, en su afán de lograr mayor capacidad no cuida los medios asignados, o bien, por falta de idoneidad u organización, se realiza un mantenimiento mediocre. Por otra parte, los equipos experimentan la obsolescencia tecnológica es decir son superados por otros con mayor tecnología y prestaciones. Una manera de achicar la brecha tecnológica sin realizar periódicos cambios de equipamientos es efectuar, con las limitaciones que cada caso imponga, mejoras o modificaciones. Aquí la asistencia de la ingeniería de mantenimiento es obligada. Tanto las actualizaciones como las grandes reparaciones se llaman "revalúos técnicos", es decir levantan el valor que las maquinarias tienen en determinado momento y si bien los costos de los mismos reformulan la curva de la amortización siempre serán de menor cuantía que la compra un activo nuevo.

El cumplimiento de los objetivos es el producto que se obtiene de la ejecución de la función. Estos tienen por finalidad el control y se encuentran en cada nivel de la organización como parte fraccionada y operativa del objetivo de la alta dirección. Al ser operativos los objetivos deben ser claros y cuantificados para que, al cabo de un cierto tiempo, pueda ser medido su cumplimiento. Una característica de los objetivos es que deben generar una determinada "tensión" que movilice pero deben tener cierta lógica, es decir deben poder ser alcanzados y no ser contradictorios. Sin embargo en la práctica, y más aún en estos tiempos, estas últimas condiciones son de difícil concreción porque entra en juego la productividad, minimizando recursos y tiempo.

Con lo antedicho se pueden plantear los objetivos generales del área de mantenimiento como sigue:

1) Bregar para que los medios productivos tengan un alto nivel de disponibilidad a fin de garantizar el cumplimiento de las metas de producción con la calidad requerida respetando las condiciones de seguridad y cuidado del ambiente.

2) Mantener los activos de la empresa en sus niveles más altos de prestaciones de manera de minimizar el deterioro propio del uso y de esa manera conservar su valor de mercado.

3) Desarrollar una gestión del área de manera que las intervenciones garanticen el correcto funcionamiento de las áreas productivas racionalizando los costos del servicio y de los materiales. Esto es equivalente a decir que el mantenimiento debe ser eficaz y eficiente.

1.4 Tipos de mantenimiento

Los tipos de mantenimiento surgieron como consecuencia de su evolución misma. El orden cronológico se corresponde con el grado de complejidad y efectividad del mantenimiento. A las formas más primitivas siguen otras más elaboradas. Sin embargo aquellas no se dejan de usar sino que complementan a las posteriores.

Las fallas son algo no deseado y por lo tanto el control que tengamos sobre su ocurrencia determin
la primera gran división: la falla nos toma por sorpresa o bien, sabiendo que ocurrirá, nos anticipa
mos realizando acciones para evitarla. Así surgen primeramente el Mantenimiento a Rotura y lueg
el Mantenimiento Programado o Planificado.

1.4.1 Mantenimiento a Rotura

Este tipo de mantenimiento tiene por misión intervenir para restablecer de manera inmediata la pa
rada de la maquinaria a como de lugar. Tiene la característica de ser intempestivo y desorganizado y
por lo tanto, está lejos de ser planificado en principio. Así fueron los comienzos del mantenimiento
una serie de operaciones frenéticas aplicando medios y recursos desordenadamente para reestable
cer el funcionamiento de los equipos en un afán de ser más eficaz que eficiente.

Es una actividad reactiva o sea actúa una vez ocurrido el hecho. Por lo tanto es costosa pues apare
cen las temidas pérdidas por paradas de producción: mano de obra directa ociosa y atrasos en las
entregas de los programas. A raíz de esto se moviliza un grupo de gente generalmente de manera
agitada y nerviosa por la presión que el departamento de producción ejerce. En este ambiente es
poco probable que la reparación sea satisfactoria, será solo un parche que permita, en el caso de
haber detectado la verdadera causa de la falla, ganar un poco de tiempo hasta llegar al turno libre c
a un fin de semana que la planta no produzca. Pero esto será posible si se cuente con los materiales
de repuesto en el almacén y si la mano de obra tiene la calificación necesaria. Sin duda que estas
intervenciones están lejos de ser las ideales porque tampoco responden a los objetivos enunciados
en el punto anterior. Evidentemente sino se realizan intervenciones idóneas, las fallas serán cada
vez más frecuentes y profundizarán sus efectos con el notable incremento en los costos. Por otro
lado las condiciones originales de la máquina se pierden disminuyendo así la capacidad operativa,
su calidad y su valor residual estará lejos de los valores de mercado acelerando su depreciación.

Pese a todo, éste tipo de mantenimiento nunca desaparecerá pero si deberá ser reducido al mínimo.
La lógica en estos casos es que, si bien no se puede evitar la ocurrencia de algunas fallas, hay que
minimizar sus efectos. Es decir, si hay incertidumbre respecto a cuando fallarán algunos sistemas de
la máquina, lo mejor es tener alternativas de intervención y los repuestos cerca. Pero en esencia esto
es algo planificado y no es puramente Mantenimiento a Rotura.

Es casi bochornoso que un departamento de mantenimiento no tenga, al menos en alguna etapa de
implementación, otra forma de trabajar que no sea la de intervenir por roturas porque denota poco
apego a la productividad y a la gestión. Pero a pesar de lo duro de estas afirmaciones el Mantenimiento a Rotura no desaparecerá nunca.

1.4.2 Mantenimiento Programado o Planificado

Como vimos el gran salto hacia la planificación del mantenimiento lo marcó el ritmo impuesto por
la industria bélica de los años 30 y 40. Y es lógico que en esos períodos la escasez de recursos y
tiempo hagan necesaria la planificación en todas las actividades en una nación. Esta forma de mantenimiento se diferencia notablemente de su antecesor en la medida en que planifica las intervenciones aun aquellas que son emergentes.

Dentro de esta calificación encontramos al Mantenimiento de Averías, Mantenimiento Preventivo y
el Mantenimiento Correctivo. La base de esta modalidad es la planificación o sea establecer qué se
hará, quién o quienes intervendrán, cuándo se procederá, cómo y con qué medios se trabajará.

El **Mantenimiento de Averías** es el mismo que el Mantenimiento a Roturas, la diferencia que en este caso se hace uso de los recursos de manera racional en un plazo establecido y sin afectar la producción. Se fija en conjunto con el área operativa el momento adecuado para disponer de la máquina a fin de repararla y, como no es intempestivo, se puede establecer, previo análisis del tipo de desperfecto, las especialidades de profesionales que intervendrán como así también los repuestos necesarios y los plazos. Bajo esta modalidad la gestión del mantenimiento es más eficaz y eficiente permitiendo a sus conductores realizar presupuestos de operación y llevar registros de las intervenciones. Así el control de los gastos de las distintas cuentas es más racional.

1.4.3 Mantenimiento Preventivo

Sin duda ésta tipología es el pilar fundamental de todo departamento de mantenimiento que se precie de serio y profesional. Consta de dos tipologías: El mantenimiento basado en el tiempo o TBM (*Time Based Maintenance*) y el mantenimiento predictivo o CBM (*Conditions Based Maintenance*). Ésta es la clasificación que dan algunos autores, sin embargo el uso cotidiano confunde el nombre del TBM con el mantenimiento preventivo propiamente dicho.

El TBM (o mantenimiento preventivo según la jerga de taller) es una metodología de intervención partiendo de la definición de los puntos críticos de los equipos a fin de minimizar los tiempos de paradas o de bajo rendimiento de los mismos. Esta forma de mantenimiento se basa en la planificación, construcción de estándares y en revisiones sistemáticas con el fin de detectar señales de mal funcionamiento. La determinación de los lugares neurálgicos de control tiene su origen en la ingeniería de mantenimiento. Está sobre la base de recomendaciones del fabricante del equipo expresadas en forma directa en el momento de la instalación o bien recabada a partir de los manuales, como así también la experiencia adquirida por el personal en el desarrollo de su tarea profesional o la recibida a partir de una capacitación específica, determina un mapa de control de los equipos. Con estos elementos se confeccionan los estándares, es decir los procedimientos que establecen que es lo que se debe hacer, como efectuarlo y la frecuencia de las inspecciones en cada medio. Este tipo de mantenimiento requiere un soporte informático donde se cargaran los datos de los equipos y sus criticidades como así también los registros de las intervenciones y toda información adicional a cerca de los mismos, que servirá como historial. Este medio permite realizar la planificación de las tareas, asignando recursos humanos, materiales y tiempos de ejecución. La tarea, en síntesis, consiste en la realización de rutinas *periódicas* de inspección en los puntos mencionados, efectuando pequeños ajustes y relevando las novedades para conformar una posible intervención al detectar anomalías. Estas rutinas desplegadas a lo largo del tiempo serán cumplidas por operarios especializados si las tareas son de cierta complejidad o pueden ser realizadas por operarios de producción si son más simples.

Pero como contrapartida de lo expresado este mantenimiento es oneroso pues requiere una estructura técnica, humana y administrativa y solamente pueden implementarse en aquellas empresas cuya tecnología de procesos, niveles productivos y recursos lo permitan.

1.4.4 Mantenimiento Predictivo

El mantenimiento predictivo o CBM se encuadra dentro del mantenimiento programado y de idéntica manera al TBM o mantenimiento periódico realiza inspecciones en plazos preestablecidos con el fin de detectar fallas pero se diferencia fundamentalmente porque en el TBM los estándares requerían que, a intervalos regulares, se registraran datos y realizaran inspecciones periféricas, pequeños ajustes y limpieza. En cambio en el CBM se predice la ocurrencia de una falla a través de la apreciación de síntomas o señales que la máquina emite y según la complejidad de las mismas éstas serán detectadas con los sentidos humanos o con instrumentos. Al igual que en el mantenimiento Periódico o TBM, aquí se establecen puntos de importancia que deben ser monitoreados con una frecuencia dada. Naturalmente en el caso del control no especializado la búsqueda de señales será guiada por un check list que utilizará por lo general el operario de producción.

Por otro lado en el mantenimiento predictivo especializado la detección de futuras fallas se efectúa por medio de instrumentos y ensayos de cierta complejidad basados en desarrollos tecnológicos y siguiendo una serie de procedimientos normalizados. Se fijan secuencias de control de los puntos críticos según el tipo de ensayo y se lleva un historial de los resultados. De esta manera se tiene una idea de cuando ocurrirá la falla y por lo tanto permite planificar la intervención.

Los parámetros a controlar son:

1.- Vibraciones anómalas:

Los elementos rotantes de las máquinas como rodamientos, manchones de acople, engranajes, ejes, rotores, poleas, etc., pueden estar desgastados, desbalanceados, desalineados, deformados, lo que origina al principio pequeñas vibraciones imperceptibles a los sentidos y luego a medida que el deterioro continúa se incrementan llegando al colapso. A través de un análisis del espectro de vibraciones se tiene clara idea de cuan cerca el elemento está de la rotura y por lo tanto permite programar su reemplazo o reparación.

2.- Temperaturas elevadas:

Se puede analizar el exceso de temperatura en los componentes eléctricos o en los mecánicos. En los primeros es difícil percibir la sobre temperatura porque los operadores para detectarla deben hacer contacto con el elemento anómalo y siendo un circuito eléctrico eso no es posible. Para ello mediante el análisis termográfico infrarrojo se detecta los puntos calientes del sistema que generalmente son producto de una sobrecarga o de un falso contacto. En cuanto a las sobre temperaturas de índole mecánico generalmente son de detección más fácil porque se puede acceder a los puntos críticos sin riesgos y se puede controlar con instrumentos de contacto como el termómetro digital. Ejemplos de este tipo de anomalía son los elementos carentes de una buena lubricación o lubricantes con sus características de diseño alteradas. Puede ocurrir que los elementos mecánicos que manifiestan alta temperatura tengan asociado también la emisión de ruidos y vibraciones anómalas.

3.- Potencia absorbida:

Los motores eléctricos están calibrados para erogar una determinada potencia nominal de servicio. Cuando por alguna causa la carga que deben mover excede su capacidad se produce un incremento en la intensidad y con ello un aumento en la potencia absorbida. La carga a que se hace referencia puede ser originada por elementos rotantes o sistemas de traslación con excesivo rozamiento o desgaste causados por un juego entre partes no correcto o por una lubricación deficiente.

4.- Análisis de los lubricantes:

Los lubricantes son sustancias muy útiles para determinar que está pasando en los mecanismos, ya sea porque se degradan fuera de los límites de diseño denotando anomalías de funcionamiento o porque en ellos se detectan partículas metálicas, óxido o contaminación líquida (agua u otros aceites). Igualmente en las máquinas que utilizan la oleohidráulica como principal fuente de potencia, el estado del aceite hidráulico determina la situación del equipo o bien si existe riesgo de una falla potencial.

Todas estas técnicas no sustituyen a los demás mantenimientos sino que las complementan y se justifican en aquellos equipos que tienen una condición crítica frente a la producción pues son ensayos caros. Con los datos que nos brindan se confeccionan los planes de mantenimiento y las intervenciones programadas.

1.4.5 Mantenimiento Autónomo

El mantenimiento autónomo que más que un tipo es una estilo de hacer mantenimiento. Se encuadra dentro de las rutinas del mantenimiento preventivo y predictivo tomando de éstos dos la parte no especializada. Las tareas de esta modalidad la realizan los operarios de producción. Son actividades simples porque éstas personas no tienen la calificación profesional ni el tiempo asignado por el proceso para realizar trabajos complejos ni de envergadura pero, no por simples dejan de ser importantes pues el operario de producción convive con el equipo y conoce sus características y su funcionamiento. Mediante secuencias cíclicas preestablecidas de barrido se hacen pequeños ajustes y reparaciones, limpieza, inspección y detección de señales con los sentidos. Así, cuando surge una señal fuera de lo común, ésta es detectada por él mismo e informada a mantenimiento para que se realice un análisis con detenimiento.

Por otra parte si el operario no conduce la máquina de manera idónea y no respeta las indicaciones de servicio seguramente se producirán anomalías. Además el operador contribuye a mejorar tanto las condiciones en que se encuentra su máquina como sus características de diseño.

Dentro del mantenimiento autónomo se deben tener en cuenta los siguientes criterios para su desarrollo:

1) Se deben procurar los métodos más sencillos y eficaces de realizar las tareas en las distintas maquinarias.

2) Se debe poner de manifiesto la relevancia de cada uno de los componentes de la máquina y conformar una rutina de mantenimiento apropiada para ellos.

3) Es necesario coordinar y distribuir las tareas de los operarios de producción y de mantenimiento de manera lógica.

Finalmente los objetivos del mantenimiento autónomo se pueden resumir en los siguientes puntos:

1) Operar correctamente el equipo y realizar chequeos periódicos de manera de evitar la rotura del mismo.

2) Definir y mantener las condiciones necesarias para el correcto funcionamiento del equipo.

3) Restaurar el equipo a sus condiciones iniciales.

4) Involucrar al personal a través de la capacitación para modificar los modos de pensar y trabajar.

5) Tender al desempeño a través de la autogestión operativa.

1.4.6 Mantenimiento Correctivo

Éste mantenimiento tiende a optimizar las condiciones y elementos de la máquina de manera que mejore su performance o facilite el acceso para realizar un mantenimiento más eficaz y eficiente.

Por lo general esta instancia del mantenimiento la desarrolla la ingeniería de planta sobre la base de registros históricos de la máquina, sus roturas, sus reparaciones, y sus intervenciones. Es la encargada de estudiar la conveniencia y la factibilidad de realizar modificaciones al diseño original para adaptar un componente de nueva generación o uno que tenga un mejor desempeño. También cuando se busca aumentar la eficiencia de la máquina, optimizar la calidad del proceso, mejorar la seguridad laboral o el cuidado del ambiente se pueden introducir modificaciones al diseño. Aquí también entra en juego el mantenimiento autónomo pues las personas que operan el equipo deben ser consultadas y analizadas sus propuestas.

Cuadro 1.4

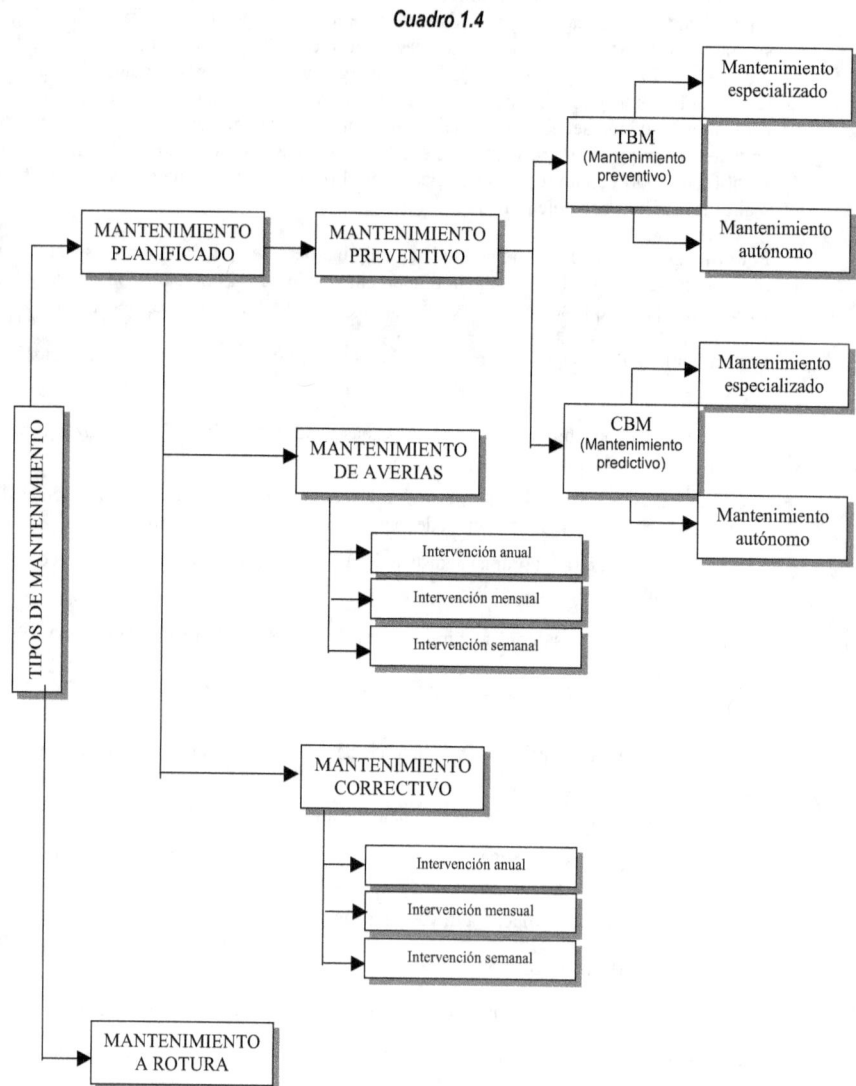

De acuerdo al tipo de reforma este tipo de mantenimiento puede requerir análisis de ingeniería pues se está cambiando la configuración con que fue concebida la máquina y por cierto, a la hora de introducir las modificaciones, es necesario una planificación previa de mayor envergadura quizás que en el resto de los mantenimientos.

El cuadro 1.4 esquematiza los distintos tipos de mantenimiento según la óptica de Tokutaro Susuki en su obra "TPM en industrias de proceso".

El Mantenimiento en la Organización

2.1 Introducción:

Lo primero que deberíamos tener sería una definición de lo que es una Organización, que sin duda existan muchas definiciones acerca de ella, pero a los fines didácticos y de posterior desarrollo del tema elegiremos la siguiente: "La Organización es el patrón de formas en donde una cantidad de personas se encuentran dedicadas a una serie de labores complejas y que combinan sus esfuerzos de manera ordenada y sistémica, con la intención de lograr un objetivo común".

De está definición se desprende una serie de consideraciones, que son importantes a tener en cuenta:

1) No se establece la cantidad de personas que están involucrada en una organización.

2) No tiene en cuenta los escalones jerárquicos que ocupan las personas.

3) No se especifica qué tipo de fe u objetivo persigue la organización.

Cuando se introduce en el mundo fabril, las consideraciones mencionadas anteriormente comienzan a delinearse de la siguiente manera:

- El tipo de actividad, la tecnología de los procesos, la carga de trabajo, el lugar en donde se encuentra la empresa y su tamaño, determinan la cantidad de personas.

- En una organización siempre existen niveles jerárquicos.

- La empresa que son organizaciones creadas para determinados fines, y que son conocidos internamente.

2.2. Componentes de una organización:

Pasaremos a nombrar los componentes de una organización en general. Todos tienen en mayor o menor grado su importancia, no considerar alguno puede llevar al fracaso o no cumplir con los fines de la organización:

1) *Fines:* es lo que una organización persigue, hacia donde debe apuntar sus esfuerzos, es la razón por la cual existe. En muchas ocasiones se encuentran organizaciones o partes de las ellas en donde este concepto se encuentra difuso o poco claro.

2) *Objetivos:* son los resultados esperados para individuos, grupos y la misma organización. Deben encontrarse orientando la organización considerándola en su totalidad, como así también en las diferentes partes que la constituyen. También al igual que los fines, los objetivos deben definirse de manera clara dentro de la organización, para que de esta manera la dirección de la empresa establezca una filosofía, que luego servirá para conducir las acciones tendientes a lograr los objetivos antes planteados, y cumplir así con los fines por los cuales fue constituida la organización.

3) *Subdivisión de las tareas:* a partir de este concepto, se puede decir que comienzan aparecer características más tangibles y palpables de la organización. La dirección es quien establece como se dividirá el total de la tarea a realizar, repartiendo dichas actividades en dependencia o departamentos, que luego deberán relacionar entre sí de manera de llegar al objetivo que se les a encomendado. Para cada una de estas áreas o dependencia existirá un responsable, al cual se le deberá conferir una cierta autoridad y poder, con el que tendrá que realizar las tareas encomendadas por la dirección. Estos dos conceptos serán ampliados posteriormente, ya sé que convierte un aspecto sumamente importante dentro de la constitución de las organizaciones.

Con la subdivisión en áreas o grupos, las organizaciones buscan:

- Extender el control a todos los ámbitos de la organización.

- Mantener un criterio único de mando.

- Mantener canales de comunicación para todos los miembros de la organización.

- Reducir gastos de estructura.

- Aprovechar la especialización.

- Lograr una mejor coordinación de las tareas.

La dirección en cambio debe:

- Establecer objetivos concretos y claros.

- Definir límites de autoridad y poder.

- Revisar el desarrollo de la gestión y la realización de las tareas inherentes a cada departamento.

- Proveer los medios, servicios y consejos que sean necesarios para lograr cumplir con las tareas encomendadas a cada una de las dependencias.

4) *Poder y autoridad:* Ambas ideas son difíciles de definir, pero se pueden expresar de la siguiente manera:

- *Poder:* es la capacidad que se posee para lograr hacer cumplir los objetivos encomendados.

- *Autoridad:* es el derecho de mandar, ordenar y controlar.

De estas definiciones surgen dos ideas; una de ella es la palabra " derecho ", que implica que la autoridad es legítima y conferida por la dirección, la segunda dice que tener la autoridad no implica tener la capacidad para ejercerlo en forma legítima.

5) *Comunicación:* para que una organización funcione bien es necesario buenos canales de comunicación, esto hace que las órdenes que se imparten desde la dirección lleguen de la forma más clara y sin distorsiones a cada uno de los miembros de la organización; como así también los informes de los niveles inferiores lleguen de la forma más pura sin vicios de interferencias a los niveles superiores. De esta manera se logra una realimentación de las actividades que permite poder ir corrigiendo el curso de las acciones a realizar y así llegar a cumplir los objetivos fijados.

6) *Medios y recursos:* estos constituyen todos los elementos que son necesarios para poder realizar las tareas inherentes, en pos de los cumplimientos de los objetivos fijados, es la dirección la encargada de iniciar la tarea de asignación, los cuales pueden ser herramientas, equipos, formación, espacios, repuestos, materiales, o también llamados medios, mientras que el dinero en sus diferentes formas (presupuestos) se denomina recursos.

7) *Planes y programas:* estos aparecen desde el mismo momento del nacimiento de la organización hasta la obtención de los resultados. Esto implica que tanto los planes como los programas, no se encuentra solo en la faz operativa de la empresa sino también en la parte financiera, formación de personal, mantenimiento, etc.

8) *Decisión:* es el resultado de considerar todos los demás elementos que hemos nombrado anteriormente y luego con todos ellos tratar de ordenarlos para poner en marcha todas las acciones con el fin lograr los resultados esperados.

9) *Acción:* que para el caso de una organización o empresa productiva seria el funcionamiento de las instalaciones, maquinarias y la ejecución de las tareas de acuerdo a los planes y programas establecidos y cumpliendo los procesos tecnológicos requeridos.

10) *Resultados:* para el caso de una organización es el cumplimiento del fin por el cual fue creada y de los objetivos fijados, en caso de una empresa industrial, esto se hace más concreto, y el caso panadería es el pan elaborado, en el caso de una acería, las laminas de acero o coils, etc.

11) *Control:* este es el último elemento o concepto a tener en cuenta en la organización e implica la capacidad de tener autoridad para verificar la calidad de los resultados obtenidos y verificarlos con la medida o modelo preestablecido como óptimo. Además el control sirve para realizar la realimentación del proceso de obtención de resultados de una organización, que no solo sirve para verificar si el resultado a sido o no ideal, sino para mejorar cada uno de los aspectos que componen la organización en su conjunto, de manera de obtener los resultados, de manera más eficaz y eficiente cada día.

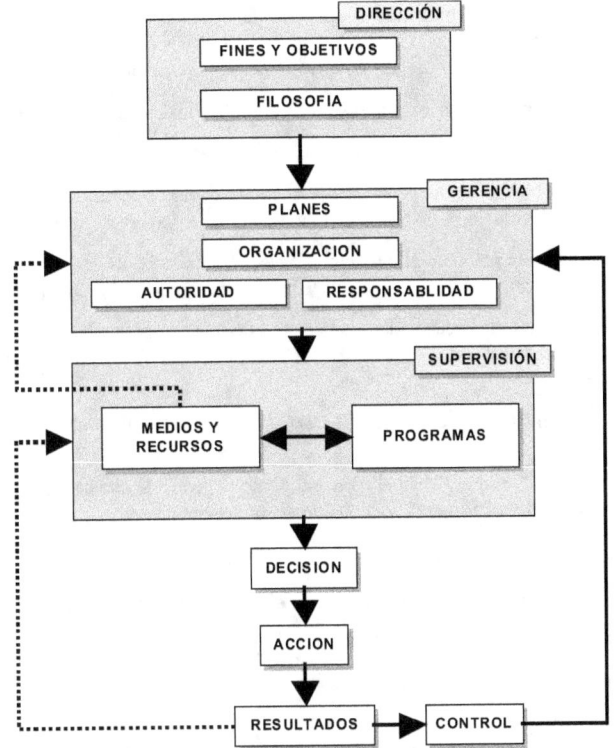

Figura 2.2. Funcionamiento y componentes de la organización (Extraído de "Organización de mantenimiento" de Raimundo Heber González. Pag. 28).

2.3. Consideraciones para la organización de un mantenimiento:

Existen unas series de aspectos que se deben tener en cuenta al momento de la organización de un mantenimiento, algunas de ellas son las siguientes:

- Tanto la responsabilidad como la autoridad debe ser expresada de manera clara y concisa de manera de evitar superposición de tareas y deslindar responsabilidades.

- Los niveles jerárquicos deberán ser la menor cantidad posible, de manera facilitar la comunicación entre los extremos de la organización.

- Tener una adecuada relación numérica entre el responsable y las personas a su cargo, además de ajustar razonablemente las personalidades de los individuos que componen dicho grupo.

- Hacer conocer y compartir los objetivos a cumplir, de manera que sean claros y mensurables para todos miembros de la organización.

- Seleccionar las personas idóneas de acuerdo a la necesidad técnico - tecnológica de la tarea a realizar.

- La o las personas que ocupen un determinado cargo dentro de la organización, deberán cumplir con el perfil delineado por las mismas para dicho puesto, además delimitar las alcances y responsabilidades que implica esta posición.

- La organización deberá mostrarse flexible a los cambios que pudieran suceder en el futuro.

- Cumplir con los programas y planes establecidos con anticipación.

- Establecer cuales con las responsabilidades de área de producción y cuáles las de mantenimiento, de manera de evitar futuros inconvenientes de competencia entres ambos áreas.

- Tener el personal el personal idóneo, implica además ocuparse de formación y actualizarlo respecto a los nuevos avances tecnológicos que se van produciendo.

- Contar con la capacidad de personal de reserva, para el caso de los momentos críticos o de sobre actividad.

2.4. Diferentes formas de organizar el mantenimiento:

La forma en que se organiza el mantenimiento depende de una cantidad importante de factores. Algunos de los factores internos a considerar son los siguientes:

- La situación económica-financiera de la empresa.

- El tamaño de la empresa, tanto en el ámbito de producción como de comercialización.

- La calificación de crédito de la empresa.

- El tipo de producto que fabrica, los procesos y la tecnología que son necesarios para ello.

- Con respecto a los factores externos, podemos nombrar:

- El ámbito social en que inmersa la empresa.

- El nivel de formación y la disponibilidad de la mano de obra.

- La ubicación geográfica.

- La evolución del mercado en que se encuentra.

- La evolución y modernización de sus productos o procesos.

Cada uno de estos elementos, da como consecuencia diferentes configuraciones del mantenimiento dentro de las empresas. A continuación nombraremos algunos esquemas más comunes, tratando de enumerar cuales son sus ventajas y cuales sus desventajas.

En primer lugar diremos que el mantenimiento puede ser considerado como un departamento que depende directamente de la dirección y se conoce también como centralizado, es el caso de empresas pequeñas. Después existen aquellas empresas en las que el mantenimiento depende del departamento de ingeniería, es decir industrias en donde el mantenimiento es parte vital para la empresa, como la son las de procesos continuos (cementeras, química, petroquímicas, aceiteras, siderurgia, etc.). Y por último están aquellas empresas donde el mantenimiento depende del departamento de producción. Son de una cierta envergadura y generalmente realizan producciones por lotes, este tipo de estructuras se presenta en empresas de dimensiones considerables. Cabe aclarar que las dos últimas configuraciones para el mantenimiento, se conocen como descentralizados.

1) *Centralizado:* Este tipo de estructura organizativa, que da forma al departamento central mantenimiento, tiene la responsabilidad de prestar todo el servicio íntegramente. Como ya lo dijimos generalmente se da en empresas de pequeñas dimensiones.

   Se puede decir que las ventajas que presenta esta configuración son las siguientes:

   - Se puede reunir el personal en especialidades o tareas.
   - El punto anterior además optimiza la distribución y normalización de tarea, en los ámbitos de la empresa.
   - Facilita el intercambio de la mano de obra de acuerdo a la necesidad.
   - Al estar centralizada la gestión de mantenimiento, tanto el stock como reposición de materiales, suministro generales, insumos, repuestos, etc. Se puede lograr una visión más integral de este aspecto, tendiendo a una mayor eficiencia para este tipo de gestión.
   - La programación del mantenimiento se ve facilitada al poseer todo la gestión centralizada.
   - En caso de una necesidad puntual de emergencia se tiene también, todo el servicio a disposición.
   - Además mejora la capacidad de formación del nuevo personal, como así también su actualización.

2) *Descentralizado:* En este caso el mantenimiento depende directamente de cada área de producción, y comúnmente se aplica en industria de una dimensión considerable.

   Las ventajas para este tipo de configuración de mantenimiento son:

   - La mano de obra puede especializarse en mayor medida en los equipos, ya que están dedicados en una determina área exclusivamente.
   - Mayor velocidad de respuesta ante un requerimiento.
   - Existe una menor burocracia administrativa para recepción del pedido.
   - Están definidas de forma más taxativas las responsabilidades de producción y mantenimiento.
   - Tiempo menor de respuestas.

3) *Mixto:* Cuando se organiza el servicio de mantenimiento de esta manera se buscan ampliar las ventajas que presente cada uno, y si trata de minimizar las desventajas que presentan cada una de ella.

   Sin embargo este tipo estructura presenta dificultades a la hora de organizarla, primero porque es compleja y segundo porque es costosa, por lo tanto solo las grandes empresas presentan la capacidad económica para realizarla y por ende justificarla.

   Generalmente lo que se centraliza son las áreas de los talleres, oficina técnica, adquisición y almacenaje de repuestos y suministros, planificación de tareas, parada o trabajos en general. En cambio se descentralizan las actividades propias de mantenimiento. Pueden llegar a centralizarse algunas actividades, como la lubricación general y el mantenimiento preventivo.

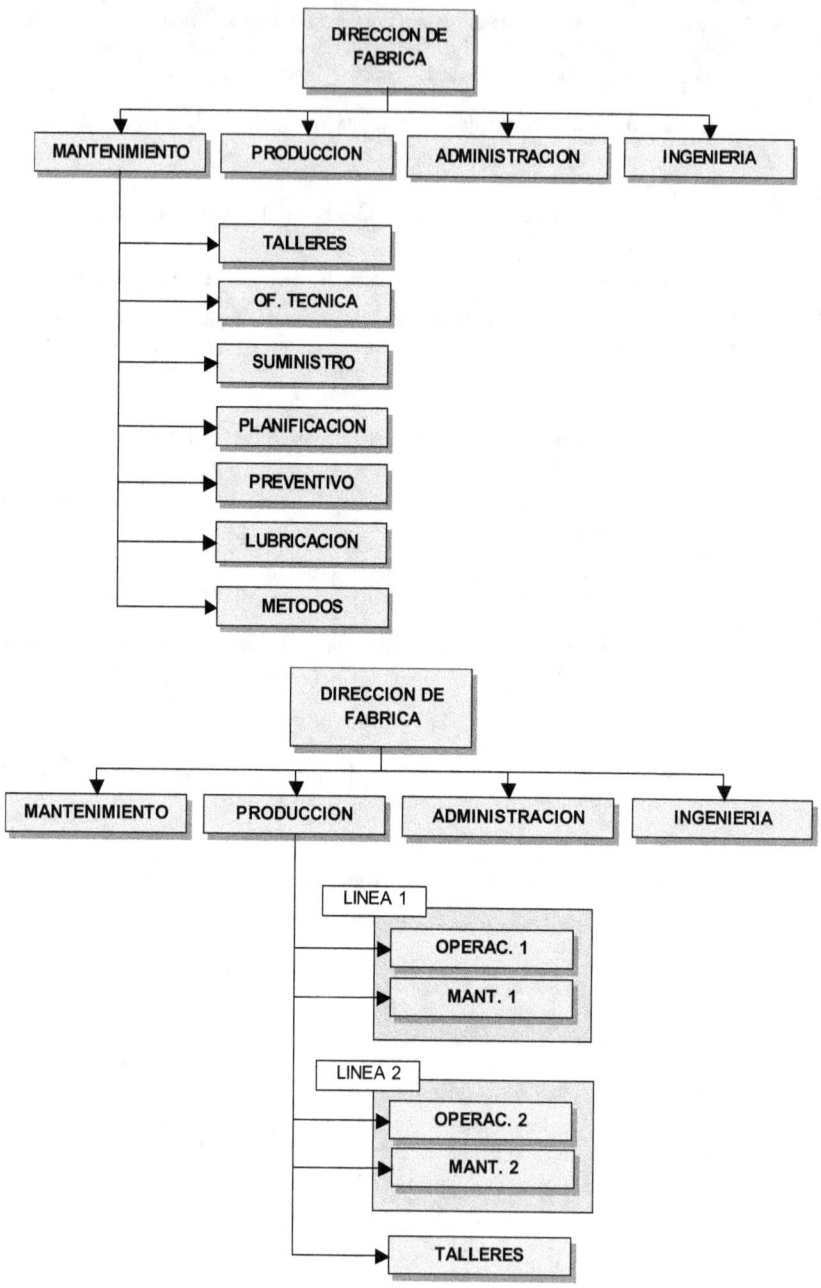

Fig. 2.4. Organización del mantenimiento centralizado y descentralizado (Extraído de "Organización de mantenimiento" de Raimundo Heber González. Pag. 36).

2.5. Áreas internas del mantenimiento:

Sin tener en cuenta de que tipo de configuración de mantenimiento se está hablando, existen ciertas características para la organización interna del mantenimiento que contienen en más o menos las mismas funciones, aunque la forma de dependencia hace que determinadas tareas varían en su forma de desarrollo.

Al tratarse de un organismo técnico que es parte de una empresa, existen funciones básicas administrativas que deben cumplirse: Planificación, organización, coordinación y control. Las áreas funcionales de un servicio de mantenimiento son:

- Planificación y programación;
- Oficina técnica;
- Talleres y oficios;
- Suministro y abastecimiento;
- Mantenimiento Preventivo;
- Lubricación.

Seguramente cada una ellas tomarán una dimensión debida al tamaño, tipo de empresa, y al producto que manufactura o servicio que presta. Para pequeñas o medianas empresas muchas de estas funciones son cumplidas por una persona o grupo ellas, o son absorbidas dentro de la actividad de mantenimiento propiamente dicha.

Una vez conocida las diferentes áreas que pueden componer un servicio de mantenimiento, y teniendo en cuenta siempre que el tamaño y el tipo empresa determina la distribución y dependencia interna de cada uno de las ellas; se nombraran algunos puntos esenciales a la hora de poner en marcha un servicio de mantenimiento:

1) Constituir una organización con la menor dimensión posible y adecuada siempre a las necesidades reales de la empresa, que además sea simple y ágil.

2) Poner en claro cuales son los objetivos básicos que debe cumplir el grupo, y los tiempos de ejecución para ello.

3) Crear un plan de crecimiento sucesivo con objetivos por etapas, logrando una evolución con el cumplimiento de cada una de estas.

4) Lograr constituir una buena relación entre las diferentes áreas funcionales del mantenimiento.

5) Asegurar una capacitación integral de cada uno de los miembros del equipo, para lograr luego una polivalencia de los miembros del mismo, o al menos entre el grupo de la misma especialidad.

6) Tener claro cuales son las responsabilidades de cada uno de los puestos dentro de la organización.

7) De ser posible siempre se debería elegir a las personas con el perfil más idóneo para cada puesto.

Cada una de las áreas que se nombraran arriba tiene una serie de tareas básicas. Para la *planificación y programación* son las siguientes:

- Recibir las órdenes de trabajo.
- Gestionar las aprobaciones frente a los responsables para ejecutar dichas órdenes.
- Elaborar programas diarios o periódicos de mantenimiento.
- Controlar el avance de obra de cada tarea, y el cumplimiento de las órdenes solicitadas.
- Agilizar el cumplimiento de las órdenes que estuvieran atrasadas o presenten algún tipo de dificultad.
- Presupuestar el valor estimado para cada uno de las órdenes.
- Registrar el costo para cada uno de órdenes realizadas, para luego lograr realizar la imputación al área que corresponda.
- Informar a los responsables sobre aquellas órdenes que presentan dificultades de realización o finalización.
- Armar un parte diario general a cerca de la situación del total de las órdenes en curso, para luego ser presentados a la gerencia.

La oficina técnica:

- Realizar las especificaciones técnicas para la contratación de los proveedores.
- Confeccionar todo la planimetría, croquis, esquemas que acompañan a cada especificación técnica.
- Realizar relevamientos o representaciones gráficas de los dispositivos a intervenir en el lugar que se encontraren.
- Prestar apoyo técnico al área de planeamiento y programación para la confección de presupuestos.
- Asesorar técnicamente a los grupos que intervienen en las reparaciones cuando existen dificultades que estos no puedan resolver.
- Evaluar la factibilidad y conveniencia de las modificaciones a los equipos.
- Participar en la preparación de los estándares del TBM.
- Elaborar los procedimientos técnicos operativos de mantenimiento y de operación de los equipos.
- Preparar los proyectos de implementación o modificación de procesos, instalaciones o cambios de layout .

Talleres y oficios:

- Verificar que todo la documentación, materiales, suministro y repuestos que sean necesarios para realizar la orden de trabajo.
- Ejecutar las órdenes de trabajo, de acuerdo a lo previsto por Planificación.
- Respetar la calidad y los tiempos de entrega de los trabajos.
- Cumplir con las normas de seguridad e higiene necesarias para realizar el trabajo.

Suministro y Abastecimiento:

- Ayudar al área de planificación a la elaboración los presupuestos.
- Realizar las compras de los materiales, insumos o repuestos necesarios para realizar la orden solicitada.
- Controlar las existencias de los almacenes, de manera de hacer posible la satisfacción de las órdenes solicitadas.
- Seleccionar y aprovisionar el material solicitado para cada orden de trabajo.
- Verificar la calidad de los materiales, repuestos o insumos adquiridos.
- Colaborar juntos con compras en el control de los proveedores que realizan tareas solicitadas por pliego de cotización.
- Respetar los procedimientos de compras de materiales, gestión de almacenes y movimiento de existencias.

Mantenimiento Preventivo (TBM – CBM)

- Confeccionar los objetivos a cumplir.
- Realizar las normas y política de Mantenimiento Preventivo.
- Diseñar junto con la oficina técnica, los estándares de inspección y revisión.
- Codificar de alguna manera las tareas a realizar sobre las máquinas e instalaciones.
- Decidir cuales son los puntos en donde se aplicará Mantenimiento Preventivo.
- Capacitar al personal que realizará la tarea.
- Establecer un programa periódico de revisión para cada equipo e instalaciones.
- Seguir la evolución y cumplimiento del programa de mantenimiento preventivo fijado.
- Modificar los tiempos y frecuencia de rutina, de acuerdo a la experiencia adquirida.
- Realizar los pedidos de trabajo necesarias para la reparación o modificación programada con el área de ingeniería.
- Revisar periódicamente la rutina de mantenimiento preventivo de modo de cambiarla en caso de que fuera necesario, para así lograr una mayor eficiencia del sistema.
- Confeccionar los índices, indicadores y datos ilustrativos que sirven para seguir la evolución de la gestión del mantenimiento preventivo.

Lubricación:

- Realizar una normalización de aceites y lubricantes a utilizar.
- Confeccionar normas de almacenaje, reposición de stock, transporte y operación.
- Elaborar una planilla de inspección, reposición y cambio de lubricantes para las instalaciones y maquinarias involucradas.
- Respetar y hacer cumplir las normas de seguridad para utilización de este tipo de material combustible.

- Controlar la calidad y cantidad de las entregas de aceites y lubricantes solicitados.
- Realizar normas para prueba de conformidad de nuevos productos.

Cada una de estas actividades como ya lo dijimos, toman mayor o menor importancia y son o absorbidas por las otras actividades, de acuerdo al tipo de industria o servicio del cual se trate, y de la estructura de dependencia que posea cada uno de estas áreas.

2.6. Gestión administrativa del mantenimiento:

La gestión administrativa del mantenimiento resulta crucial a la hora de lograr la efectividad del servicio. Para referirse a la estructura administrativa es necesario tener en cuenta los siguientes elementos: estructura de organización, administración, archivos, documentos, y los sistemas informáticos asociados a la gestión.

1) *Estructura Organizativa:* Respecto a esto ya se comentó en uno de los puntos anteriores, solo se debe tener en cuenta que, sea cual fuese la estructura organizacional-funcional que se tenga, siempre existirán unas series de especialidades básicas como eléctrica, mecánica, instrumental, edilicia, etc., donde cada uno de estas especialidades pueden ser partes de una célula básica de trabajo, o bien depender de una sección dentro del departamento de mantenimiento que los agrupa.

2) *Administración:* Dentro de las actividades de mantenimiento se requiere de un buen sistema administrativo, debido al carácter intermitente de la actividad y el gran volumen de datos que involucra esta tarea. Esto se convierte en indispensable para un manejo adecuado, al tratarse de semejante atomización de información. La velocidad de acceso a la información o las diferentes bases de datos, son ventajas fundamentales al momento de medir el tiempo de respuesta del servicio de mantenimiento. Toda esta gestión suele estar acompañada generalmente por un software computarizado de soporte, que ayuda a la gestión integral de esta actividad.

3) *Archivos:* Existen una serie de datos o archivos que deben mantenerse actualizado, para lograr una adecuada gestión del mantenimiento, dentro de ellos se ubican; los elementos involucrados en el mantenimiento (maquinarias, instalaciones, instrumentos, herramientas, inmuebles, rodados, etc.) todos ellos identificados por medios de códigos, denominación de identificación, proveedor, etc.; luego las tareas inherentes al mantenimiento, donde cada una también deberán estar identificadas por tipo, característica, frecuencia, método de trabajo, tiempo estándar, herramientas requeridas, etc. Por último los planos y documentación técnica, ordenado con las mismas características que la información anterior, para hacer posible la ubicación dentro de una biblioteca o microfilmado.

4) *Documentos:* Para los trabajos de mantenimiento existen dos tipos de documentos fundamentales, las órdenes de trabajos (que se utilizan para registrar pedidos de reparaciones o mantenimientos de equipos) y las órdenes de recorrida (que se trata de secuencia tareas sobre cierto sectores de los equipos de la planta) con las cuales se realizan en general monitoreos, inspecciones, lubricaciones, calibración, etc. durante la ejecución del TBM

5) *Aplicaciones de sistemas informáticos:* En consonancia con lo dicho anteriormente, y por tratarse de una actividad con un nivel de atomización e intermitencia, requiere de una gestión administrativa eficiente a través de un sistema computarizado. Su actividad principal se encuentra vinculado con el planeamiento, programación, control, costeo, etc. Dicho sistema debe ser de característica integral y constar con componentes técnicos, económicas, de administración de gestión, y cumplir con una serie de características que son importantes como:

- Constar con archivos actualizados y completos.
- Consulta rápida y veloz de los mismos.
- Realizar automáticamente el mantenimiento preventivo (TBM-CBM) de los equipos asociados al sistema.
- Establecer el costo aproximado de la mano de obra.
- Registrar el seguimiento de los trabajos en curso.
- Manejar las órdenes de trabajos solicitadas y las órdenes de recorridas de las cuales ya se ha hablado.
- Calcular el costo estimado de cada orden, con el objeto de autorizar su viabilidad económica.
- Contar con los elementos de juicio para evaluar la conveniencia de encarar un trabajo con personal interno o bien una empresa externa o proveedor.
- Lograr una reprobación dinámica y versátil en gestión del mantenimiento.
- Conocer con anticipación los materiales y repuestos que se necesita para realizar cada orden, para luego ordenar comprar aquellos materiales que no hubiera existencias en almacén.
- Proyectar un diagrama de mantenimiento programado para planta parada.
- Procesar la información de las variables técnicas y generar los informes para ver la evolución del mantenimiento.
- Lograr una gestión desburocratizada y con la mínima cantidad de papel posible.
- Controlar el cumplimiento de lo programado y lo efectivizado.
- Verificar la eficiencia y la productividad de la mano de obra.
- Controlar el uso del comportamiento de los materiales a lo largo del tiempo.
- Registrar y controlar las fallas de máquinas y equipos.
- Generar la información necesaria para mejorar los tiempos de intervención.
- Clasificar el costo de mantenimiento, por equipo, por concepto, orden o centro de costo.
- Adecuadas para un operador de mantenimiento.
- Ser un sistema modular y simple para utilizar.

2.7 Consideraciones sobre los objetivos

En toda actividad y en todos los niveles se fijan objetivos a cumplir por los responsables de un sector o posición que representan el motivo de la acción a realizar ellos:

Las características de los objetivos son:

1) 1.-*La especificidad*: es el grado de precisión cuantitativa o sea la claridad con que se expresa su valor. A mayor grado de detalle mas fácil será lograr el objetivo y mejores niveles de motivación se obtienen.

2) 2.- *La dificultad*: determina el grado de rendimiento esperado de quien lo debe llevar a cabo. /
igualdad de recursos un objetivo mas difícil seguramente tiene mayor posibilidad de tener baj
nivel de cumplimiento.

3) 3.- *El compromiso*: marca la cantidad de esfuerzo que las personas o los grupos están dispues
tos a realizar para cumplir con el objetivo. Esto está vinculado a la gestión de la motivación y
la posibilidad de obtención de recursos. Una organización que no da facilidades no podrá logra
que sus miembros se comprometan con los objetivos.

La "teoría de fijación de objetivos", basada en experiencias de campo con las que se buscaban co
nocer los factores que generan motivación, señala que cuanto más específico y difícil es un objetiv
mayor es el desempeño. Pero esto es así hasta un momento en que, por mas que se siga incremen
tando la dificultad, las personas decaen en su motivación al considerar inalcanzable el objetivo, se
desmoralizan.

Gráficamente se tiene:

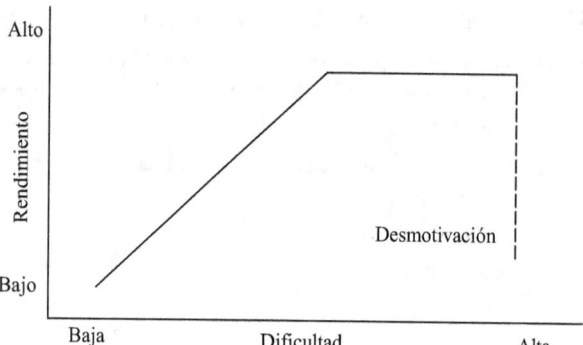

2.8 Consideraciones sobre autoridad y poder:

Es importante establecer la diferencia entre autoridad y poder dentro de las organizaciones ya que
de su comprensión se podrán establecer pautas de trabajo para la concreción de los objetivos.

Autoridad:

Es un atributo que una persona posee, en función de su posición en la organización, para ordenar la
ejecución de actividades a los demás. Dicho atributo le confiere el derecho propio de la posición
para dar órdenes y esperar que sean obedecidas.

La autoridad implica que:

1) Es el puesto el que confiere la autoridad, no la persona por sus cualidades ni características
personales.

2) Los subordinados aceptan esa autoridad. Un individuo en una posición de autoridad la
ejerce y es obedecido porque tiene un derecho legítimo.

3) La autoridad se ejerce en dirección vertical descendente, no lateralmente.

La autoridad delegada en una persona le da el derecho del mando y la obligación de cumplir los objetivos. Esa obligación se llama *responsabilidad* . Es decir, la autoridad viene acompañada por la responsabilidad.

La autoridad se distingue en *autoridad de línea* y *autoridad de staff.* La autoridad de línea se basa en la dirección de las actividades que contribuyen directamente al logro de los objetivos de la organización, o sea cumplen con los fines (producción, ventas). La autoridad de staff se refiere a la dirección de los departamentos accesorios que ayudan, apoyan y aconsejan a la línea (personal, administración, sistemas, etc.). Sin embargo dentro de un departamento de staff la autoridad es de línea para ordenar a sus dependientes.

El flujo vertical de autoridad desde el vértice de la pirámide hacia la base se llama *cadena de mando.*

La autoridad está ligada a los aspectos formales de la organización: estructura, procedimientos, reglas, protocolos. La autoridad como, todo derecho, debe ser respetado y ejercido. Este derecho es un medio por el cual una persona puede afectar el proceso de decisiones. La representación gráfica de la autoridad es el organigrama donde se establece la posición vertical y se fijan los límites o alcance horizontal de esa posición.

Poder:

A diferencia de la autoridad el poder en la habilidad para conseguir que otros hagan lo que una persona sugiere u ordena quiere. Se puede considerar como una capacidad para influir en los demás y lograr determinados objetivos.

El poder supone una relación entre dos o mas personas pero sus bases pueden ser además de interpersonales, estructurales y situacionales.

Si el organigrama es una manera de establecer formalmente la autoridad en función de la posición vertical y el alcance horizontal del mando, el poder lo podemos asociar de modo informal a un cono cuya altura es considerada como el *núcleo del poder* es decir, la ubicación desde donde emana la influencia en dirección radial en cada plano. En un mismo nivel, dos individuos tienen la misma autoridad pero tendrá mas poder aquel que esté mas cerca del núcleo. La superficie del cono representa el organigrama y una cuña de dicha superficie es un área funcional. A medida que se asciende en la estructura se esta mas cerca del núcleo de poder.

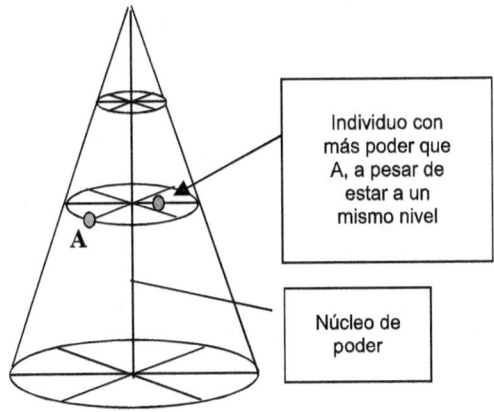

Individuo con más poder que A, a pesar de estar a un mismo nivel

Núcleo de poder

Se distinguen las siguientes formas del poder:

1) *Poder legitimado*: es aquel que una persona ejerce basándose en el atributo de su autoridad. Es decir, la autoridad habilita o legitima el uso del poder dentro de los límites propios de la posición.

2) *Poder coercitivo*: es el poder que ejerce una persona basándose en el temor que infunde, ya sea por tener un mayor nivel o por alguna otra razón.

3) *Poder basado en los premios*: es el poder que tiene un individuo por su capacidad de dar recompensas.

4) *Poder experto*: todas las personas que dominan una determinada disciplina tienen cierta cuota de poder ya que establecen una dependencia hacia si mismos. Este poder será tanto mayor cuanto mas exclusivo sea su know how.

5) *Poder de referencia*: es la influencia que determinadas personas ejercen por sus cualidades personales. Se basa en la identificación que los individuos sienten con determinada persona por la posesión de características o recursos deseables por los demás.

Estos dos últimos tienen una dimensión individual en tanto que los tres primeros se enfocan dentro de estructuras de autoridad.

El poder puede generarse por tener:

1) *capacidad para conseguir recursos*: por lo general una determinada posición tienen asignados recursos que distribuye entre sus dependientes de acuerdo a un presupuesto dado. A su vez esta persona recibió de su superior los recursos para administrarlos a su nivel. Es decir que el poder legitimado tiene asegurado el acceso a determinada cuota de recursos. En épocas de racionalización estos son mas escasos y gestionar sin ellos se hace muy difícil. Aquel que tiene permanentemente la capacidad de conseguir dinero, mano de obra, tecnología, materiales, etc. en tiempos normales o en momentos de crisis adquiere mayor poder del que su puesto le otorga.

2) *habilidad para tomar decisiones*: aquel que tenga la capacidad para tomar decisiones se asegura una cuota de poder, que se incrementará en la medida que tales decisiones sean correctas y den resultados. Hoy mas que nunca la incertidumbre paraliza la acción de la autoridad, una de cuyas funciones es tomar decisiones, aunque sean equivocadas. Si ese individuo no las toma, alguien lo hará por el en cualquier nivel. Esto supone una pérdida de poder legitimado de quien tiene la autoridad a manos quien toma las decisiones.

3) *capacidad para obtener y manejar la información*: tener la posibilidad y la capacidad para conseguir información da poder porque permite tomar mejores decisiones y anticiparse a las acciones de los demás. Cuanto mas importantes son las decisiones a tomar mas valiosos son considerados los datos que ayudan a tomarlas. En ocasiones el poder de una persona se debilita cuando comparte información. Esto es relativo en los casos en los que la organización tiene políticas de trabajo basadas en el "empowerment" donde para dar pequeños niveles de poder a los empleados de niveles bajos a fin de que estos decidan que solución es mejor a los problemas que tienen, se necesita brindar información que en otro entorno no sería posible.

Es de particular interés el caso del poder que se genera a través de la gestión de la incertidumbre. El desconocimiento del rumbo que toman los acontecimientos no genera poder en si mismo, pero sí como se gestiona la incertidumbre. En ocasiones la organización necesita que sus conductores administren la incertidumbre. Quien logre resultados positivos de esta instancia saldrá fortalecido en términos de poder. La gestión de la incertidumbre se realiza en tres instancias:

a) prevenir que ocurran potenciales circunstancias que no serían favorables para la marcha de la organización.

b) manejar la información de manera de poder realizar mejores pronósticos sobre los hechos que pueden ocurrir.

c) tener la capacidad de amortiguar los efectos una vez ocurrida una situación desfavorable.

Quien maneje estas situaciones genera respeto y gana poder.

3

Mantenimiento
Preventivo

En este capitulo nos referiremos al mantenimiento preventivo en términos de TBM (*Time Based Maintenance,* mantenimiento basado en el tiempo) ya que como se vio en el capítulo 1 el mantenimiento preventivo trata, como lo indica la palabra, de prevenir las fallas y esto también engloba al mantenimiento predictivo o CBM (*Conditions Based Maintenance,* mantenimiento basado en las condiciones) . Pero cualquier actividad de prevención presupone una planificación. Es por ello que antes de entrar a desarrollar el TBM es necesario preparar un sistema de Administración del mantenimiento dentro del cual se encontraran los modos TBM y CBM.

3.1 Planificación del mantenimiento. Mantenimiento programado

Al abordar el mantenimiento de una empresa se deben establecer una serie de pasos o etapas para realizar una planificación ordenada ya que no se pueden abarcar todas las instancias en forma simultanea. Pero se sabe que en durante la producción no es posible o es muy difícil seguir pasos estructurados porque las necesidades de la fabricación exigen una respuesta efectiva de mantenimiento. Es por ello que el área de Planificación debe ser capaz de trabajar equilibradamente para que su actividad no sea desbordada y adolezca de errores en la programación del mantenimiento. La implementación de un plan de mantenimiento está constituida por las siguientes fases:

- Relevamiento y evaluación inicial
- Programación del mantenimiento.
- Eliminación del deterioro.
- Preparación del sistema informático.
- Implementación del TBM.
- Implementación del CBM.
- Control de la evolución del mantenimiento.

3.2 Relevamiento y evaluación inicial.

3.2.1 Inventario de equipos

Es evidente que antes de comenzar se debe conocer el entorno y los medios donde se efectuará la planificación. Por lo tanto esta etapa consiste en el relevamiento de las instalaciones, las máquinas y los equipos, sus características, sus localizaciones y sus antecedentes. Éstas informaciones parten de las especificaciones de los fabricantes o del proyecto, y deben abarcar datos tales como el uso, las cualidades y aspectos generales de su conformación, el desempeño, la ubicación física y el centro de costo donde están asignadas. Esto da forma a lo que llamaremos Inventario de los Equipos. Naturalmente la información recolectada será tanto más útil a los fines de la programación del mantenimiento cuanto más detallados y confiables sean los datos. Además éstos deberán ser archivados en bases de datos para tener acceso rápido y eficiente tanto para la consulta como para la actualización. Por otra parte no basta con solo conocer los datos de las máquinas sino que además, aunque no se lleve registrado, el personal de mantenimiento debe conocer el proceso productivo.

Según el tipo de industria las maquinarias serán especiales o estándares y a su vez los componentes de primer orden y luego los subcomponentes de estos también pueden serlo. Pero por más que haya equipos similares y estándares en determinados procesos, el historial de cada uno de ellos seguramente tendrá datos e informaciones distintas y por lo tanto merecen una identificación única y un seguimiento individual .

Se distinguen dentro de esta etapa distintos tipos de datos:

- De identificación

- De adquisición

- De ubicación

- Técnicos

- De gestión administrativa

En líneas generales los datos a tener en cuenta para el relevamiento son:

1) *Número de inventario del equipo*: se refiere al número que el equipo tiene como activo en los libros contables.

2) *Número de identificación*: es el código que se maneja operativamente en el taller como por ejemplo un numero de chapa aplicada en la máquina. En algunas empresas este número es el mismo que el de inventario contable. Es muy importante, en esta instancia que si el equipo no tuviera ninguna identificación, se le colocara una placa en su estructura (no en los accesorios). Deberá estar en un sector bien visible a resguardo de ataques y golpes y será conservada siempre limpia para un fácil reconocimiento de la máquina.

3) *Designación:* es la descripción de la máquina. Debe ser sintética pero completa, por ejemplo no es lo mismo la designación de torno que torno automático, torno paralelo o torno a control numérico.

4) *Tipo de activo*: son simplemente códigos alfanuméricos de referencia a la tipología del equipo por ejemplo: intercambiador de calor, IC; torno a control numérico computarizado, TCNC horno a atmósfera controlada, HAC; etc.

5) *Marca*: es el nombre de la firma del constructor de la máquina. Puede tener un nombre de fantasía o comercial.

6) *Modelo*: dentro de una misma marca pueden existir diversos modelos para un mismo equipo debido a la evolución tecnológica de la marca o a una mejora en las prestaciones.

7) *Numero de serie*: numero asignado por el fabricante al equipo. Es muy importante porque por lo general el proveedor lleva un registro del comportamiento de su producto y ante reclamos es imprescindible su conocimiento. Incluso en determinadas máquinas los repuestos se construyen en lotes cerrados según el orden de la serie.

8) *Numero de proveedor*: el código que le asigna el departamento de compras al proveedor.

9) *Orden de compra*: código dado por compras a la orden de compra del activo

10) *Origen*: establece el país de origen del equipo.

11) *Año de construcción*: año en que fue fabricado

12) *Fecha de entrada en servicio*: fecha a partir de la cual el medio comenzó a producir.

13) *Fecha de alta*: fecha a partir de la cual el medio fue ingresado como activo en los libros de la empresa. Es posible que el medio se haya comprado usado o bien que haya ingresado a fabrica bajo la modalidad leasing o haya sido explotado dentro de la empresa por otra firma contratista o subsidiaria.

14) *Potencia instalada*: potencia nominal dada en Kw. que tiene la máquina.

15) *Peso*: en kilogramos, distinguiendo peso de la maquina vacía y peso con los lubricantes y los fluidos de trabajo (aceite hidráulico, refrigerantes, fluidos de corte, etc.). No se considerarán los medios productivos específicos y las herramientas de trabajo.

16) *Dimensiones*: superficie cubierta en m^2 y altura en m tomados desde la base a la parte mas alta del cuerpo o estructura de la máquina (con y sin considerar los elementos de fácil extracción)

17) *Accesorios*: Descripción de los componentes que tiene la máquina y que no forman parte de la estructura de la misma, por ejemplo: armarios eléctricos, centrales hidráulicas, cargadores, enfriadores, etc.

18) *Ubicación actual*: indica el sitio dentro de la planta donde se encuentra la máquina respecto a un sistemas de referencias establecido en un layout del taller.

19) *Proceso*: indica a qué proceso de elaboración se haya afectada la máquina. Puede ocurrir que sin cambiar su ubicación el equipo tenga un uso distinto al previsto en el proceso dentro del cual se haya instalado.

20) *Centro de costo*: es la designación administrativa del área que gestionará el equipo

21) *Costo*: esto es solo referencial y generalmente no está accesible este dato a la generalidad del personal de mantenimiento.

22) *Estado*: se indica aquí la situación del equipo es decir, si está activo esta dado de baja, si está en esta planta o ha sido cedido en comodato a algún proveedor para el abastecimiento de materiales en cuenta elaboración, si está en funcionamiento o en reparaciones, etc.

23) *Observaciones*: se registran toda información necesaria para la descripción del equipo

Estos datos si bien son extensivos no son absolutos y sirven de referencia para la elaboración del relevamiento inicial. Naturalmente existen otros datos que se pueden compilar pero eso depende de los registros que cada empresa necesite manejar.

3.2.2 Clasificación de los equipos. Prioridad de fallas.

Hasta ahora se hizo una exploración para conocer el alcance de la gestión del mantenimiento, debiéndose abarcar todos los activos productivos e instalaciones sin dejar de lado ningún equipo aunque parezca irrelevante en comparación a otros mas complejos. Pero nada sabemos a cerca de la importancia que cada medio tiene en el contexto de los procesos. Para tener una idea primaria y elemental a cerca de cómo intervenir se necesita una evaluación de los medios bajo la óptica de las distintas partes interesadas de la organización y posteriormente establecer prioridades. Los criterios que se utilizan están en función de la gravedad de las fallas que pueden ocurrir en las áreas de producción (volumen de producción o plazos de entrega), calidad, seguridad, cuidado ambiental, costo y capacidad de ser reparado. En primera instancia se debe evaluar la importancia que la falla tiene para cada ente y luego que ese departamento le asigne un valor, se analiza el efecto del desperfecto en el conjunto de la empresa. Por ejemplo, puede ser que bajo el punto de vista de producción una determinada falla no sea significativa pero desde el área de ecología represente un grave riesgo de contaminación o una violación a alguna ley ambiental.

El cuadro 3.1 permite, a través de un ejemplo, esbozar de manera elemental, una primera aproximación a la evaluación de las características de los equipos en función del efecto que producen las posibles fallas. La calificación de la gravedad y la probabilidad se ejemplifican en el cuadro 3.2 en tanto que en el cuadro 3.3 se muestra la clasificación de las características de los equipos en función de la ponderación resultante de la evaluación realizada en todos los sectores. Naturalmente cada empresa dependiendo de su magnitud, importancia o complejidad de sus procesos puede adoptar la escala que más le convenga.

Cuadro 3.2: valores asignados a la probabilidad y gravedad de ocurrencia de una falla

Probabilidad		Gravedad	
Alta	5	Muy grave	5
Media	2	Grave	3
Baja	1	Leve	1

Cuadro 3.1 (Ejemplo)

Áreas de análisis	Criterios de evaluación	Condición	Probabilidad	Gravedad	Puntuación
Producción:	La falla produce el paro total de la producción.	I	1	5	5
	La falla genera demoras en las entregas de los programas de producción.	II	5	3	15
	La falla produce pérdidas en los giros internos.	III	2	1	2
Calidad:	La falla produce defectos que atentan contra la seguridad el usuario.	I	5	5	25
	La falla genera defectos que irritan al cliente.	II	1	3	3
	La falla produce elevados rechazos.	III	2	1	2
Higiene y seguridad	La falla produce accidentes laborales fatales.	I	1	5	5
	La falla produce accidentes laborales con lesiones graves.	II	2	3	6
	La falla produce accidentes laborales con lesiones leves.	III	5	1	5
Ecología y medio ambiente	La falla produce daños ecológicos de severos o irreversibles.	I	2	5	10
	La falla produce contaminación grave.	II	1	3	3
	La falla genera contaminación leve.	III	5	1	5
Costos	La falla tiene un costo mayor a $ 10000.	II	5	5	25
	La falla tiene un costo entre $ 2000 y $10000.	III	2	3	6
	La falla tiene un costo menor a $ 2000.	IV	1	1	1
Mantenibilidad (capacidad de ser reparado)	La falla requiere varios días para su reparación.	II	2	5	10
	La falla se repara en el día.	III	5	3	15
	La falla se repara dentro de un turno de trabajo.	IV	1	1	1
Σ puntuaciones mas elevadas cada sector					96

El ejemplo del cuadro anterior permite conocer los equipos más críticos en su máxima condición de falla y en base a ello fijar prioridades de intervención. El método consiste en tomar, para cada equipo, la puntuación mas elevada según el criterio de cada sector como combinación de la posibilidad de ocurrencia y la gravedad en caso de falla considerando tres niveles. Luego se suma la puntuación mas alta para cada área y de acuerdo al valor que resulte será la clasificación del equipo en A, B o C (Cuadro 3.3). La valoración de cada punto en cada equipo surge de la evaluación subjetiva distintas personas con experiencia en las áreas descriptas. En este caso por ejemplo, en el área producción es más grave en cuanto a las consecuencias el hecho de que la falla produzca una parada total de la producción pero, basado en la experiencia del personal, se ha considerado este hecho como de baja probabilidad por lo que el producto de ambos factores determina que es más importante el segundo nivel de falla, es decir aquel que produce una pérdida del material de giro de elaboración.

Cuadro 3.3: Clasificación del equipo en función de la ponderación de las máximas condiciones de cada sector.

Puntuación de condiciones máximas	Clasificación del equipo
Entre 113 y 150	A
Entre 75 y 112	B
Hasta 74	C

La evaluación anterior nos da una visión estática de los equipos, es decir no toma en consideración aspectos circunstanciales de la actividad de la planta. En otras palabras se clasifica la importancia que los equipos tienen en si mismos como combinación de los intereses de distintos sectores, pero en determinado momento de la gestión la empresa puede tener una necesidad de corregir un problema o satisfacer un requisito y entonces la conducción establece directivas específicas que pueden durar desde una semana a un año y por lo tanto esto determina la existencia de otras condiciones que sirven para planificar las acciones. Por ejemplo, si se necesita cumplir con elevados niveles de producción exigiendo a un proceso dado casi a su máxima capacidad productiva, esto lleva a que dicho proceso deba cumplir eficazmente las necesidades de producción. Ese proceso seguramente estará conformado por una combinación de equipos A, B o C. Aquí será menester establecer prioridades en base a considerar qué tipo de falla es la que podría originar en cada equipo de producción la condición I, es decir se ha hecho un seguimiento longitudinal y dinámico por área y no transversal y estático tocando a varias áreas. Quizás la necesidad de la dirección al mes siguiente sea potenciar otra área de producción. Lo mismo puede ocurrir si hay problemas de calidad o si es necesario trabajar sobre los riesgos laborales. Por lo tanto, en las plantas, es importante clasificar también a los equipos según el proceso y las condiciones del momento.

De la combinación de ambos modos de evaluar una criticidad, es decir por la importancia del equipos o por la significación de la falla de acuerdo a una condición del momento se puede armar un cuadro que sirva para establecer la prioridad de la intervención:

Cuadro 3.4 Cuadro de prioridades

Condiciones	A	B	C	Designación de la prioridad
I	1	2	3	Emergencia
II	4	5	6	Urgente
III	7	8	9	Importante
IV	10	11	12	Secundaria

3.2.3 Metas en los niveles de fallas.

Con la clasificación según el criterio anterior se pueden establecer las primeras metas a alcanzar por el mantenimiento. A continuación se plantearán, a modo de ejemplo, algunos valores pero por cierto cada empresa deberá fijar los propios:

<u>Según la importancia de los equipos</u>: Si se considera las metas de acuerdo a la importancia de los equipos, a igualdad de condición los equipos tipo A no deberán fallar o hacerlo en un rango bajo, porque esa calificación les da la mayor significación que los tipo B y C en toda la empresa. En la planificación aquellos equipos tendrán prioridad y dispondrán de los recursos necesarios para evitar las fallas. Los equipos tipo B y C no tendrán tanto peso como los A pero su planificación también será importante.

Entonces se puede fijar, de acuerdo a la característica del equipo, el siguiente objetivo: del total de equipos que fallen menos del 5% del total corresponderán a equipos A, las fallas de los equipos B estarán dentro del 40% y el resto serán de los equipos C.

<u>Según la condición</u>: Por otro lado, según lo establezca la dirección de la empresa, se puede prevenir las fallas que generan las condiciones I en una determinada área. Algunos indicadores a controlar puede ser, por ejemplo, las fallas graves en seguridad laboral o cuidado ambiental que, aunque sean poco frecuentes, bajo ningún concepto pueden ocurrir. Entonces se puede establecer:

Las fallas de condición I estarán dentro del 2% del total de fallas, los desperfectos clasificados como II estarán dentro del 18%, las III abarcarán el 30% y el 50% serán IV

Un parámetro que se puede considerar para fijar una meta es la frecuencia de los desperfectos como sigue:

$$\text{Índice de frecuencia} = \frac{Nd}{Top}$$

Donde Nd es la cantidad paradas del equipo por desperfectos y Top es el tiempo en horas de operación del equipo

Este se complementa con otro índice también muy válido a la hora de fijar puntos de referencia

$$\text{Índice de gravedad} = \frac{Td}{Top}$$

Donde Td es la cantidad de horas paradas del equipo por desperfectos y Top es el tiempo en horas de operación del equipo

Si se considera los costos de mantenimiento se puede utilizar:

$$\text{Costo relativo mensual} = \frac{Cr}{Nup}$$

Donde Cr es el costo de las reparaciones del por desperfectos y Nup es la cantidad de unidades producidas (unidades, tons.,etc.)

Todos éstos índices nos permiten fijar las primeras metas de la gestión del mantenimiento. Más adelante serán abordados nuevamente éstos, con mayor detalle, y otros indicadores de importancia para la gestión del mantenimiento .

3.3 Preparación del programa de mantenimiento

Toda programación implica establecer a lo largo del tiempo una serie de actividades. La gerencia de mantenimiento como toda otra área de la empresa se rige por presupuestos y la programación de la actividad del mantenimiento es la base que justifica y sostiene ese presupuesto. Este tiene un alcance de un ejercicio anual y por lo tanto la programación del mantenimiento también la tendrá.

La primera tarea que realiza el área de Planificación del mantenimiento tiene es *fijar las prioridades* en base a una clasificación previa como la expuesta en el párrafo anterior. En este sentido es muy importante que esta área conozca los procesos de transformación y los programas de producción fijados por la dirección a lo largo del año. Esto es necesario para determinar los períodos en los que la planta no producirá o tendrá disponibilidad de los equipos o bien para establecer las exigencias en cuanto a los volúmenes y la composición de los productos a elaborar. Existen intervenciones de frecuencia anual, las de orden mensual, las semanales y finalmente las diarias. El conjunto constituye el programa de mantenimiento.

3.3.1 Mantenimiento con parada de planta.

El mantenimiento con parada de planta consta de intervenciones de carácter anual, son de envergadura y generalmente se realizan en los períodos de vacaciones. Naturalmente esto se complica en las industrias donde la actividad es continua todas las horas del día y todos los días del año. Dada la magnitud de los trabajos que se emprenden en este período, los costos de estos pueden llegar a alcanzar la mitad del presupuesto anual del mantenimiento. Los costos están referidos al gasto propio del mantenimiento y a los costos por pérdida de producción. Además hay que considerar los costos propios de la parada y del arranque. Por ello los trabajos no solo se deberán cumplir en tiempo y forma sino de manera eficiente.

De acuerdo a la industria y al proceso éstas tareas de frecuencia anual vienen prefijadas por el diseño de la planta y descriptas en los manuales de mantenimiento. Otras veces puede ocurrir que no estén explicitadas y en tal caso se pueden tomar en consideración las recomendaciones de equipos similares o las sugerencias del personal con más conocimiento de la planta. Es importante que tales experiencias sean capitalizadas por los ingenieros de mantenimiento, sean estudiadas, evaluadas y finalmente formalizadas y transcriptas a procedimientos estándares. Esto puede suceder debido a que los manuales no estén actualizados o a que las instalaciones hayan sufrido transformaciones para una adaptación o una reparación provisoria. En síntesis, tanto las intervenciones provisorias como los registros consignados a lo largo del año y las especificaciones de diseño de los equipos permiten plantear las tareas que deberán ser ejecutadas en estos períodos prolongados sin que afecte a la producción. También se realizarán este período las modificaciones de las instalaciones o la disposición de equipos nuevos ya sea por un cambio de proceso o por una mejora de productividad u otra necesidad.

Por ser estas tareas complejas y costosas su planificación debe ser cuidadosa y anticipada. El sector de Planificación del Mantenimiento prepara el programa y su presupuesto en función a las prioridades, a las metas y a las especificaciones o procedimientos. Pero por ser una serie de trabajos de magnitud se requiere la participación de otras áreas como compras, administración, logística, producción, ingeniería, seguridad y sistemas. Una vez establecidas las tareas se asignarán recursos humanos, financieros y materiales, se establecerán los plazos parciales y los generales. Se preverán los repuestos que se utilizarán, las especialidades que intervendrán y los medios técnicos de mecanizado, de medición, de movilización, de información y de seguridad que serán necesarios. La oficina técnica dispondrá de toda la información textual, gráfica y numérica, como así también los estándares y los procedimientos de intervención. Pero esto no es suficiente ya que la programación debe tender a la saturación de la mano de obra, la racionalización de los repuestos, la sinergia de las herramientas y equipos, a la minimización de los montos financieros y al cumplimiento de todas las tareas en sus plazos establecidos. Por lo tanto se puede considerar al mantenimiento anual como un proyecto y en tal caso deberá estar sujeto a la aprobación de los niveles jerárquicos y las dependencias vinculadas a las iniciativas.

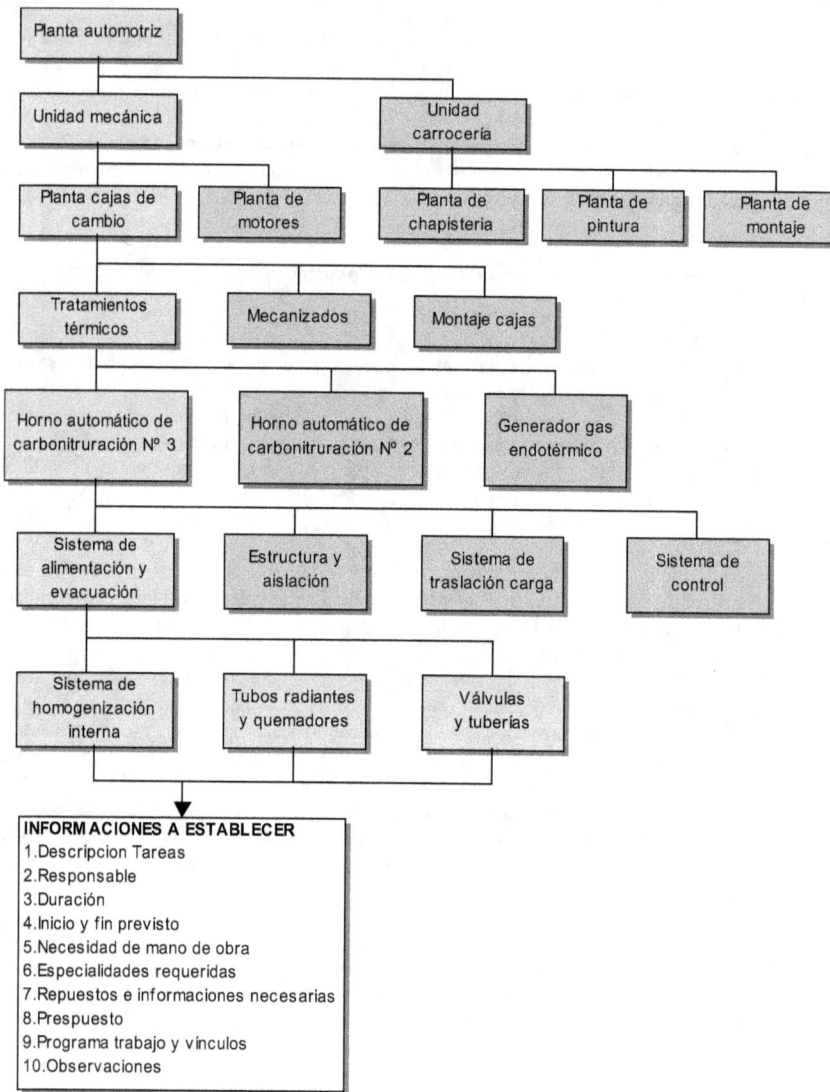

Figura 3.5

Para comenzar es necesario realizar una descripción de todas las instalaciones que serán atendidas partiendo desde los sistemas más complejos subdividiéndolos hasta las partes más simples y en estas se prepararán los bloques de tareas asignando objetivos, responsabilidades, presupuestos, recursos y tiempos. Para este tipo de análisis es muy conveniente el diagrama WBS (*Work Breakdown Structure*) es decir Estructura de Descomposición del Trabajo (Figura 3.5) La programación de múltiples tareas que requieren compartir recursos necesita de la utilización de herramientas de programación como el gráfico de *Gantt* y la red *CPM* (*Critical Path Metod*) o sea método del camino crítico. Se necesitan como datos de entrada la definición de las tareas, la duración de las mismas, las fechas de inicio y fin, las demoras o anticipos admisibles, los costos, los recursos y la vinculación entre tareas. Es común que existan situaciones imprevistas que demoren los trabajos como por ejemplo retrasos en la entrega de repuestos, fallas ocultas no consideradas o huelgas. Por lo tanto el camino crítico debe ser vigilado atentamente y tendrá prioridad en la asignación de recursos, una demora en su cumplimiento impacta en todo el proyecto y retrasa o dificulta el arranque de planta.

Cuadro 3.5

ETAPAS	ELEMENTOS	FORMATO
Información general	1.Objetivos. Alcances. 2.Descripción de las instalaciones. 3.Presupuesto de gastos. 4.Restricciones de tiempos.	1.Informe escrito. Texto. 2.Informe técnico. Layout. 3.Planilla 4.Planilla
Programación	5.Descomposición del trabajo . Listado de tareas. 6.Armado plan de trabajo. 7.Asignación de tiempos. 8.Asignación de recursos y costos. 9.Verificar relación tareas 10.Determinar duración proyecto. Camino crítico	5.Gráfico WBS. Planilla. 6.Gráfico de Gantt. 7.Planilla. Gráfico de Gantt 8.Planilla. Gráfico de Gantt 9.Gráfico CPM 10.Gráfico CPM
Hitos	11.Secuencia de paradas. 12.Comienzos de trabajos 13.Problemas y dificultades. Planes alternativos 14.Finalización de los trabajos 15.Secuencia de arranques. Problemas.	11.Planilla 12.Planilla 13.Planilla. Informe técnico 14.Planilla. 15.Planilla. Informe
Seguimiento	16.Cumplimiento real plan de trabajo 17.Demoras 18.Desviaciones de gastos	16. Gráf. de Gantt de seguim. 17. Gráf. de Gantt de seguim 18. Informe técnico
Gastos	19.Gastos de materiales 20.Gastos de alquileres 21.Gastos de contratos	19. Planillas. Informe técnico 20. Planillas. Informe admin. 21. Planillas. Informe admin.
Inspecciones y resultados	22.Inspecciones oficiales 23.Inspecciones técnicas 24.Evaluación final.	22.Informes gubernamentales 23.Informe técnico 24.Informe. Gráficos

Por otra parte hay que prevenir desvíos en los costos asignados y en lo posible minimizarlos. Se pueden realizar controles y eventuales reducciones en los siguientes puntos:

- los alquileres de equipos de elevación y transporte como grúas o camiones
- la contratación de cuadrillas de operarios externos a la empresa
- las horas extras de los operarios de la planta permanente
- los precios de los repuestos

- la saturación de la mano de obra según las especialidades

Como todo proyecto el mantenimiento con parada de planta debe preparar, conforme avanza el cronograma y al finalizar, informes a los fines de evaluar y eventualmente corregir las desviaciones de lo presupuestado. Todas estas exposiciones deben ser archivadas y una vez concluido el proyecto los equipos de trabajo deberán analizar los resultados y con ellos preparar los próximos trabajos. En el cuadro 3.4 se muestra un ejemplo de los informes que se deberían compilar y archivar al finalizar el proyecto:

3.3.2 Gestión de las Ordenes de Trabajo.

Además de las paradas de planta anuales, conformarán el programa general los distintos programas mensuales y semanales. Las actividades que se contemplan en estos períodos tienen dos orígenes: por un lado éstas tareas tienen las mismas características que las anuales, es decir su realización responde a las necesidades establecidas en las especificaciones del equipo o a procedimientos elaborados por ingeniería con la diferencia respecto de la paradas anuales que son de mucho menor costo y el volumen de trabajo es notablemente inferior. Su costo está regido por el presupuesto mensual ya establecido al comenzar el ejercicio. Por otro lado existen solicitudes de intervención emitidas para realizar tareas de mantenimiento y que por causas de disponibilidad de los equipos o por falta de algún recurso no se pueden ejecutar al momento de ser solicitadas y en consecuencia deberán ser programadas en el mantenimiento mensual o semanal.. Naturalmente, si la máquina ha sufrido una parada y está exigida por los programas de producción, la intervención deberá ser inmediata. Estas solicitudes, llamadas Ordenes de Trabajo O.T. (figura 3.6), son emitidas por cualquier ente de la empresa pero seguramente el que más hace uso de las mismas es Producción, Así las actividades de mantenimiento mensual o semanal se realizarán previo consenso con la gerencia de Producción.

Los datos a consignar por el solicitante, en líneas generales, en un formulario impreso deben ser:

- -número de O.T. (viene impreso en el formulario).
- -fecha y hora de la emisión de la O.T.
- -línea o sector que solicita el servicio.
- -número de centro de costo, a los fines de imputar los gastos del trabajo.
- -instalación o máquina con problema (número de identificación y descripción).
- -descripción del problema (lo más detallado posible).
- -asignación de la prioridad.
- -horario y plazo de disponibilidad el equipo.
- -firma del emisor.

Las autorizaciones para la solicitud de trabajos depende de la importancia del proceso y del equipo, como también de la situación de los programas de producción. Cada empresa deberá fijar el nivel requerido para solicitar y autorizar a mantenimiento la ejecución de los trabajos. Cuando ocurren fallas inesperadas, la autorización de la O.T. es un compromiso entre la agilización de las acciones evitando la burocracia y el grado de control de la gestión. Se puede establecer el nivel de firma autorizada de acuerdo a la clasificación del equipo y a la condición operativa. Naturalmente si la organización establece con claridad instructivos de trabajo y capacita a su personal en las distintas situaciones su realización será pronta, obviando la recurrencia a niveles jerárquicos de manera inne-cesaria. Pero no hay que olvidar que cuando se pide un trabajo a Mantenimiento se solicita a un sistema de gestión la resolución de un problema con la consecuente asignación de recursos y tiem-pos, quizás tomándolos de otras tareas que ya están en marcha, por lo que, si el pedido resulta vano no se es ni eficiente ni eficaz (figura 3.7).

Las O.T. son recibidas en la oficina de planificación y en primera instancia se analiza su prioridad. Esta oficina deberá tener en cuenta la prioridad en función de la característica del equipo y de la condición, tal como se determinó en el párrafo 3.2.2 , sin embargo existen ciertos vicios arraigados en la cultura de algunos establecimientos puesto que supervisores de producción exageran las situa-ciones ya que asignan mayores prioridades a las fallas de sus equipos de que lo que en realidad ocu-rre generando una congestión en el servicio. Es por ello que el responsable del área de Producción debe realizar un trabajo de toma de conciencia del personal para evitar estas formas mezquinas de trabajar que conducen a falencias del servicio de mantenimiento y por ende a pérdidas de producti-vidad.

Establecida la prioridad se procede a una primera segregación por especialidad u oficio, tal como electricista, electrónico, mecánico, hidroneumático, ajustador, calibrista, instrumentista, herrero, etc. Cuando se compila una O.T. se expone la falla y en algunos casos la posible causa. Esto da lu-gar a que se considere la especialidad que tomará el trabajo. Esto no es tan fácil como parece y en momentos en que los recursos están saturados un buen pre diagnóstico trae aparejado valiosos aho-rros de tiempo. Como se verá más adelante este pre diagnóstico es posible si los operarios de pro-ducción tienen conocimientos elementales de la máquina y como está compuesta. El formulario de O.T. debe permitir cargar los datos vinculados a las distintas especialidades. Por ejemplo ante una falla que se presupone de origen eléctrico, se asigna el trabajo a un electricista que esté disponible y se anota su nombre o número de legajo en un casillero en el formulario previsto para la especialidad electricidad. También anotará la fecha y hora que procede a realizar la reparación. El electricista deberá informar y anotar sintéticamente lo que encuentra y cuales son las posibles causas, aunque a veces esto es difícil. Puede ocurrir que las causas del desperfecto estén ocultas o hayan desapareci-do cuando se manifiesta la falla. Este primer contacto del operario de mantenimiento con el equipo le permite procurar una primera evaluación de la magnitud del problema ya que a veces es posible, en el mantenimiento a rotura, que las fallas sean de simple solución. No obstante el electricista en éste caso volverá con la información al box de mantenimiento y si la falla persiste o si se realizó una reparación provisoria la O.T. seguirá abierta para su resolución definitiva y será incluida por Planificación dentro de un programa de mantenimiento semanal o mensual, en turnos o días en los que se no afecte la producción. Los repuestos utilizados tendrán que ser incluidos en un lugar del formulario O.T.. Si no hubiera existencia en planta, se solicitarán al almacén o se ordenará su com-pra. Esta novedad también deberá reflejarse en la O.T. . Si nuestro electricista analiza que corres-ponde que otra especialidad continúe el trabajo o necesite de su ayuda deberá consignarlo en el formulario, por ejemplo, "pasa a especialista neumático o a instrumentista". También se analizará si dada la importancia del equipo o la complejidad del desperfecto es necesaria la consulta o interven-ción a técnicos expertos de la propia empresa o de empresas especialistas. Si cuando la O.T. llega a mantenimiento no hay especialista libre, en función de la prioridad que se asigne y de la disponibi-lidad del equipo se replantearán los trabajos en curso.

ORDEN DE TRABAJO DE MANTENIMIENTO
Gerencia de mantenimiento

Nº: **0027894**

Ente solicitante:	Planta cajas
Línea:	Tratamiento térmicos
Centro de costo:	4235

Compiló:	Heredia, Marcos
Legajo:	2356
Autorizó:	Lugones, Carlos
Legajo:	1687

Fecha emisión:	15	03	2002
Hora emisión:	15	30	
Fecha disponibilidad:	15	03	2002
Hora disponibilidad:	17	00	

Número Equipo:	03945
Número Descomposición:	02-005
Descripción equipo	Generador gas endotérmico
Descripción de la falla:	Equipo no llega a temperaura de régimen- No se puede fijar el punto de rocío
Descripción condición:	Parada de planta por rechazo definitivo de material cargado en horno carbonodurado n° 3
Posible causa de la falla:	Fisura en tubo radiante

Prioridad	2	Emergencia:	X
		Urgencia:	
		Importante:	
		Secundaria:	

Intervención		Fecha	
Inmediata	X	15	03	2002
Programada				
Correctiva				
Fecha límite				

Especialidad	Operario/ Legajo	Fecha Inicio / Fin	Hora Inicio / Fin	Observaciones
Mecánico				
Hidroneumático				
Ajustador				
Electricista				
Electrónico				
Herrero/cañista				
Instrumentista				
	Total horas:			

Repuesto / Material	Numero diseño	Cantidad	Costo unitario	Observaciones
		Costo materiales:		

Utilajes

Nº O.T. Utilajes	Horas	Materiales	Costo
	Costo utilajes:		

Trabajo terceros

Nº O.T.	Horas	Materiales	Costo
Costo terceros:			

Notas

	Firma	Legajo	Fecha	Hora
Supervisor mantenimiento:				
Aprobación producción:				

Figura 3.6 – Ejemplo de Planilla OT

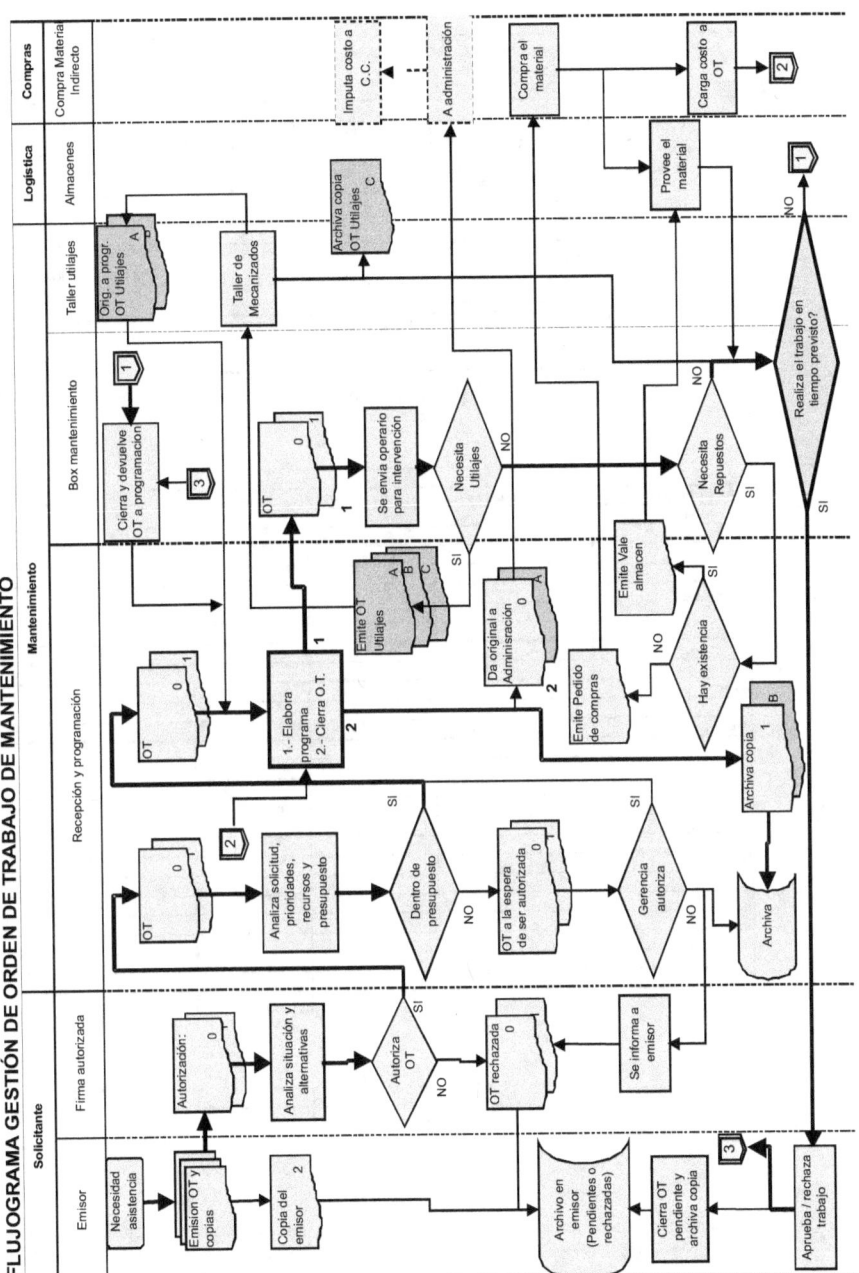

Figura 3.7 - Fluograma Gestión de Orden de Trabajo de Mantenimiento

ORDEN DE TRABAJO DE UTILAJES
Gerencia de mantenimiento

N°: **0 0 0 5 3 1 7**

Ente solicitante:	Planta motores	Solicitó Producción	García, Daniel	Fecha emisión:	22	02	2002	
Línea:	Mecanizado bock	Legajo	2442	Hora emisión:	19	25		
Centro de costo:	5236							
N° OT solicitante:	**00058742**	Compiló Mantenim.	Palestrini, Sergio	Fecha ingreso utilajes:	23	02	2002	
		Legajo	2365	Hora ingreso:	06	00		

Número descomposición: 01336-04-003-12   Prioridad: **4**

Descripción equipo: Conjunto transferizado Promecor

Descripción de la falla: Pallets de transporte dis.600123000 no localizan correctamente la pieza

Emergencia: ☐
Urgencia: **X**
Importante: ☐
Secundaria: ☐

Descripción del trabajo: Construir n° 10 pernos facetados localizadores dis. 600123541.
Rellenar, rectificar y ajustar n° 5 topes positivos dis. 600123500

Proceso	Operario/ Legajo	Fecha inicio	Horas	Observaciones
Cortar material				
Cepillar				
Limar				
Tornear				
Fresar				
Mortajar				
Alesar				
Dentar				
Rectificar				
Soldar				
Armar				
Ajustar				
Total horas:				

Repuesto / Material	Numero diseño	Cantidad	Costo unitario	Observaciones
Costo materiales:				

	Firma	Legajo	Fecha	Hora
Supervisor utilajes:				
Aprobación mantenimiento:				

Figura 3.8- Ejemplo de OT de utilajes

Cuando se requiere la intervención de una sección auxiliar como por ejemplo un taller de utilajes mecánicos la cosa comienza a complicar la tarea del programador. Este emite una O.T. de utilajes (figura 3.8) y la envía al taller para la construcción o reparación del elemento y allí especialistas analizarán qué trabajos serán necesarios y que tiempo demandarán. La información técnica como así también los planos o croquis serán provistas por la Ingeniería de mantenimiento. Dentro de este taller la construcción o reparación de un determinado dispositivo lleva consigo diversos procesos de tecnología mecánica como por ejemplo: corte del material en bruto, cepillado, torneado de desbaste o de terminación, fresado, alesado, perforado, soldado, rectificado, etc. Cada una de estas etapas tiene un tiempo asignado por el técnico analista de tiempos y métodos para una determinada máquina y operario. El coloca en la O.T. los presupuestos de los tiempos de cada proceso. Acompañan a la O.T. de utilajes los planos o croquis y las especificaciones técnicas. El conjunto de las hojas de ruta de todos los repuestos conforman la carga de máquina y la saturación de la mano de obra. (Figura 3.9).

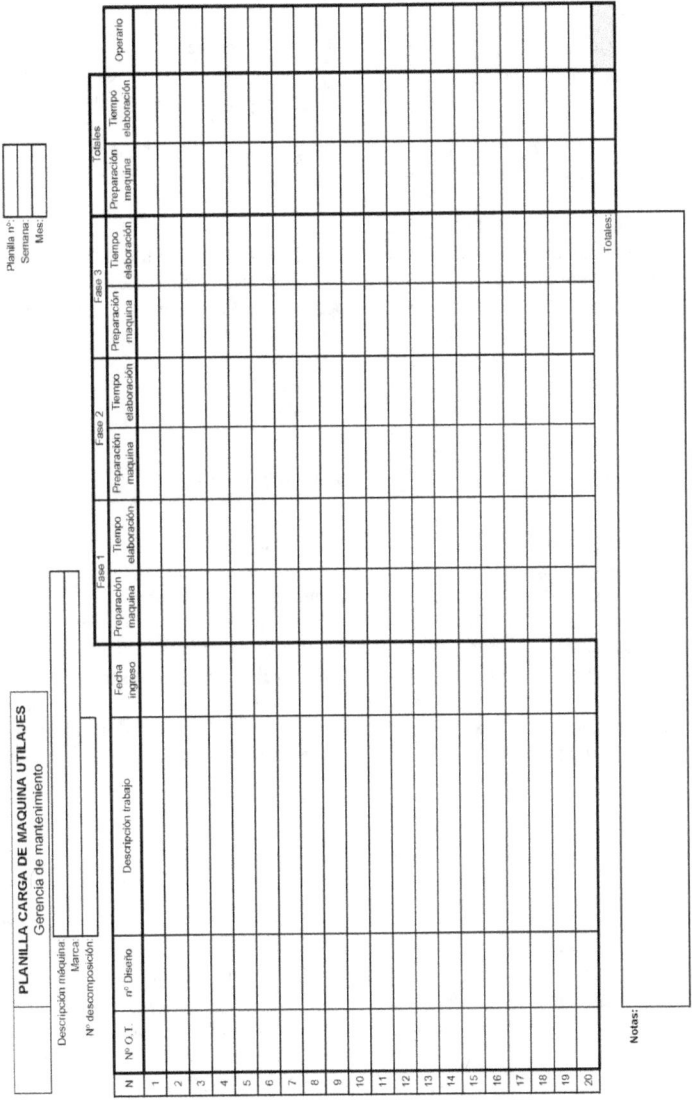

Figura 3.9- Planilla carga de máquina de utillajes

Lo expuesto hasta ahora exige que Planificación desarrolle el programa de mantenimiento y lo actualice a cada instante verificando el cumplimiento de las tareas y evaluando los trabajos pendientes con los nuevos pedidos. El control del avance se efectuará tanto en las tareas realizadas en planta como en los trabajos encargados al taller de utilajes. Así mismo se seguirá un control en tiempo real de la disponibilidad de la mano de obra por especialidad, de la existencia o llegada de los repuestos necesarios y de los plazos de cumplimiento. Por otra parte cada trabajo genera un costo propio que Planificación deberá imputar al centro de costo del emisor. Por lo tanto es necesario que estos gastos también se vayan actualizando permanentemente a fin de que el solicitante del servicio esté permanentemente informado. Al terminar cada turno de trabajo se realizarán los cargos de horas mano de obra, horas de trabajos de utilajes, los materiales, los repuestos utilizados y los servicios de terceros. Una vez concluidos los trabajos el costo de los mismos se informan a Administración y a Producción quienes evaluarán la evolución de los gastos respecto al presupuesto mensual.

Por lo que se expuso el programa debe ser gestionado y ejecutado por personal que domine técnicas de programación, que interprete los procesos productivos, las tecnologías que se aplican en mantenimiento y que también comprenda la cultura de los hombres que operan los procesos. Además la programación debe trabajar sobre la base de un sistema administrativo de la empresa claro y conocidos por todos. Allí estarán bien definidos los procedimientos administrativos para la compra de repuestos, para la imputación de los costos de la asistencia a línea, para la gestión de los almacenes, para obtener el padrón de la mano de obra y su calificación. Es en ese entorno donde la gestión de las O.T. tiene cabida. Cada O.T. de trabajos realizados terminados o en curso, deberá tener explicitado en su formulario además de los tiempos previstos para su ejecución, los recursos asignados, los repuestos de máquinas y todo otro medio o herramienta que necesita, las informaciones propias del trabajo como así también el avance de los trabajos.

3.4 Eliminación del deterioro de los equipos.

A fin de que se pueda avanzar en la implementación del mantenimiento preventivo se deben tomar acciones de contención y corrección para evitar la aparición de las fallas eventuales y que dan origen al mantenimiento a rotura. Se debe trabajar en dos caminos paralelos: por un lado involucrar a los operarios y supervisores de producción de manera que sean muchos los interesados en que los equipos funcionen y por lo tanto estén atentos a la evolución de las anomalías. Por otro lado, puede ocurrir que el equipo haya perdido la configuración inicial de diseño o que el diseño mismo adolezca de defectos. Entonces se debe procurar, en base a los conocimientos o la experiencia de las personas de planta, realizar las modificaciones de los equipos para mejorar las irregularidades o las carencias del proyecto. Ambos caminos requieren de la gestión de O.T. y formarán parte de las actividades programadas semanales, mensuales o anuales si los trabajos son de una magnitud significativa.

3.4.1 Intervenciones a cargo de los operadores.

En los primeros capítulos se dijo que un equipo mal operado seguramente tendrá un desgaste acelerado y no sería eficaz ninguna tarea de mantenimiento sobre dicho equipo. También se dijo que durante la fase de implementación del mantenimiento programado es muy difícil que la programación pueda cumplir simultáneamente con la planificación y con las asistencias a la producción debido a fallos intempestivos. El cambio debe ser paulatino y a veces se debe retroceder o postergar las tareas ya programadas para cumplir con lo emergente. Es por lo expuesto que se hace sumamente necesario que el personal de producción tome como metas propias de su área el cuidado de los medios de producción.

El primer paso consiste en capacitar adecuadamente a los operadores en el uso y la puesta a punto del equipo a cargo. Deben conocer las partes constitutivas de su equipo, que función cumplen y cuales son los riesgos que existen si no se las cuida. Una mala maniobra por imprudencia con el fin de ganar tiempo o para obtener algún beneficio tanto en la operación como en la puesta a punto del equipo se corre serio riesgo de accidente personal o daño material.

Por otro lado el operario debe informar a su superior para que éste de aviso al mantenimiento a cerca de cualquier anormalidad detectada y que él no pueda resolver. Sin duda que para que el operador esté en condiciones de realizar pequeñas reparaciones debe estar capacitado y orientado. Generalmente las actividades, en las que el operador puede ser de mucha ayuda son la inspección, la limpieza y los pequeños ajustes. Deberá aprender a utilizar sus sentidos en la búsqueda de las señales fuera de lo común como ruidos, vibraciones, temperaturas elevadas anormales, derrames, olores y partes flojas.

3.4.2 Mejorar el equipo. Evitar las fallas eventuales.

Además del deterioro acelerado producido por una mala operación o un mantenimiento deficiente las fallas imprevistas pueden aparecer por debilidades propias del diseño, construcción o de la instalación del equipo. Es por ello que se hace necesario el análisis de las fallas por un equipo interdisciplinario a través de técnicas como el FMEA De esta manera utilizando las informaciones estadísticas y las experiencias de las personas del taller se pueden considerar las fallas conocidas y evitar su repetición o bien realizar una estudio para prever y evitar la ocurrencia de un desperfecto potencial. En base a estas consideraciones se deben realizar en reuniones de equipos de trabajo las propuestas de mejoras a las maquinarias, luego se elevan para su estudio a la ingeniería de mantenimiento la que después de una evaluación solicitará presupuesto a la dirección y preparará un plan de intervenciones. Las propuestas se deben extender a otros equipos similares.

Es importante notar que estas consideraciones deben ser tenidas en cuenta cuando se realicen compras de otros equipos. Es fundamental que la especificación técnica contemple las mejoras realizadas y sea mas exhaustiva al analizar los vicios ocultos del equipo. Igualmente el grupo que compra y prueba la maquinaria para su aceptación debe ser minucioso para evitar la filtración de defectos enmascarados.

3.5 Gestión mediante sistema informático.

Todas las informaciones y los registros de los equipos deben ser cargados en un sistema informático aun en el caso de que la empresa sea pequeña porque el volumen de la información y la necesidad de su actualización hacen imprescindible el uso de una computadora. Por otro lado como se verá oportunamente, la implementación del mantenimiento basado o sostenido en el tiempo TBM, requiere el uso de la informática.

Naturalmente el tipo de sistema dependerá de la magnitud de la empresa pero es recomendable comenzar la gestión usando ordenadores personales y luego evaluar en función de la necesidad emergente la instalación de redes cliente - servidor o un ordenador central con terminales en los puestos de emisión, recepción y ejecución de O.T. como también en planificación, en ingeniería y en las almacenes. Es importante establecer cuales son los datos necesarios porque, como se mencionó antes, cuanto más completa sea la información que se disponga de cada equipo y su historial, la gestión será mas efectiva. Sin embargo la masa de datos que se manejarán debe ser racional no solo porque información innecesaria ocupa lugar en la memoria de la máquina sino porque el seguimiento y la gestión se torna engorrosa. Por otro lado el método de carga y consulta debe ser simple de manera que cualquier operario pueda acceder a la información autorizada a su nivel. El sistema debe estar preparado para emitir informes, gráficos y estadísticas que le servirán a los equipos de mantenimiento y producción para analizar la evolución de la gestión y programar las intervenciones. Los informes tendrán en cuenta las fallas pequeñas cuyo análisis será realizado a diario, mientras que los informes de los desperfectos mayores serán estudiados en reuniones semanales o quincenales.

Si bien la base de datos debe permitir el acceso de todas las personas relacionadas con las actividades del mantenimiento es conveniente la existencia de los perfiles de usuario con opciones para consulta o actualización de los datos. Esta última alternativa debe ser de acceso restringido a personas de cierto nivel de responsabilidad por el riesgo que se corre al alterar o borrar la información del sistema. La base de datos debe tener integridad referencial de manera que los datos estén vinculados dentro de la estructura de la base y no sean borrados o cambiados sin que sea esto sea autorizado porque la conexión entre los datos se perdería o sería errónea.

Para comenzar a formar la base de datos lo primero que se debe conformar son las tablas que identifican a los equipos. Los datos que deberán ser cargados en primer instancia son los correspondientes al inventario de los equipos ya vistos en el párrafo 3.2.1. La ubicación de los datos obedecerá a la estructura de tablas de una base de datos. Ejemplos de tablas pueden ser:

- -Características generales de los equipos: en ella se establecen los datos genéricos de los equipos estándares y los especiales. Es decir que equipos similares tendrán características semejantes.

- -Tabla de proveedores: se identifica aquí a todos los datos de los proveedores de la empresa asignándoles a cada uno un código, que por lo general se lo da la gerencia de Compras.

- -Tipos de equipos: esta es una tabla satélite de la tabla de características generales

- -Repuestos de los equipos: también esta es una tabla satélite de las características generales pero tiene la particularidad de estar vinculada a las almacenes y define los repuestos que tienen los equipos en función del modelo.

- -Inventario de los equipos: es la tabla principal y es la que recoge toda la información general de cada equipo como los datos específicos del mismo, las transacciones administrativas y las fechas.

En el cuadro 3.10 se muestra un ejemplo del vínculo entre las distintas tablas bajo un esquema de relaciones de MS Access®

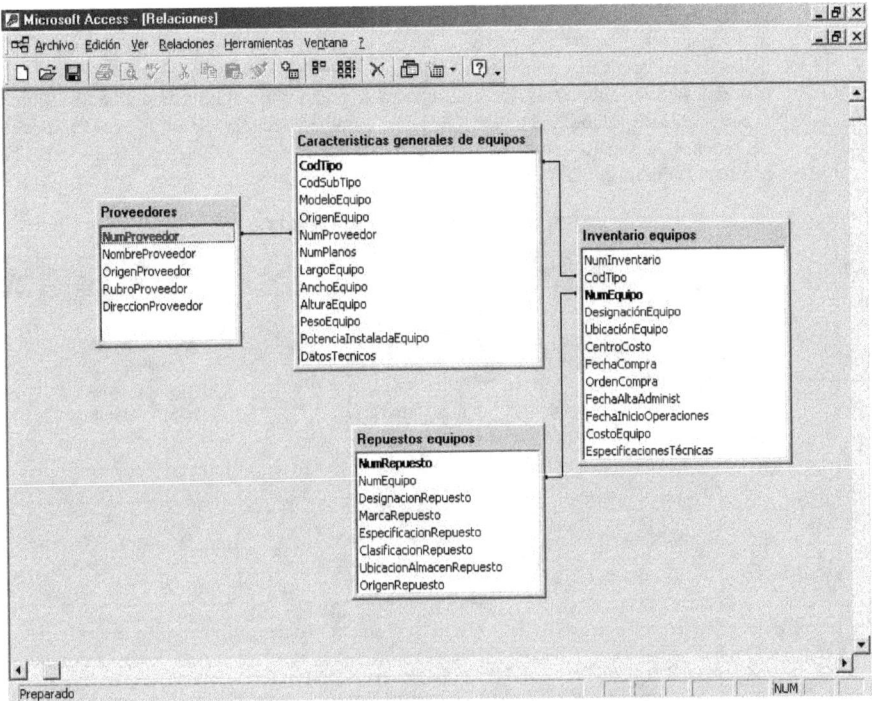

Se deberá preparar otra tabla a modo de historial que registre la situación de los equipos en donde deberá constar, el estado de los equipos, las intervenciones y los cambios de ubicación de los mismos, los motivos y las fechas de los movimientos. Por ejemplo, una electro bomba con un número de inventario nn tiene una vibración exagerada que hace presumir que en cualquier momento fallará. Como el equipo está clasificado con un determinado código de tipo en el inventario general se busca la disponibilidad de uno similar para recambio, ya sea en los almacenes o en el taller de reparaciones. Este movimiento deberá estar asentado en la tabla historial lo que permitirá confeccionar una situación en tiempo real de la disponibilidad de los medios y de las reparaciones necesarias. Además siempre se podrán presentar informes de la distribución de la maquinaria por ubicación, por procesos, por similitud tecnológica o por centro de costo teniendo en cuenta, en cada uno de éstos, el estado de los mismos. También es necesario llevar registrado la documentación técnica de los equipos, los estándares de diseño y de inspección, los planos, los lay out, los diagramas, los programas de los sistemas automatizados, las normas de referencia, los informes técnicos y toda otra información que es gestionada por la ingeniería de mantenimiento. Estas informaciones están vinculadas a la gestión de los equipos. El subsistema se complementa con la recolección de los datos referidos al nivel del servicio. Este se verifica en una serie de indicadores operativos que demuestran el andar del mantenimiento de planta y serán abordados en detalle más adelante. Las fallas y las anomalías resultado de las inspecciones periódicas se registran en tablas de donde se pueden preparar informes de la frecuencia, gravedad y distribución de los desperfectos según procesos, tipología de máquina o centro de costos.

Por otro lado para realizar el control de los gastos se hace necesario el desarrollo de un sistema de gestión del presupuesto que naturalmente estará vinculado al sistema de gestión de equipos y a la evolución de las anomalías. En este sistema se podrán listar las prioridades de las ordenes de trabajo, los plazos prefijados, los proyectos de parada de planta y los costos. Deberá ser el nexo entre las tablas de uso de los materiales en los equipos, definida en la gestión de los equipos con los giros de materiales en los almacenes. De esta manera se podrá prever el plazo de cumplimiento de las O.T al conocer la disponibilidad de los repuestos. También deberá registrar la evolución de los costos de las órdenes de trabajo lo que permitirá compararlos con el presupuesto actual y el de los ejercicios anteriores.(Figura 3.11)

ESTRUCTURA DEL SISTEMA INFORMATICO

3.6 Mantenimiento preventivo (TBM)

Recordemos que el mantenimiento periódico o mantenimiento basado en el tiempo (Time Based Maintenance, TBM) es parte juntamente con el mantenimiento basado en las condiciones (Conditions Based Maintenance, CBM), llamado mantenimiento predictivo, del mantenimiento preventivo y que por una simplificación popular se llama preventivo al TBM. Lo que se pretende es la antelación a la ocurrencia de la falla es decir que tanto el TBM como el CBM previenen la falla por caminos paralelos. Podemos intentar una definición del mantenimiento periódico, TBM o popularmente llamado "preventivo" como aquel tipo de mantenimiento que busca anticiparse a la aparición de desperfectos que ocasionen perjuicios a la producción, seguridad o a la calidad mediante la realización de inspecciones periódicas a puntos importantes de ciertos equipos críticos.

La implementación del TBM tiene las características de un proyecto que debe ser evaluado por la ingeniería y aprobado por la dirección del establecimiento, por lo tanto, el éxito del mismo depende del impulso y el apoyo de los niveles superiores. Pero ¿porqué es conveniente el mantenimiento periódico?. Como se vio en el capítulo 1 la evolución del mantenimiento trajo consigo la anticipación a las fallas. Esto se logra mediante un acercamiento periódico al equipo a fin de realizar un seguimiento de su funcionamiento y detectar cuando éste emite señales que hacen sospechar un falla potencial. En general puede parecer que es una pérdida de tiempo y dinero porque no se observan progresos sustanciales en lapsos cortos de tiempo. Pero cuanto antes sea detectada y corregida una anomalía tanto más probabilidades existen de que no ocurra un desperfecto mayor en la máquina. Por otro lado las fallas repetitivas deberán disminuir en un plazo breve porque si se realizan de manera correcta las inspecciones y se corrigen las causas que las ocasionaron se pueden monitorear la evolución de las correcciones efectuadas.

Es necesario que la dirección y la gerencia comprendan que el TBM es un proceso lento en la obtención de resultados y que además es costoso. Esta visión debe ser difundida y entendida a su vez por toda la organización relacionada a la gestión del cuidado de los equipos. Se pone así en marcha un proceso mediante el cual las actividades de los grupos de trabajos de los distintos entes de la empresa son fundamentales. Si las áreas vinculadas no trabajan en común acuerdo, esta metodología no logrará resultados. En este marco la comunicación entre los distintos sectores de la organización cumple un factor importante. Las informaciones deben ser no solo suficientes, claras y actualizadas sino también deben aportar valor. La información banal introduce ruidos en el proceso de gestión.

Estas limitaciones hacen que el mantenimiento periódico no sea de aplicación extensiva sino selectiva, es decir, no se puede aplicar a todos los equipos de la planta sino aquellos que dada su importancia, complejidad o criticidad lo requieran. Recordemos que en el capitulo 3 se analizó una forma de clasificar los equipos en función de su impacto en la producción, calidad, seguridad, ecología y costos. Por lo tanto estos parámetros deben ser utilizados para determinar sobre que equipos se implantará el TBM.

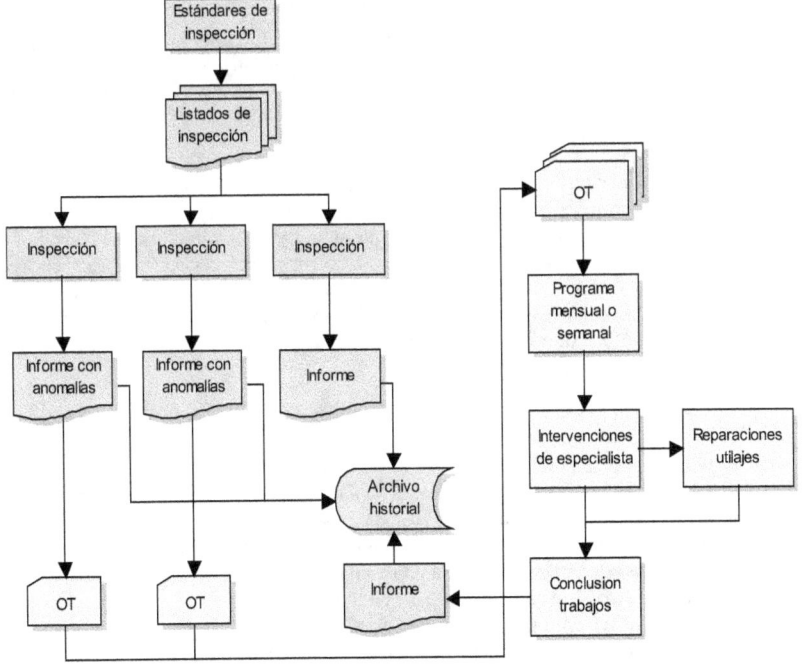

Figura 3.12

Para la realización de esta modalidad es indispensable que esté previamente funcionando el mantenimiento programado. En efecto, el mantenimiento "preventivo" realiza inspecciones periódicas en los puntos considerados como críticos y solo interviene en pequeños ajustes y calibraciones simples. Si de la ronda resulta la aparición de anomalías mas severas se deberán efectuar intervenciones programadas. Recordemos que el mantenimiento programado está basado en la gestión de las órdenes de trabajo.(figura 3.12)

El éxito del mantenimiento preventivo depende del cumplimiento de las rutinas de inspección y de la ejecución de las tareas que de esa inspección surjan. Ambas modalidades funcionan complementándose en un sistema que tiene subestructuras: por un lado el grupo de operadores que realizan las rutinas, por otro lado, durante la ejecución de las O.T., toman parte los grupos de especialistas y finalmente los equipos de apoyo a los especialistas tales como el taller de utillajes, la ingeniería y los contratistas. Todas éstas actividades están sincronizadas por Planificación que además vincula al mantenimiento con compras, logística, administración y sistemas.

El grupo que efectúa las rondas debe estar bien entrenado en la modalidad operativa y debe estar comprometido con el cumplimiento de los estándares ya que éstos además de una frecuencia de realización, tienen un tiempo asignado para la ejecución de las instrucciones del ciclo. El personal afectado a esta tarea, además de la tener competencia profesional en su especialidad, debe conocer los procesos y las instalaciones de la planta. Este conocimiento debe partir de lo explícito hasta lo informal, es decir que deberá conocer lo establecido en los manuales y en las informaciones técnicas de los equipos y de los procesos pero también tendrán que familiarizarse con las máquinas y sus secretos. El perfil operativo de un operario del mantenimiento periódico debe estar ligado a la polivalencia, es decir debe se una persona que tenga conocimientos básicos de distintas disciplinas aunque él mismo posea una especialidad propia. Por ejemplo un operario que realiza la ronda en la planta tiene especialidad mecánica y dentro de la mecánica en neumática, pero al recorrer los equipos debe tener conocimientos elementales al menos de electricidad y electrónica, porque si detecta una anomalía debe hacer un diagnóstico general que incluya todos los sistemas de la máquina de manera rápida aunque no sea profunda. Este diagnóstico debe ser válido y por lo tanto debe servir de orientación al especialista. Es decir que comparando con la medicina este operario es el médico clínico.

La implementación del TBM no puede se realizada de manera simultánea en todos los equipos considerados. Exigiría una sobrecarga en la utilización de los recursos lo que no tiene sentido porque no se buscan resultados inmediatos sino que su objetivo es perdurar en el tiempo. Es más importante la constancia que la premura. Será necesario considerar la prioridad establecida y en base a ésta realizar el plan. En la medida en que se va consolidando el proceso y la gestión se irán incorporando los restantes equipos. Como todo nuevo desarrollo adolece de ajustes en la puesta en marcha y mientras esto ocurra no conviene abarcar mucho. Se deberá partir con un grupo piloto de equipos que por supuesto serán los más críticos.

Una condición fundamental para la implementación del TBM es que los equipos a los que se aplicará el método deben tener un determinado nivel de performance. Es necesario que estos deban ser primero llevados a su condición inicial. No se puede trabajar preventivamente en una máquina cuyo nivel de falla sea crítico tanto por la gravedad y reiteración del desperfecto cuanto por lo imprevisible del mismo. Hay que tener en cuenta que como en todo proceso de control y seguimiento sustentado en el tiempo las anomalías mayores deben ser quitadas previamente. Por ejemplo, antes de la implantación del control estadístico en un proceso productivo es imprescindible que las variaciones de mayor significación que tiene éste proceso deban ser corregidas porque de lo contrario estamos en presencia de un sistema inestable y sin gobierno. Como el objetivo del TBM es la prevención, no existirá previsión alguna si los equipos no reciben previamente un mantenimiento correctivo tipo "overhaul" es decir revisar, examinar y reparar al equipo para colocarlo en su condición inicial de instalación o al menos que tenga un desempeño aceptable. Contribuyen con esta premisa las acciones de los usuarios de producción en cuanto al manejo y cuidado del equipamiento tal como lo expresamos en el capítulo anterior. Se insistirá sobre este punto a lo largo de todo el curso porque es fundamental que quien opera también debe ser responsable del cuidado de los medios de trabajo asignados.

Por todo lo antedicho surge que los resultados de este tipo de mantenimiento aparecerán recién al año del inicio del proyecto, dependiendo del tipo de empresa y de equipamiento. Hay un logro adicional si se considera que un proyecto de toda la empresa puede orientar las actividades de varios departamentos en un objetivo en común. Si se han cumplido las fases necesarias estos resultados serán sostenidos en el tiempo, permitirán determinar con certeza el grado de confiabilidad de los equipos y se habrán amortizado los costos del proyecto.

3.6.1 El lanzamiento del proyecto

El desarrollo del proyecto comienza con el planteo de la intención de llevarlo a cabo motivado por la necesidad de mejorar la disponibilidad de equipos y la productividad. Es poco probable que la iniciativa parta de la dirección del establecimiento porque no son fáciles de imaginar las ventajas de esta modalidad sin el conocimiento y la experiencia del personal que lo haya vivido, aplicado o visto implementar en otra empresa. No es un concepto que pueda nacer espontáneamente en la cabeza de algún dirigente. Generalmente los responsables del mantenimiento son los motores de la metodología y serán ellos los que deberán estudiar la factibilidad, evaluar la conveniencia y justificar su implantación a la Dirección General. La gerencia de mantenimiento deberá formar un grupo de responsables que se encargue de diseñar el proyecto, coordinar con otras gerencias (personal , administración, producción, etc.) el lanzamiento de la iniciativa como así también será el que designe el grupo de trabajo que pondrá en marcha operativamente el sistema. La estructura del organigrama del proyecto (figura 3.13) prevé que, como existen representantes de otras áreas dentro del grupo de trabajo, el responsable del grupo coordinará las tareas del mismo y por lo tanto ordenará al personal de otros sectores que están bajo su órbita mientras dure el proyecto pero a su vez estos últimos responden a sus respectivas gerencias (figura 3.14)

Lo que primero se tendrá que hacer es buscar literatura sobre el tema, hay que estudiar sus fundamentos y su alcance. En la búsqueda de información este es el primer paso pero también hay que buscar antecedentes en otras empresas, de ser posible del mismo ramo y mejor aún si la firma es competidora. Nada mas movilizador de proyectos que el tratar de implementar estrategias de la competencia. Si la empresa a la que se le hará "benchmarking" comparte el mismo mercado y tiene tecnologías similares, los datos, los resultados y las experiencias tienen un mayor valor a la hora de las comparaciones, pero de no ser así las confrontaciones deberán tener un significado referencial. Simultáneamente se deberán buscar informaciones y datos dentro del propio establecimiento. Los registros deben ser lo más fieles posibles y si se obtienen datos de mantenimiento y producción de años anteriores mejor aún. Es de fundamental importancia que apoyarse en el sistema informático tal como vimos en el capítulo 3. Recordemos que la estructura se basaba en tres subsistemas: gestión de fallas, de equipos y de costos. Con los registros emitidos por el sistema deben prepararse informes bien presentados buscando la correlación de los casos y la evaluación de los hechos. Esto es muy importante pues no pocas veces al pretender buscar una justificación no se obtiene la información justa y si se cuenta con ella no se hace una preparación que promueva satisfactoriamente la idea. Por otro lado debemos recurrir a la evaluación presentada en el capítulo 3, la que muestra una manera de dar prioridad a los equipos y cruza esta clasificación con la valoración de las situaciones. De esta manera se puede componer un informe que comprenda los registros de hechos ya consumados con la evaluación subjetiva de los impactos de fallas potenciales. Sin duda un resumen de estas características debe permitir conocer donde se aplicará la metodología y el cronograma de implementación y, al menos en una primera etapa, tener una idea de la magnitud el proyecto y sus costos.

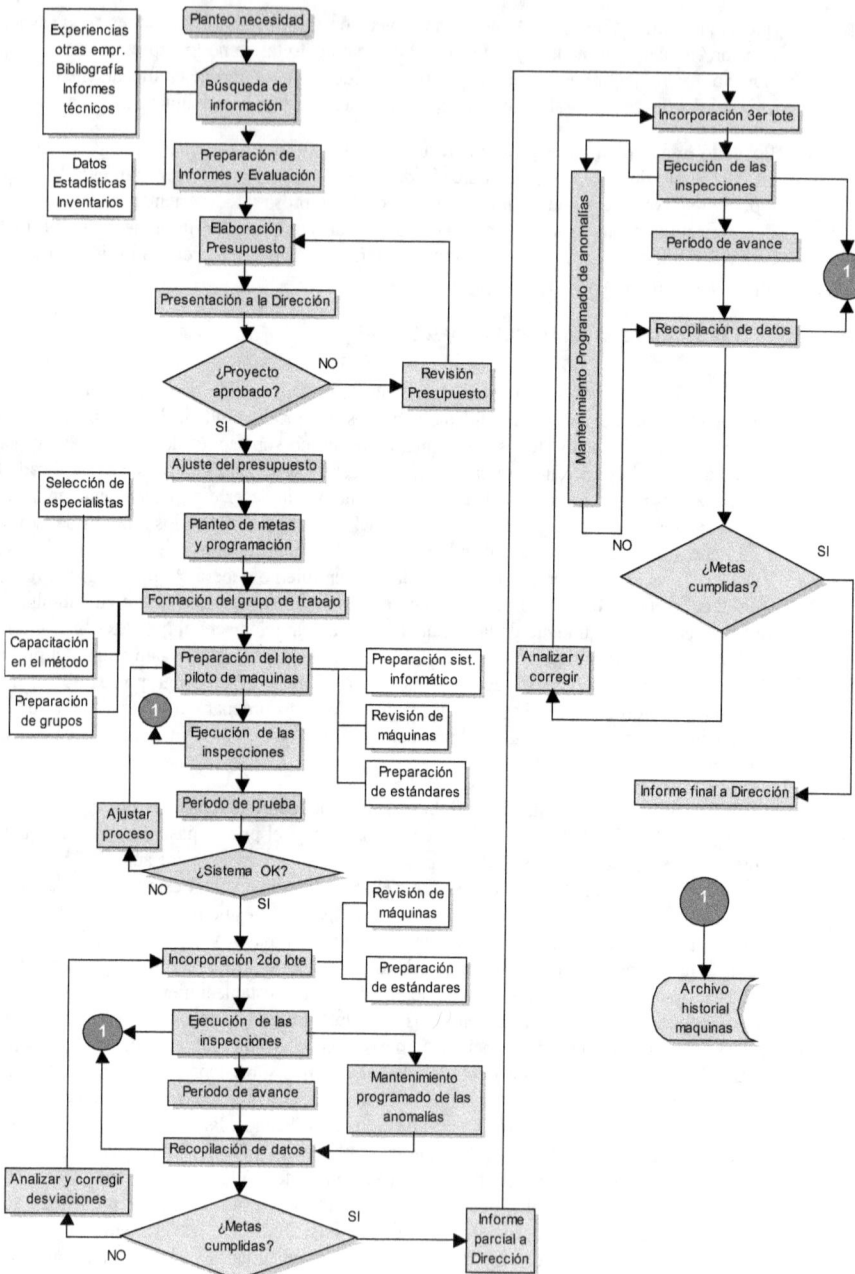

Figura 3.14 – Esquema de la implementación del proyecto

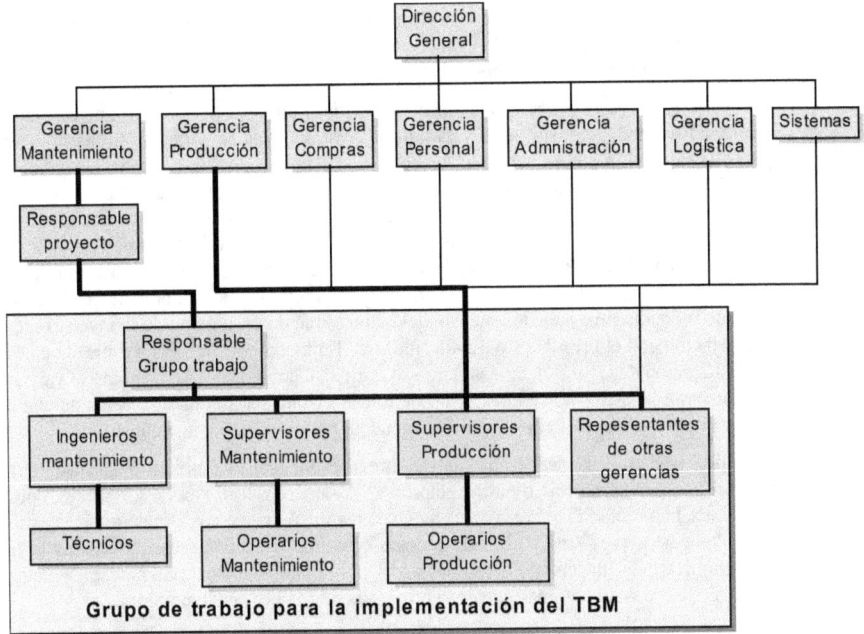

Figura 3.13 – Estructura del grupo de trabajo para la implementación del mantenimiento periódico

3.6.2 La justificación del proyecto

La recopilación de información dentro y fuera de la organización debe servir para convencer a la Dirección de la utilidad del proyecto. Pero solo la información no basta, es necesario desarrollar una evaluación comparando las ventajas y los obstáculos y presentar adecuada y persuasivamente los resultados. Los principales conceptos con los que se ataca al mantenimiento periódico son tres: los costos, los plazos y los resultados. Sin duda que dentro de los esquemas del nivel directivo no son poca cosa. En épocas de crisis éstos argumentos cobran una dimensión tal que hace difícil que un dirigente que prevea un futuro inmediato incierto apueste a un sistema de gestión cuyos réditos se conocerán en un lapso de aproximado de un año. Pero si se debe reforzar la idea que es posible disminuir la aparición de paradas imprevistas al poco tiempo de comienzo del proyecto, más aun siendo éstas reiterativas en regímenes de gran producción, realizando acciones de seguimiento periódico e intervenciones programadas. Se pueden ver de este modo los primeros resultados que, si bien no serán importantes, al menos marcarán una tendencia que justificará económicamente la iniciativa. Esto es así porque, del lado de la producción, permite tener una mayor disponibilidad del equipo, disminuir las pérdidas, cumplir con los programas, garantizar la calidad y saturar la mano de obra. Por otra parte ordena de manera sistemática la carga laboral del personal de mantenimiento permitiendo al supervisor destinar la mano de obra de mayor calificación a los casos que así lo requieran. En efecto, si de la ronda se establece en un primer diagnóstico que hay una anomalía de compleja solución, se destinará entonces a estos casos a operarios de una mayor especialización que en aquellos en los que se anticipa un falla leve y por lo tanto no es necesario un operario de alta calificación profesional. Esto redunda en la disminución de los tiempos de respuesta e intervención sobre los desperfectos a levantar, con la consecuente reducción de la horas extraordinarias. No hay que olvidar que generalmente el operario de mantenimiento al poseer una especialización determinada tiene una categoría superior al resto de los operarios y por lo tanto el costo de su hora es mayor. Por otro lado al conocer por anticipado la existencia de una falla se puede gestionar mejor la compra de repuestos en cuanto a costo y tiempo de abastecimiento.

Entonces resumiendo podemos comenzar la justificación de la decisión recopilando la información escrita y los listados por sistema de las fallas de máquina, las demoras, las faltas de rendimiento, las faltas de saturación por emplear un tiempo mayor al analizado y las pérdidas de mano de obra y de material por problemas de calidad. Estos registros deben ser separados por procesos, líneas de producción o equipos. Se puede presentar la información de los costos o desperfectos de todas las máquinas que intervienen en el procesamiento de los distintos producto o bien agrupar los datos por similitud tecnológica. Puede ser conveniente conocer la cantidad de paradas en relación a la producción programada, la duración de los desperfectos referidos a las horas de producción o a la cantidad de producto programado, el costo del mantenimiento en función de la inversión realizada o en comparación con el presupuesto establecido, etc. Tampoco hay que olvidar que debemos considerar la clasificación de las instalaciones según su criticidad con un criterio tal como el ya visto el capítulo anterior. Con estos indicadores se puede prever cuanto sería el lucro cesante de una determinada falla y compararlo con el costo del mantenimiento periódico de la misma máquina.

El informe deberá ser encabezado por una breve explicación del objetivo del mantenimiento "preventivo" , las experiencias de otras empresas, el alcance del proyecto, los plazos y los resultados esperados, la modalidad operativa, los recursos involucrados, la conformación de la estructura necesaria, los costos previstos y el análisis costo-beneficio. Hay que recordar cual es la finalidad del mantenimiento: es un servicio de producción y por lo tanto debe hacerse hincapié en el mejoramiento del sistema productivo más que en la eficiencia propia del mantenimiento.

3.6.3 Implementación del proyecto

Las características del proyecto dependen de las particularidades de cada empresa y a su vez dentro de la misma empresa dependerán de la realidad productiva de la organización, del sector o de las condiciones macroeconómicas del país. Es decir el proyecto debe ser hecho "a medida", no existe el plan universal.

El punto clave es la aprobación del proyecto por parte de la Dirección, sin embargo puede ocurrir que a pesar de estar convencida de la utilidad de la implementación del mantenimiento "preventivo" no lo lleve a cabo o lo posponga por razones estratégicas o de otra índole. También es posible que acepte el plan pero no lo apruebe hasta que se realice un redimensionamiento por razones de costo. Así mismo es factible que la dirección apruebe el presupuesto pero solicite pequeños ajustes en el presupuesto. Es mejor hacer las correcciones en esta etapa que comenzar a andar y a mitad de camino encontrar que no se puede cumplir con las metas por errores en la estimación de los costos.

La etapa siguiente consiste en el planteamiento de las actividades y su programación fijando los límites temporales del proyecto y sus parciales. Además se establecerán ahora las metas a cumplir tanto en el mejoramiento de los índices de producción como resultados obtenidos en la implementación del proyecto.

El grupo de personas que darán comienzo al TBM es un factor fundamental en el éxito del proyecto. Se deberán establecer los perfiles profesionales y las características personales necesarias para la realización de la actividades. Como se dijo antes los operarios deben tener un perfil polivalente es decir al margen de su propia especialidad deben conocer otras disciplinas, al menos de manera elemental. Ello se logra con cursos de capacitación específica en electricidad, electrónica, mecánica, neumática, hidráulica y ajuste. A su vez esto conlleva a la tarea de seleccionar a personas que tengan una formación de base de manera que no exista gran diferencia en la comprensión de los nuevos conceptos. Se podrá pensar que conviene disponer de dos grupos de especialistas, mecánicos y electricistas, que realizan respectivas rondas por separado, pero esto generaría doble información en los registros por cada punto de control lo que a su vez complica el procesamiento de la información y además requiere el doble de tiempo de recorrido. También se puede agregar que siempre es conveniente disponer de recursos humanos lo más polivalentes posible. Por otro lado las tareas son de índole rutinarias lo que exigen que la persona tenga la predisposición para la ejecución de las mismas y no desista. Sumado a lo anterior la persona debe tener una mente abierta a los cambios y dispuesta a analizar los hechos. El personal técnico encargado de la realización de los ciclos de control debe tener la predisposición suficiente para trabajar en equipos compartiendo los objetivos con otras personas de distintos niveles en la empresa. No hay que olvidar que a nivel de piso en la planta hay mucho conocimiento basado en la experiencia de los operarios y de los encargados y estos técnicos deben estar dispuestos a acudir a ellos en busca de los datos e informaciones que no están en los manuales. Es muy importante que exista un compromiso de los expertos con el sistema en el sentido de brindar sus conocimientos y compartir sus experiencias con el grupo para su enriquecimiento. Esta actitud no se da espontáneamente y debe ser trabajada por los responsables de mantenimiento y recursos humanos.

Para la evaluación de la conveniencia de la implementación del proyecto se utilizaron datos provenientes del inventario general de máquinas y se estableció que no es posible la implementación simultanea en todos los equipos escogidos como críticos. Por ello, es conveniente determinar un lote piloto de máquinas en las que se probará y pondrá a prueba el sistema. Hay que tener en cuenta que es una prueba y por lo tanto no es recomendable efectuarla con equipos considerados tipo A (v. Cáp. 3) por precaución ante la posible aparición de anomalías derivadas de la puesta a punto del proyecto. Es importante que los equipos escogidos estén en buenas condiciones y no requieran una revisión general antes de comenzar el desarrollo del proyecto para no demorar las pruebas del sistema. Los responsables operativos y los operadores de dichas máquinas deben ser incluidos en el programa piloto.

Para la realización de las actividades de inspección es necesario tener conocimiento de las partes de los equipos que deberán ser controlados. La información requerida para consolidar los conocimientos la reúnen los ingenieros y el personal técnico de mantenimiento (figura 3.15). Esta tiene diverso origen ya puede estar contenida tanto en los manuales, catálogos y recomendaciones del fabricante como en datos de equipos similares sin dejar de lado el aporte del personal con más experiencia de mantenimiento y de producción en planta que evidentemente conoce la historia y los secretos de los equipos. De aquí se extraen los componentes o elementos de los equipos que tienen determinada incidencia en el funcionamiento y conservación del mismo y por extensión en el comportamiento del proceso. Un método eficaz para la determinación de los puntos significativos es la descomposición de máquina partiendo de su estructura y de sus sistemas motriz, eléctrico, hidráulico, de lubricación etc.(figura 3.16) y alcanza a los elementos a partir de los cuales no es posible seguir subdividiendo la máquina. Pueden estos ser rodamientos o la estructura fundida del cuerpo de máquina. Las cantidad de niveles varía dependiendo de la complejidad de la máquina, pero por lo general cuatro niveles se pueden considerar suficientes. Estos están referidos a nivel de máquina o equipo, a nivel de conjunto, subconjunto y por último, componentes críticos. Así se puede llegar a identificar un determinado componente único al menor nivel, es decir dado un sistema de codificación estratificada se puede localizar una determinada parte de un equipo como el siguiente ejemplo:

- -Código de equipo: **02563** (5 dígitos; número de inventario dado por administración)
- -Código de conjunto: **02** (2 dígitos; número progresivo de los grandes conjuntos de la máquina)
- -Código de sub conjunto: **005** (3 dígitos; número progresivo de las partes más importantes que integran los conjuntos)
- -Código de componente: **0004** (4 dígitos; número progresivo de las partes que forman los sub conjuntos)

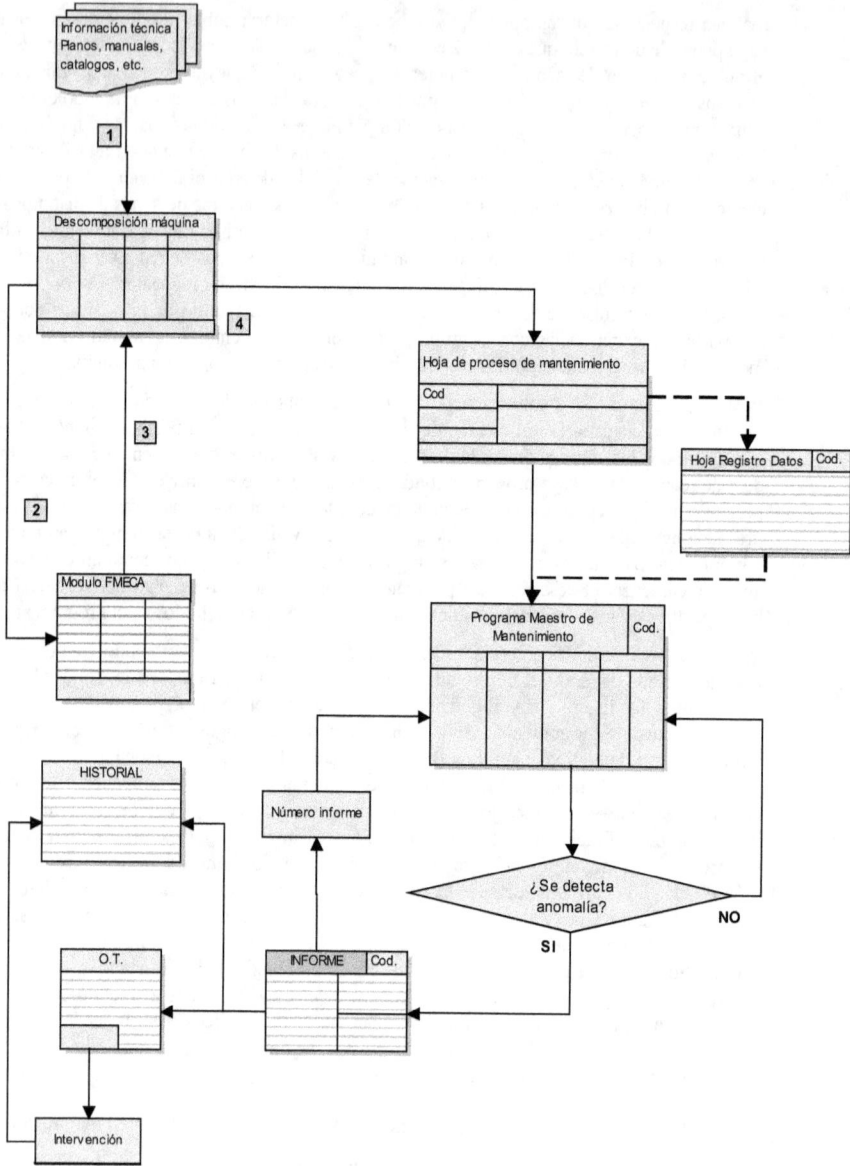

Figura 3.15 – Flujograma de documentación TBM

DESCOMPOSICION DE MAQUINA
Gerencia de mantenimiento

NUMERO:

PREPARO: Romero
REVISO: Lastra

FECHA: 25-mar-00
REVISION: 001

PLANTA: Taller utilajes mecánicos
PROCESO: Torneado
OPERACION: Desbaste / terminación
DESCRPCION: Torneado piezas varias segun orden de trabajo de mantenimiento

CRITIC.	Inventario	1er NIVEL Descripción Equipo	Código	2do NIVEL Descripción Conjunto	Código	3er NIVEL Descripción Sub Conjunto	Código	4to NIVEL Descripción Componente	Cant.	Codigo Descomp	Cod. repuesto
	03697	Torno paralelo Grazioli Dania 180	01	Base de máquina	001	Equipo de refrigeración de corte	0001	Electrobomba refrigerante	1	03697-01-001-0001	XNNNXNNNN
							0002	Despósito de refrigerante	1	03697-01-001-0002	XNNNXNNNN
							0003	Manguera	1	03697-01-001-0003	XNNNXNNNN
							0004	Válvula de retención	1	03697-01-001-0004	XNNNXNNNN
							0005	Filtro	1	03697-01-001-0005	XNNNXNNNN
			02	Grupo motriz	001	Grupo motor principal	0001	Motor eléctrico principal	1	03697-02-001-0001	XNNNXNNNN
							0002	Polea motor	1	03697-02-001-0002	XNNNXNNNN
							0003	Correa transmisión	1	03697-02-001-0003	XNNNXNNNN
							0004	Polea eje embragues	1	03697-02-001-0004	XNNNXNNNN
					002	Caja velocidades mandril	0001	Embrague a fricciones acoplamiento mandril	1	03697-02-002-0001	XNNNXNNNN
							0002	Horquilla de transferencia	1	03697-02-002-0002	XNNNXNNNN
							0003	Freno electromagnético parada mandril	1	03697-02-002-0003	XNNNXNNNN
							0004	Engranajes cambio velocidades mandril	15	03697-02-002-0004	XNNNXNNNN
							0005	Rodamiento a bolillas mandril	2	03697-02-002-0005	XNNNXNNNN
							0006	Tren de engranajes para roscar	10	03697-02-002-0006	XNNNXNNNN
							0007	Tren de engranajes para avance	12	03697-02-002-0007	XNNNXNNNN
			03	Estructura	001	Soporte bancada	0001	Guías bancada	2	03697-03-001-0001	XNNNXNNNN
							0002	Cremallera	1	03697-03-001-0002	XNNNXNNNN
			04	Carro portaherramienta	001	Torre portaherramienta	0001	Fijaciones	8	03697-04-001-0001	XNNNXNNNN
							0002	Tuerca husillo portalhta.	1	03697-04-001-0002	XNNNXNNNN
							0003	Tuerca husillo transversal	2	03697-04-001-0003	XNNNXNNNN
							0004	Volante movimiento manual del carro	1	03697-04-001-0004	XNNNXNNNN
							0005	Volante movimiento transv. manual del carro	1	03697-04-001-0005	XNNNXNNNN

Figura 3.16 – Descomposición de máquina

PLANILLA F.M.E.C.A.
Gerencia de mantenimiento

Planta:		Fecha:	
Proceso:		Equipo:	
Operación:			
Descripción:			

	CASO 1	CASO 2	CASO 3	CASO 4	Observaciones
Codigo 4to Nivel	Indicar el número del 4° nivel del componente en la descomposición				
Componente	Describir el componente				
Tipo de avería	Indicar el tipo de avería del componente descripto: rotura, desgaste, corrosión, descalibrado, etc.				
Causa avería	Indicar las causas que provocan el tipo de avería en análisis. Estas son propias de la máquina en su parte interna o puede ser de origen externo a la máquina.				
Síntomas premonitorios	Señalar todas las manifestaciones que anticipan la falla (vibraciones, temperatura, etc.)				
Averías inducidas	Indicar de que manera la falla afecta a otro componente como falla inducida				
Parte a sustituir o corregir	Indicar cuales son las partes afectadas que se deben sustituir debido a una falla inducida o cuales son las que necesitan un plan de control si no lo tienen.				
Informaciones para el diagnóstico	Indicar cuales son los indicios que ayudan al diagnostico				
Efecto en producción	Indicar el grado de criticidad (muy crítico, crítico, importante o secundario)				
Efecto en calidad	Indicar el grado de criticidad (muy crítico, crítico, importante o secundario)				
Efecto en seguridad	Indicar el grado de criticidad (muy crítico, crítico, importante o secundario)				
Efecto ecológico	Indicar el grado de criticidad (muy crítico, crítico, importante o secundario)				
Equipamiento necesario	Indicar que elementos, dispositivos, herramientas necesita la intervención				
Especialidad operario	Anotar especialidad de la mano de obra en esta intervención				
Duración intervención (Horas-hombre)	Indicar cantidad de horas hombre que demanda la intervención (2 operarios por 3 horas de trabajo = 6 horas hombre				
Duración parada (Horas)	Indicar la cantidad de horas de intervención: tiempo de diagnóstico, reparación, puesta a punto y arranque. No se considera el tiempo que demanden tareas logísticas.				
Duración componente (Años)	Indicar vida útil de componente. Este dato es dado por el proveedor. Tomar 1año productivo: 5000 hs.				
Indisponibilidad anual (Horas/Año)	Calcular cociente entre las horas de indisponibilidad anual y las horas de parada de máquina.				
Criticidad	En base al cuadro inferior tomando la indisponibilidad anual y el grado de criticidad se saca la criticidad. Para tomar el grado de criticidad considerar la calificación más elevada de los cuatro áreas: producción, calidad, seguridad y ecología.				

Indisponibilidad (hs/año)	Mas de 50	de 20 a 50	de 5 a 20	de 2 a 5
Grado de criticidad				
Muy crítico (MC)	100	80	50	30
Crítico (C)	70	56	35	21
Importante (I)	30	24	15	9
Secundario (S)	10	8	5	3

Puntos muy críticos: son aquellos cuya falla afecta seriamente a la producción a punto tal de bloquear el flujo productivo, a la calidad ocasionando defectos que atentan contra la seguridad del usuario, a la seguridad exponiendo el operario o a terceros al riesgo de muerte o al medioambiente produciendo una contaminación severa. Una vez producida la falla en este punto, sus efectos no tienen atenuantes ni alternativas de contención.

Puntos críticos: Son aquellos cuya falla afecta a la producción reduciendo el caudal productivo, a la calidad generando defectos que irritan mucho al usuario, a la seguridad exponiendo al operario a terceros a riesgo de lesiones permanentes o al medioambiente produciendo contaminación seria pero su efecto puede ser controlado una vez ocurrida la falla no hay alternativas para minimizar su impacto

Puntos importantes: Son aquellos cuyo desperfecto es probable que afecte a la producción pero se mantiene el flujo productivo, a la calidad generando rechazos definitivos de materiales (scrap), a la seguridad exponiendo al operario o a terceros a lesiones temporales o al medioambiente generando una contaminación leve y una vez ocurrida la falla tienen un impacto de menor significación.

Puntos secundarios: Son aquellos cuyo desperfecto es probable que afecte a la producción ocasionando demoras dentro del flujo productivo, a la calidad generando rechazos de materiales a reparar, a la seguridad exponiendo al operario a molestias que lo incomodan en su desempeño o al medioambiente generando una contaminación de poca significación.

Figura 3.17 – FMECA

De esta manera se puede identificar un determinado componente combinando los cuatro códigos anteriores del siguiente modo: 02563-02-005-0004. Así todos los componentes elementales de todas las máquinas, o sea las posiciones de cada parte, se pueden reconocer inequívocamente. Puede ocurrir que dicha parte sea un estándar comercial y que tenga una ubicación en varios equipos, tal como el caso típico de los rodamientos, pero cada máquina tiene un único código de inventario que la identifica y por lo tanto es irrepetible. Lo mismo ocurre si tenemos dos elementos comerciales en dos máquinas similares, al ser identificadas con distinto códigos no habrá confusión al tratar de ubicar cada componente. Esto es muy importante porque componentes estándar en máquinas similares pueden tener distinto comportamiento o sufrir fallas uno y el otro no. Cada equipo es individual en su desempeño y en su historial. En consecuencia estamos en presencia de uno de los pilares del sistema del mantenimiento: el empadronamiento de todos los componentes. Con esta base de datos, que sin duda es costosa y demanda mucho tiempo y esfuerzo, se detectan los órganos de máquina que de acuerdo a los manuales, catálogos y la experiencia de los técnicos son o pueden llegar a ser críticos. La importancia reviste en que permite realizar un seguimiento exhaustivo de las máquinas no solo desde el punto de vista de la operatividad de la misma sino registrar todas la revisiones y revalúos técnicos sobre los activos de la empresa. Dentro de la gestión por medios informáticos, esta tabla se conecta con el inventario de los equipos a través del código o número de inventario o de equipo. Sobre los elementos relevados hay que determinar cuan críticos pueden llegar a ser en función a su falla propia y a las fallas inducidas que podrían llegar a producir sobre otros elementos. Para ello se aplica sobre estos puntos una calificación en base a un método de evaluación tal como el FMECA *(Failure mode efects critical análisis)* (figuras 3.17 y 3.18). Se pueden clasificar los puntos a controlar definiendo su importancia en cuatro categorías o grados de criticidad a saber:

- -Puntos muy críticos: son aquellos cuya falla afecta seriamente a la producción a punto tal de bloquear el flujo productivo, a la calidad ocasionando defectos que atentan contra la seguridad del usuario, a la seguridad exponiendo el operario o a terceros al riesgo de muerte o al medioambiente produciendo una contaminación severa. Una vez producida la falla en este punto, sus efectos no tienen atenuantes ni alternativas de contención.

- -Puntos críticos: Son aquellos cuya falla afecta a la producción reduciendo el caudal productivo, a la calidad generando defectos que irritan mucho al usuario, a la seguridad exponiendo al operario a terceros a riesgo de lesiones permanentes o al medioambiente produciendo contaminación seria pero su efecto puede ser controlado y una vez ocurrida la falla no hay alternativas para minimizar su impacto.

- -Puntos importantes: Son aquellos cuyo desperfecto es probable que afecte a la producción pero se mantiene el flujo productivo, a la calidad generando rechazos definitivos de materiales (scrap), a la seguridad exponiendo al operario o a terceros a lesiones temporales o al medioambiente generando una contaminación leve y una vez ocurrida la falla tienen un impacto de menor significación.

- -Puntos secundarios: Son aquellos cuyo desperfecto es probable que afecte a la producción ocasionando demoras dentro del flujo productivo, a la calidad generando rechazos de materiales a reparar, a la seguridad exponiendo al operario a molestias que lo incomodan en su desempeño o al medioambiente generando una contaminación de poca significación.

Mantenimiento Preventiv

PLANILLA F.M.E.C.A.
Gerencia de mantenimiento

Planta:	Motores
Proceso:	Mecanizado block motor 1600 mpi
Operación:	10
Descripción:	Fresado planos de referencia para operaciones posteriores

Fecha:	23-Oct-02
Equipo:	Fresadora Olivetti RS 100

1er Nivel:	02846
2do Nivel:	03
3er Nivel:	002

	CASO 1	CASO 2	CASO 3	CASO 4	Observaciones
Codigo 4to Nivel	0004	0004	0004		
Componente	Rodamiento a bolillas	Rodamiento a bolillas	Rodamiento a bolillas		
Tipo de avería	Desgaste	Rotura	Salto		
Causa avería	Falta lubricación	Presencia de partículas solidas	Picadura o corrosión por humedad		
Sintomas premonitorios	Vibración	Engranamiento	Vibración		
Averías inducidas	Desgaste de engranajes	Rotura dientes de engranajes	Desgaste de engranajes		
Parte a sustituir o corregir	Tren de engranajes Rodamiento	Alojamiento del rodamiento Ejes y engranajes Rodamiento	Tren de engranajes Rodamiento		
Informaciones para el diagnóstico	Vibraciones en la operación	Vibraciones en la operación	Vibraciones en la operación		
Efecto en producción	importante	muy critico	importante		
Efecto en calidad	importante	importante	importante		
Efecto en seguridad	secundario	secundario	secundario		
Efecto ecológico	secundario	secundario	secundario		
Equipamiento necesario	Llaves comunes	Llaves comunes	Llaves comunes		
Especialidad operario	Mecánico	Mecánico	Mecánico		
Duración intervención (Horas hombre)	4	6	3		
Duración parada (Horas)	4	6	3		
Duración componente (Años)	2	2	2		1 año : aprox. 5000 horas duración rodamiento :10000 horas
Indisponibilidad anual (Horas/Año)	2	3	1,5		
Criticidad	9	30	3		

Indisponibilidad (hs/año)	Mas de 50	de 20 a 50	de 5 a 20	de 2 a 5	menos de 2

Grado de criticidad

	Mas de 50	de 20 a 50	de 5 a 20	de 2 a 5	menos de 2
Muy crítico (MC)	100	80	50	30	9
Crítico (C)	70	56	35	21	7
Importante (I)	30	24	15	9	3
Secundario (S)	10	8	5	3	1

Puntos muy críticos: son aquellos cuya falla afecta seriamente a la producción a punto tal de bloquear el flujo productivo, a la calidad ocasionando defectos que atentan contra la seguridad del usuario, a la seguridad exponiendo el operario o a terceros al riesgo de muerte o al medioambiente produciendo una contaminación severa. Una vez producida la falla en este punto, sus efectos no tienen atenuantes ni alternativas de contención.

Puntos críticos: Son aquellos cuya falla afecta a la producción reduciendo el caudal productivo, a la calidad generando defectos que irritan mucho al usuario, a la seguridad exponiendo al operario a terceros a riesgo de lesiones permanentes o al medioambiente produciendo contaminación seria pero su efecto puede ser controlado una vez ocurrida la falla no hay alternativas para minimizar su impacto

Puntos importantes: Son aquellos cuyo desperfecto es probable que afecte a la producción pero se mantiene el flujo productivo, a la calidad generando rechazos definitivos de materiales (scrap), a la seguridad exponiendo al operario o a terceros a lesiones temporales o al medioambiente generando una contaminación leve y una vez ocurrida la falla tienen un impacto de menor significación.

Puntos secundarios: Son aquellos cuyo desperfecto es probable que afecte a la producción ocasionando demoras dentro del flujo productivo, a la calidad generando rechazos de materiales a reparar, a la seguridad exponiendo al operario a molestias que lo incomodan en su desempeño o al medioambiente generando una contaminación de poca significación.

Figura 3.18 – Ejemplo FMECA

				Proceso	TBM 03256-02-003

HOJA DE PROCESO MANTENIMIENTO
Gerencia de mantenimiento

	Nivel	Cod Descomp
Conjunto	02	
Subconjunto	003	
Componente	--	

Planta:	Motores
Línea:	Mecanizado arbol de levas
Equipo:	03256
Descripción:	Rectificadora Landis

Tipo: Especifica **Frecuencia** (dias) 180

TBM: X	Mant periódico
CBM:	Mant predictivo
MR:	Mant por rotura
MP:	Mant program.
AM:	Auto mantenim.

Descripción: Desmontar el servomotor del eje X para verificar estado del manchon de acople

Op.	Descripción operación	Codigo Descomp	Tiempo (min)	Cant. Oper.	Tiempo total (min)	Espec.	Planos repuestos
10	Buscar herramientas y trasladarse a maquina.		2,00	1	2,00		
20	Desconectar maquina. Colocar el switch de corte de	0090	1,00	1	1,00		
	tensión en OFF, etiquetar y bloquear posición del switch.				0,00		
30	Posicionar el eje X a mitad de carrera. El carro puede ser	0209	2,00	1	2,00		
	movido manualmente con una llave en el encastre de la cabe				0,00		
	za del tornillo a bolas recirculantes.				0,00		
40	Desconecte la ficha de alimentación del motor	0150	0,10	1	0,10		
50	Aflojar nº4 tornillos del acople hasta que el motor	0201	4,00	1	4,00		
	esté libre del tornillo a bolas recirculantes				0,00		
60	Sostener el motor con un medio adecuado y retire los	0200	0,50	2	1,00		
	tornillos de fijación	0201			0,00		
70	Retirar el motor de su alojamiento	0200	0,50	2	1,00		
80	Controlar visualmente el estado de manchón	0202	1,50	1	1,50		
90	Colocar el motor de su alojamiento nuevamente	0200	0,50	2	1,00		
100	Ajustar nº4 tornillos de fijación	0201	4,00	1	4,00		
110	Conectar la ficha de alimentación del motor	0150	0,10	1	0,10		
120	Mover carro manualmente a posición inicial	0209	2,00	1	2,00		
130	Desbloquear switch y conectar máquina.	0090	1,00	1	1,00		

Tiempo proceso (min) **19,20** **20,70** Tiempo mano de obra (min)

Observaciones

Documentación de referencia **Hojas registro datos**

Medidas de seguridad	Herramientas
Trabajar con los elementos de protección asignados.	Llave 3/4" combinada
Bloquear el switch de alimentación con candado.	Llave inglesa
Señalizar actividad con etiqueta en el switch.	Martillo plastico
Usar las htas. manuales en condiciones	Llave Allen 1/2"

	Nombre	Firma	Legajo
Preparó:	López, Carlos		2365
Visto Bueno Mant.	Miranda, Gustavo		1674
Visto Bueno Seguridad Ind.	Escobar, Victorio		

Emitido:	21-May-99
Revisión:	01

Figura 3.19

Lo que primero se percibe es que la clasificación de los puntos en función a su grado de criticidad está condicionado por el lugar donde trabaja el equipo que lo contiene. Es decir que idénticos componentes en equipos similares tendrán distinto grado de criticidad de acuerdo a la importancia, peligrosidad o complejidad del proceso del cual forman parte. Una vez ponderados se retoma la descomposición de máquinas y se asigna al componente analizado en la columna de criticidad el índice obtenido de la evaluación FMECA. De esta manera se podrá establecer un orden de prioridades de toda la planta configurando un mapa de puntos críticos.

Para cada uno de esos puntos se confeccionan las "Hojas de Proceso de Mantenimiento" que son instrucciones cuyo objetivo es orientar a los operarios de manera que se realicen las rondas o intervenciones eficientemente evitando que una tarea no sea ejecutada por olvido o desconocimiento. Las instrucciones de mantenimiento pueden ser de carácter general o en algún caso, específico dependiendo el tipo de equipo. (figura 3.19). Dentro de este procedimiento se establecen las tareas a realizar fase por fase de cada subconjunto. El documento , considerado como la base de los estándares, puede tener distintas modalidades de ejecución, es decir, sobre determinado subconjunto de un equipo se puede elaborar una hoja de proceso para el mantenimiento TBM, otra para un programado, otra para un mantenimiento de averías, etc. Evidentemente las actividades a desarrollar en la hoja de proceso TBM se enfocarán a la inspección rutinaria y a las pequeñas intervenciones. Esta ficha técnica debe contener toda la información necesaria para guiar al operario paso a paso con el respectivo tiempo de ejecución de cada fase. Allí también está determinada la frecuencia de cada inspección, en el caso que la hoja corresponda a TBM o CBM o algún otro control programado. El código de identificación de estas hojas de procesos puede estar compuesto por las siglas del tipo de mantenimiento por ejemplo TBM o CBM seguido del código de descomposición hasta el nivel de sub conjunto, por ejemplo: TBM 02563-02-005 para el mantenimiento periódico o bien MP 03146-01-003 para el mantenimiento programado. La determinación de la frecuencia al comienzo se fija en base a estudios de confiabilidad y a las estadísticas. A medida que se va avanzando con las inspecciones y en función de los resultados la frecuencia se puede modificar. Otras informaciones que ha de considerar son los repuestos necesarios, la herramientas y las medidas de seguridad que deben respetarse. Con el fin de aclarar aún más la comprensión del ciclo se puede acompañar a este con un esquema o croquis en la hoja o bien adjuntar fragmentos de planos o dibujos. Dependiendo del equipo, a partir de esta hoja de proceso se desprende la compilación de módulos que llamamos "Hoja Registro de Datos". Estos, que deberán estar indicados en la hoja de proceso, son apéndices adjuntos que tienen el carácter específico para cada fase u hoja de proceso o bien pueden ser de uso general aplicable a más de un proceso. La ejecución de estos controles permite ir verificando el desgaste de los componentes, registrando las variables, controlando la limpieza y la lubricación, retocando pequeñas partes flojas, etc.

El próximo paso en la implementación del plan es la confección del programa anual de mantenimiento periódico (figura 3.20). En esta etapa confluyen en una misma tabla la descomposición de la máquina junto con la frecuencia de control de cada subconjunto, y un cronograma de fechas de controles realizados y a realizar, el tiempo de proceso la especialidad y el centro de costo donde imputar los gastos. Así se puede conocer la carga laboral semana y sobre que equipo se realizarán las intervenciones preparando el recorrido mediante listados diarios o semanales con los puntos a inspeccionar por cada operario y equilibrando de este modo los tiempos de trabajo de cada uno. Ligado al campo de fechas cumplidas hay otro donde consta el resultado de la inspección. En este campo puede figurar el resultado positivo de la inspección o un número, que es el correspondiente a un informe generado a partir de la aparición de una anomalía, llamado precisamente "Informe de Anomalía" (figura 3.21). Este informe sirve para explicar no solo la anomalía sino cuales son los efectos de ésta y las acciones de contención o actuación inmediata y las acciones preventivas para evitar la repetición.

PROGRAMA MAESTRO DE MANTENIMIENTO
Gerencia de mantenimiento

Emitido: _____ Hoja: ____ de ____
Actualizado: _____

Código Equipo	Equipo	Código SubConjunto	Sub Conjunto	Código Componente	Componente	Proceso	Frec. (días)	Tiempo proceso (min)	Espec.	Centro costo	Último control			Próximo control	
											Fecha UC	Semana UC	Resultado	Fecha PC	Semana PC
03705	Horno continuo Lindberg	002	Alimentacion quemadores	0003	Servo válvula regulación gas	TBM 03705-01-002	30	15	M	810	27-05-02	23	ok	26-06-02	27
03705	Horno continuo Lindberg	003	Sistema de regulación de temperatura	0004	Termocupla nº2	TBM 03705-01-003	7	5	E	810	05-06-02	24	ok	12-06-02	25
00901	Brochadora vertical Hoffmann	002	Sistema hidráulico	0010	Electroválvula cilindro principal	TBM 00901-02-002	180	15	M	815	06-05-02	20	23574	02-11-02	46
00153	Generador de atmósfera	005	Intercambiador de calor	0002	Refrigerador	TBM 00153-01-005	30	10	M	810	30-05-02	23	ok	29-06-02	27
00153	Generador de atmósfera	004	Torre de enfriamiento	0001	Estructura	TBM 00153-01-004	60	5	M	810	15-04-02	15	12541	14-06-02	25

Figura 3.20 – Programa maestro de mantenimiento

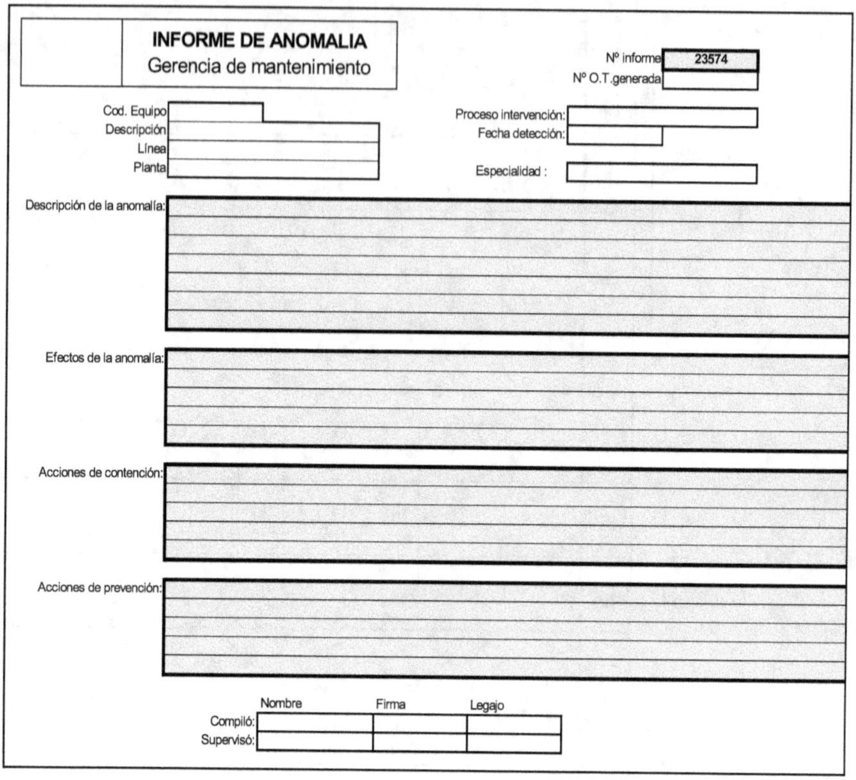

INFORME DE ANOMALIA
Gerencia de mantenimiento

Nº informe [23574]
Nº O.T.generada [ ]

Cod. Equipo [ ]
Descripción [ ]
Línea [ ]
Planta [ ]

Proceso intervención: [ ]
Fecha detección: [ ]

Especialidad : [ ]

Descripción de la anomalía: [ ]

Efectos de la anomalía: [ ]

Acciones de contención: [ ]

Acciones de prevención: [ ]

	Nombre	Firma	Legajo
Compiló:			
Supervisó:			

Figura 3.21

En este formulario también hay un campo para insertar el número de orden de trabajo que se genera a partir de éste informe a fin de realizar una intervención programada. Posteriormente los resultados expresados en este se hacen constar en el legajo de la máquina. El legajo es una carpeta que contiene todos los documentos que refieren al equipo y en particular hay una planilla llamada "Historial de Maquina" donde se lleva un seguimiento de las novedades y actividades sobre la máquina (figura 3.22). Con el programa de mantenimiento TBM es posible obtener información de las actividades a realizar y las realizada ordenando y filtrando las tareas por equipo, por centro de costo, por especialidad, por fecha o por resultado, permitiendo así preparar informes y estadísticas. El programa TBM debe tener la misma estructura que el programa general donde confluyen las otras modalidades del mantenimiento.

También se puede recurrir al programa general para seguir algunos datos de la historia de los equipos ya que filtrando en el campo equipo se puede observar todas las intervenciones de carácter programado. En efecto cada ciclo, como dijimos tiene un código alfanumérico que comienza con las siglas del tipo de mantenimiento realizado o a realizar. Por ejemplo en el caso de tener estos ciclo TBM 02356-02-004 o MP 02356-02-004 denotan que sobre el equipo 02356 se realizaron dos intervenciones una de control y pequeños ajustes y otra, tal vez derivada de la anterior, para realizar una reparación programada sobre el mismo subconjunto 004. Igualmente se puede prever cual será la carga de trabajo para un determinado período y cual será el costo del servicio.

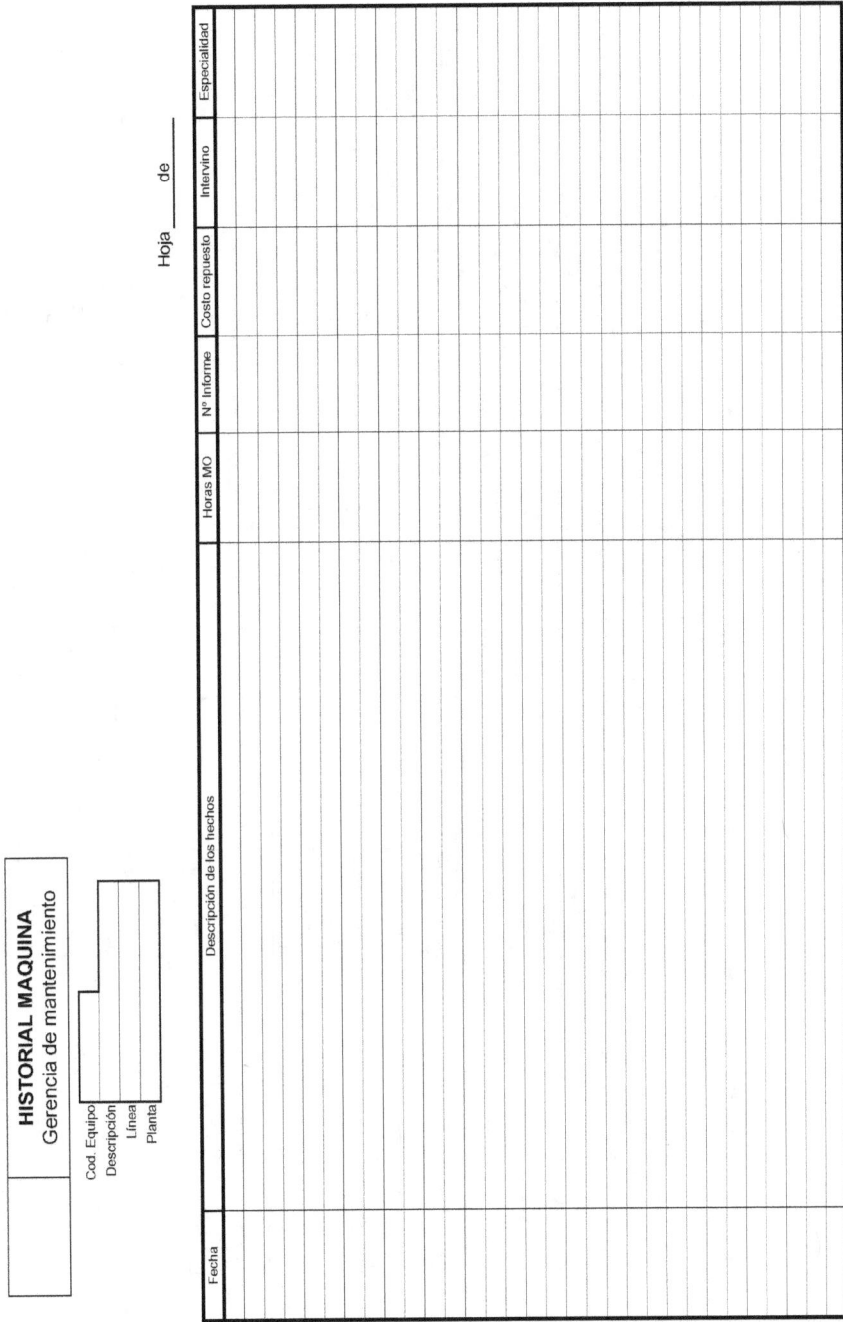

Figura 3.22 – Historial de máquina

RELACIONES ENTRE LAS TABLAS DE LA GESTIÓN INFORMÁTICA DEL MANTENIMIENTO

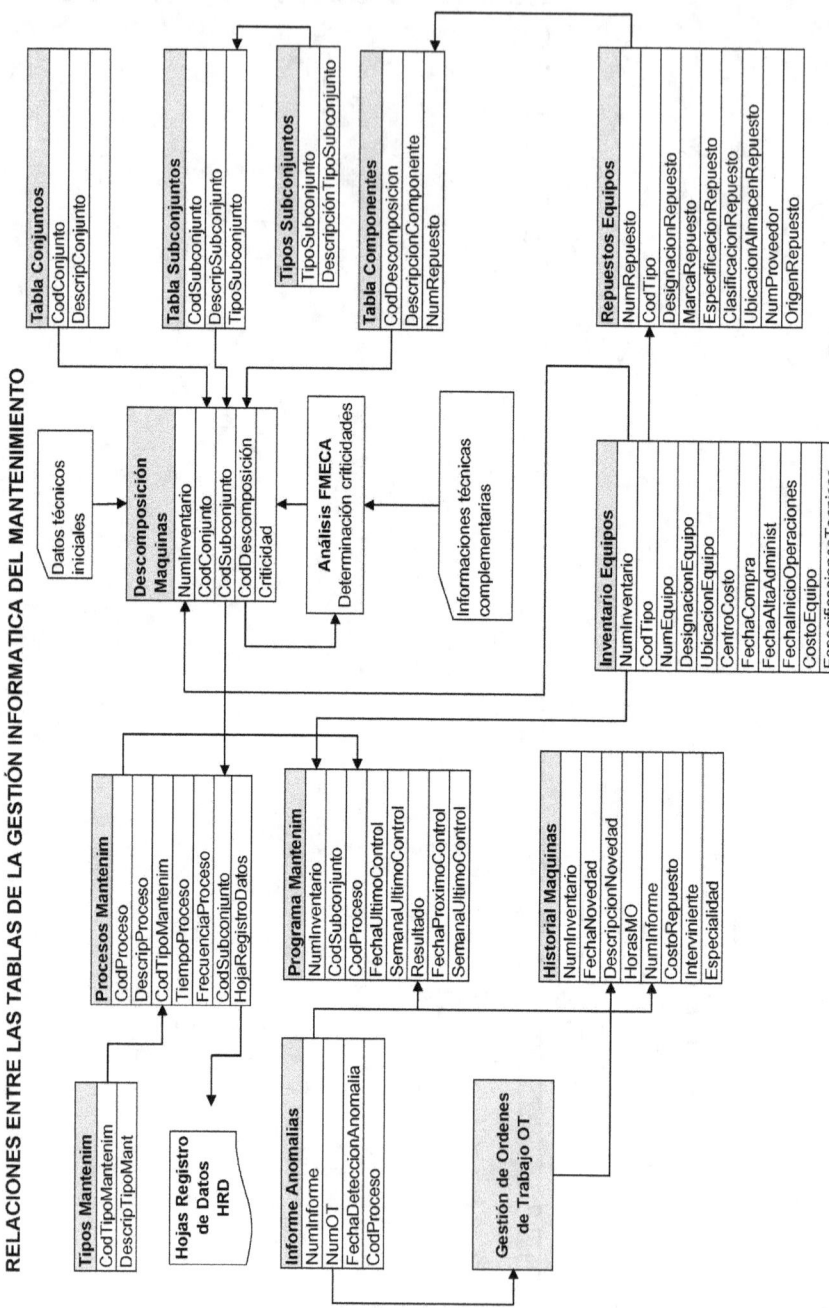

Figura 3.23 – Relaciones entre tablas

Naturalmente que el tipo de formato de la documentación y los registros depende de la magnitud del sistema informático que disponga la empresa, pero es conveniente que todas estas informaciones estén digitalizadas ya que el flujo de la información es intrincado y de difícil seguimiento si no se usa una base de datos. Se deberá establecer que información es conveniente guardar en papel y que en soporte magnético u óptico y durante cuanto tiempo conservar de la misma. (figura 3.23)

4

Mantenimiento Predictivo (CBM)

4.1 Consideraciones generales

Dentro del mantenimiento preventivo se encuentra esta otra rama destinada a predecir la ocurrencia de una falla. La provisión de máquinas y los equipos de una empresa se realiza en base a especificaciones técnicas bien precisas de acuerdo al proceso en el que se desarrollarán. Por su parte la empresa a través de la gerencia de compras realiza una búsqueda en el mercado para satisfacer tanto las especificaciones como el precio recurriendo a dos o más proveedores o fabricantes. Por lo general como solución de compromiso se optará por aquella alternativa que cumpla las condiciones básicas de productividad y calidad al menor costo. Mantenimiento debe procurar que el proveedor entienda los problemas que la empresa tendrá si las especificaciones no se respetan y exigir a compras que las mismas se cumplan al mejor nivel tecnológico, lo que a veces por una cuestión de presupuesto no es posible. Por otro lado el fabricante también en una cadena de exigencias debe procurar que a su vez sus proveedores le suministren componentes confiables a un costo razonable y deberá fabricar el equipo de manera que cumpla o supere las especificaciones. Sumado a lo anterior es posible que las máquinas una vez emplazadas y en producción no sean operadas y cuidadas inicialmente de acuerdo a lo que se recomienda, lo que redunda en una pérdida de las condiciones técnicas originales de instalación. Por todo lo expuesto hasta aquí se desprende que los equipos fallarán antes de lo previsto de manera inesperada y con consecuencias mas o menos graves dependiendo todo esto de múltiples factores. Por lo tanto si se trabaja en todos los niveles del ciclo de vida del equipo de acuerdo a las especificaciones técnicas de construcción, instalación, manutención y operación se estará reduciendo la probabilidad de la aparición de fallas, aunque la eliminación absoluta de estas sea imposible. En efecto, pese a toda prevención, la concurrencia de múltiples factores puede disparar el mecanismo que deriva en una falla y por ello es necesario poder anticiparse a su ocurrencia. Este es el fin del mantenimiento predictivo, es decir es un conjunto de técnicas destinadas a pronosticar fallas y alertar al mantenimiento programado para evitarlas. De esta manera se puede establecer el punto a partir del cual la probabilidad de que el equipo falle tiene niveles indeseables.

Los tipos de fallas que pueden ocurrir están vinculados a la etapa de la vida del equipo. Así se tiene:

- -Fallas durante la instalación y puesta en marcha de los equipos
- -Fallas que ocurrirán de manera normal y aleatoria después de la instalación
- -Fallas en el último período de vida del equipo.

En el primer caso las fallas se producen en el inicio de las operaciones y su probabilidad es alta pero con una fuerte pendiente de reducción. En la fase de ajuste del equipo estas anomalías se deben a desviaciones en la fabricación, montaje, instalación o a equivocaciones en el diseño, aunque también se pueden atribuir a defectos en los componentes provistos por terceros. En este período la curva de probabilidad tendrá una caída pronunciada no por el hecho de que los componentes o conjuntos no fallarán en adelante, sino porque serán reemplazados aquellas partes deficientes y serán corregidos los defectos de fabricación o diseño .

A continuación se presenta un andar de la curva de la tasa de falla estabilizado donde los desperfectos del equipo y de sus elementos constitutivos registran un nivel casi constante de desviaciones. Solo puede ser superado mediante un diseño mejorado del equipo y la provisión de componentes de mayor calidad, por ende mas costosos. Es necesario establecer si el nivel de fallas previsto en esta depresión satisface las necesidades del proceso, pero lo importante es que en esta etapa se espera un comportamiento estable y por lo tanto de mayor previsión.

La próxima etapa en la vida de un equipo está signada por una tasa de falla creciente por desgaste de los componentes hasta un punto en que si no se actúa con anticipación se producirá inoperatividad del medio. Aquí se hace necesario efectuar una evaluación de los costos para mantener el equipo en operación en función de la vida útil remanente del mismo ya que no solo se debe considerar el costo de las reparaciones sino la pérdida de productividad y de calidad del producto.

En cada una de estas etapas se utilizan distintas funciones de distribución de la probabilidad de fallas, según la que mejor reproduzca el fenómeno.

Finalmente la función que representa la tasa de falla de los equipo a lo largo del tiempo tiene un gráfico llamado *curva de Davis* mas conocida como *curva de la bañadera* por semejanza con la forma de esta.(Figura 4.2.1)

4.2 Análisis de las condiciones

La forma de predecir la aparición de fallas mas utilizada es mediante el relevamiento de las condiciones o síntomas que manifiestan los componentes de los equipos, de ahí el nombre de *mantenimiento basado en las condiciones* o CBM. Esta es la base difundida del mantenimiento predictivo y a diferencia del análisis estadístico que requiere una gran masa de datos históricos para establecer la probabilidad de falla, el CBM realiza relevamientos de los parámetros significativos de lo elementos considerados críticos de los equipos.

Cada órgano de máquina tiene características funcionales y dimensionales establecidas en el diseño y se deben mantener a lo largo de toda la vida útil del equipo.

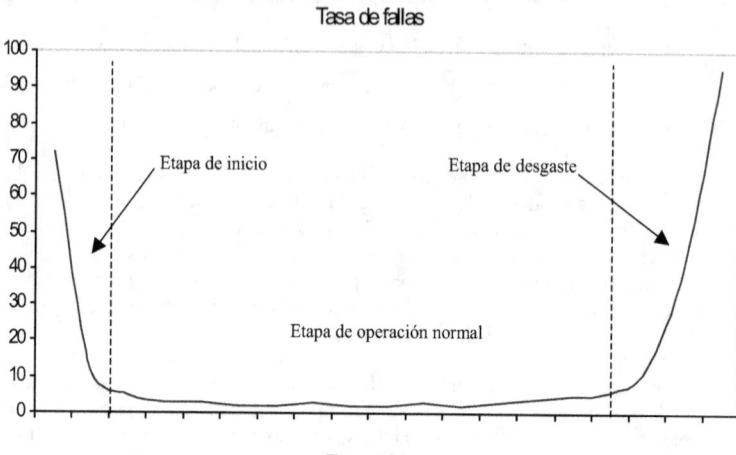

Figura 4.2.1

El ingeniero Rittmeister propone en su trabajo "Mantenimiento: Conceptos Básicos" considerar el conjunto de las especificaciones originales de diseño de un componente de máquina $\{E_0\}$ tal que:

$$\{E_0\} = \{E_{01}, E_{02}, E_{03}, \ldots, E_{0n}\}$$

y el conjunto de las mismas especificaciones de diseño que han cambiado con el correr del tiempo , $\{E\}$

$$\{E\} = \{E_1, E_2, E_3, \ldots, E_n\}$$

por lo que al cabo de un determinado tiempo:

$$\{E_0\} \to \{E\} \text{ y } E_{01} \to E_1$$

$$E_{02} \to E_2$$

$$\ldots\ldots\ldots\ldots$$

$$E_{0n} \to E_n$$

Es decir habrá una diferencia entre el estado inicial de un parámetro dado y la condición del mismo al cabo de un tiempo t que llamaremos *degeneración* de la especificación de la pieza y que naturalmente determina la capacidad del componente para seguir funcionando. La degeneración de la variable E_i a lo largo del tiempo establece una curva $E(t)$ permitiendo proyectar en el tiempo en que momento el valor del parámetro es inaceptable (Figura 4.2.2). Las variables de E pueden ser consideradas a partir de ítem operativos como consumos energéticos o de lubricantes o bien como desviaciones de dimensiones o funcionales tal como desgaste de superficies, juego o desalineamiento de partes mecánicas, vibraciones, ruidos o temperaturas por sobre las especificadas. Consideremos de manera genérica un parámetro E_i y su valor límite E_L por debajo del cual el funcionamiento de la pieza es inaceptable desde el punto de vista técnico económico. Por convenio se ha fijado la degeneración como un fenómeno que disminuye la especificación original pero se podría haber tomado una desviación que se considere como incremento de su valor.

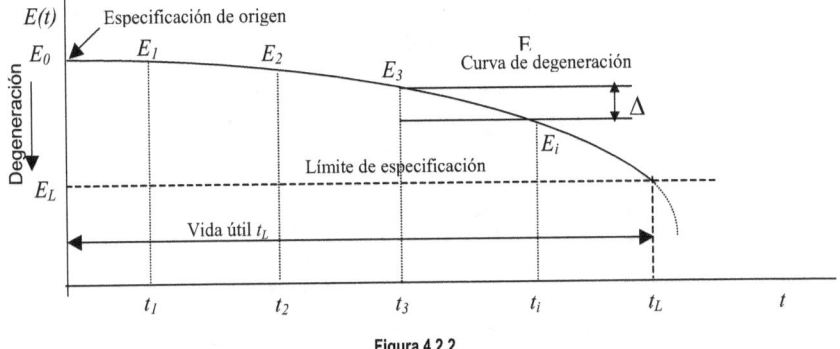

Figura 4.2.2

La degeneración entre dos estados consecutivos es:

$$\Delta = E_i - E_{i-1}$$

las condiciones que hacen que el equipo tenga una degeneración mayor que el límite ($E < E_L$) pueden deberse a que se ha excedido el tiempo de la vida útil del elemento y estamos en la zona donde la falla será inminente y deberá actuar el mantenimiento a roturas. Pero puede ocurrir que la curva de degeneración tenga un cambio brusco en su pendiente y se traspase el piso de E_L antes de terminar con la vida útil t_L prevista, tal vez debido a algún fenómeno imprevisto no ponderado.

Con todo lo expuesto es posible, mediante inspecciones rutinarias, determinar los valores que las especificaciones tienen a lo largo del tiempo y a través de éstas realizar extrapolaciones previendo cuando $E(t)$ corta a E_L y por ende la vida útil del elemento. Por consiguiente lo que se pretende con el CBM es:

- -Anticiparse a la falla midiendo las señales que los componentes emiten.
- -Determinar la vida útil de los componentes críticos.
- -Devolver información a los entes técnicos de manera de corregir o evitar las degeneraciones E_i.
- -Aumentar la vida útil de la máquina, evitar las pérdidas operativas, de calidad, seguridad o ambientales
- -Mantener el valor del activo disminuyendo su depreciación.

La experiencia dice que si no se determina la curva de degeneración o sea el andar del elemento y su duración, el mantenimiento periódico TBM será un gasto mas que un ahorro. A nivel mundial se ha establecido que la implantación del mantenimiento periódico ha aportado ahorros importantes en el costo de transformación del producto pero, en una instancia posterior, cuando se han logrado tener bajo control las grandes desviaciones, los ahorros no son tan significativos. Lo que sucede es que si no se adecuan las frecuencias de las inspecciones éstas no son lo suficientemente reveladore de que algo anda mal. Es como si el sistema estuviera sobre dimensionado. Publicaciones especial zadas en mantenimiento en los Estados Unidos mencionan que el 30% del costo del mantenimien puede ser reducido después de haber realizado las primeras mejoras. Es aquí donde toma fuerza predicción a través de la captación de las señales de los componentes. Establecida claramente curva de degeneración se pueden predecir el funcionamiento de los puntos críticos y en consecuer cia realizar rutinas de inspección más ajustadas.

Las principales técnicas utilizadas en el mantenimiento predictivo son:

1) Análisis de vibraciones.

2) Análisis termográfico infrarrojo.

3) Análisis de los fluidos y aceites.

4) Mediciones de las temperaturas.

5) Medición de la potencia eléctrica absorbida.

6) Percepción de ruidos y vibraciones.

4.3 Análisis de vibraciones

El mantenimiento predictivo de los equipos basada la detección de las vibraciones es una técnic muy difundida y elaborada basada en rigurosas formulaciones físico matemáticas y tiene el aval de muchísima experiencia y de importante instrumental tecnológico. Es en si misma toda una especia lidad de la ingeniería y requiere para su desarrollo operativo si bien no un especialista en vibracio nes pero si mucha capacitación teórica y exhaustivo entrenamiento en planta.

Las máquinas están compuestas por órganos mecánicos los cuales en su tapa inicial se encuentrar perfectamente equilibrados y ajustados. Esto permite que el andar del equipo sea sereno y exento de vibraciones fuera de las especificadas. Pero con el transcurrir del tiempo, como vimos en los párra fos anteriores, hay una degeneración que dependerá del tipo de órgano o de la clase de carga a que cada uno de estos se encuentra sometido y que genera vibraciones imperceptibles primero y luego en oscilaciones de mayor amplitud y en ruidos. Los elementos susceptibles de generar estas señales son los rodamientos deteriorados, ejes rotantes flexionados, árboles motrices desalineados, poleas c volantes desbalanceados o excéntricos, engranajes con defectos en la geometría de sus dientes, co rreas flojas, falta de lubricación, desequilibrios por deformaciones estructurales o térmicas o fuerzas pulsantes de origen hidrodinámico o aerodinámico.

La vibración es la oscilación de un punto o masa alrededor de una posición de referencia. Los dis tintos componentes de las máquinas, sometidos a cargas dinámicas vibrarán en distintas frecuencias y amplitudes, siendo estas oscilaciones causa en muchos casos de desgaste de los mismos, de la fatiga de los materiales y también, si no se controla a tiempo, de la rotura de la máquina. El dia gnóstico mas elemental es la percepción de la vibración a través de los sentidos pero en esta instan cia la degeneración ha seguramente alcanzado niveles peligrosos.

El estudio el movimiento vibratorio considera a todo cuerpo constituido por: su masa, elasticidad y propiedad de amortiguación. Cada una de estos atributos da origen a fuerzas actuantes en el sistema.

Consideremos un sistema de un grado de libertad que consta de una masa *m* (Kg) y un resorte de característica *k* (N/cm) que es puesto en movimiento con una frecuencia y amplitud constante. El sistema oscilará siguiendo una curva sinusoidal. (Fig. 4.3.1)

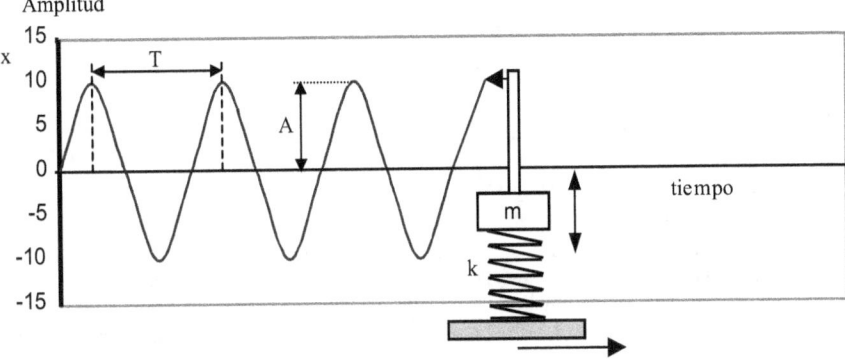

Figura 4.3.1

Se entiende como *amplitud* la distancia *x* de separación de su estado de reposo en un instante dado, cuyo máximo valor llamado pico es A, y *período* al tiempo T en que la oscilación realiza un ciclo completo. También se lo puede considerar como el intervalo entre dos picos del mismo signo. La inversa del período T es la *frecuencia de la oscilación*

$$f = \frac{1}{T} \qquad (4.1)$$

Esta se expresa en revoluciones por minuto (rpm) referido a un movimiento de rotación o ciclos por segundo que internacionalmente se llama Hertz (Hz). Así:

1 Hz equivale a 60 rpm

Si se asimila el movimiento ondulatorio de un punto a lo largo de una sinusoide al movimiento de rotación de un punto alrededor de una circunferencia se puede considerar:

$$\omega = \frac{2\pi}{T} \qquad (4.2)$$

donde ω es la frecuencia angular que tiene las mismas características que la velocidad angular y se expresan en ciclos por segundo.

También se puede escribir:

$$\omega = 2\pi . f \qquad (4.3)$$

La suma de las fuerza actuantes conduce al planteo de la ecuación que rige este movimiento solo válido para el campo elástico donde se cumple la proporcionalidad entre esfuerzo y deformación:

$$m.\frac{d^2x}{dt^2} + kx = 0 \qquad (4.4)$$

donde

$x = f(t)$ es el desplazamiento.

La solución de esta ecuación es

$$x = A.\cos(\omega.t + \delta) \qquad (4.5)$$

donde A es la amplitud máxima y δ es el ángulo o constante de fase. Esta solución nos dice que para una frecuencia determinada $\omega = 2\,\pi\,f$ puede haber muchas soluciones que dependen de la amplitud máxima y del ángulo de fase. Dos movimientos pueden tener igual frecuencia y amplitud pero distinta fase. De (4.5) se obtienen la velocidad y la aceleración por derivaciones sucesivas.

$$v = \frac{dx}{dt} = -\omega.A.sen(\omega.t + \delta) \qquad (4.6)$$

$$a = \frac{d^2x}{dt^2} = -\omega^2.A.\cos(\omega.t + \delta) \qquad (4.7)$$

Son estos tres parámetros: desplazamiento, velocidad y aceleración los que se han de utilizar para la medición del las vibraciones conjuntamente con la frecuencia y la amplitud

Trabajando con las ecuaciones (4.4), (4.5), (4.6) y (4.7) se verifica:

$$\omega = \sqrt{\frac{k}{m}} \text{ o bien: } f = \frac{1}{2\pi}.\sqrt{\frac{k}{m}} \qquad (4.8)$$

donde se ve que el sistema oscilará con una frecuencia que depende solo de su constante k y de su masa. Esta frecuencia se llama *frecuencia natural de oscilación* del sistema. Su valor será tanto mayor cuanto mas grande sea k (resorte "mas duro") y cuando m sea mas pequeña. En la figura 4.3.2 se observa que si se incrementa la masa respecto a la que se tenía en la figura 4.3.1 de manera que $m_1 > m$ la oscilación disminuirá su frecuencia, aun conservando la amplitud.

Hasta el momento la energía del sistema es conservativa, es decir la energía potencial elástica se convierte en cinética y viceversa no perdiendo el conjunto energía. Pero si se agrega al sistema un elemento amortiguador el resultado es una disminución a lo largo del tiempo de la amplitud es decir un amortiguamiento de la sinusoide.

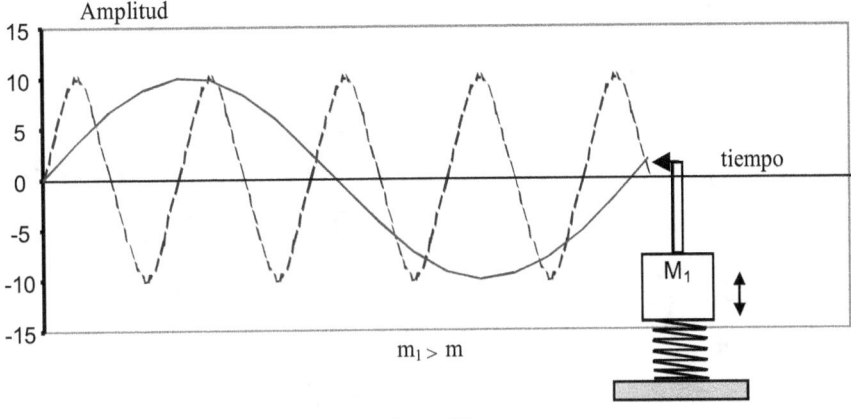

Figura **4.3.2**

La frecuencia natural amortiguada es constante y en la práctica se puede decir sin demasiado error que es casi igual a la no amortiguada.

La ecuación incluyendo la amortiguación es:

$$m.\frac{d^2x}{dt^2} + b.\frac{dx}{dt} + kx = 0 \qquad (4.9)$$

el primer monomio es la fuerza vinculada a la masa y a la aceleración, el segundo es la fuerza de amortiguación proporcional a la velocidad donde b es la característica del amortiguador y el último término es la fuerza restauradora de origen elástico con su constante k.

Si b es pequeña la solución de la ecuación es:

$$x = A.e^{-b.t/2m}.\cos(\omega_A.t + \delta) \qquad (4.10) \text{ donde}$$

$$\omega_A = 2\pi.f_A = \sqrt{\frac{k}{m} - \left(\frac{b}{2m}\right)^2} \qquad (4.11)$$

es la frecuencia natural amortiguada

vemos que si b = 0, es decir no amortiguado, la frecuencia natural amortiguada es exactamente igual a la no amortiguada $\omega_A = \omega$. En la figura 4.3.3 se observa la amortiguación producida por el factor exponencial negativo sobre la sinusoidal no amortiguada

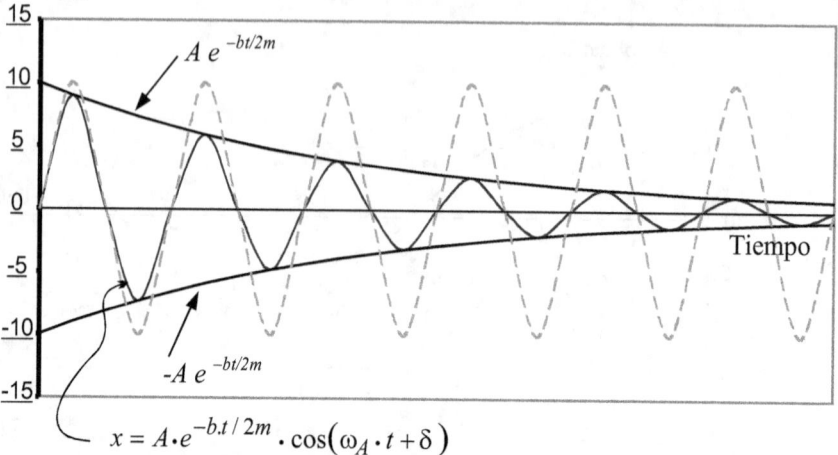

$$x = A \cdot e^{-b.t/2m} \cdot \cos(\omega_A \cdot t + \delta)$$

Figura 4.3.3

La ec. (4.10) tiene un término exponencial negativo que es el responsable de decrecer la amplitud y que si b = 0 ese factor es igual a uno, o sea no produce amortiguamiento.

Si el sistema de masa, resorte y amortiguador es excitado por una fuerza externa de característica periódica la ecuación de la vibración forzada es:

$$m.\frac{d^2x}{dt^2} + b.\frac{dx}{dt} + kx = F_m \cos\omega_E.t \tag{4.12}$$

donde F_m es máximo valor de la fuerza externa y ω_E la frecuencia angular de la misma. La solución es:

$$x = \frac{F_m}{G}.sen(\omega_E t - \delta) \tag{4.13}$$

donde

$$G = \sqrt{m^2\left(\omega_E{}^2 - \omega^2\right)^2 + b^2.\omega_E{}^2} \tag{4.14}$$

y $\delta = \cos^{-1}\dfrac{b.\omega_E}{G}$ \tag{4.15}

Lo mas significativo es que si no hay amortiguación b = 0 y entonces el valor de G dependerá de la diferencia de los cuadrados de ω_E y ω. Mientras esta diferencia sea distinta de cero, es decir que la frecuencia de excitación está lejos de la frecuencia natural, la amplitud x será limitada, pero si ω_E se acerca a ω la relación F_m / G tiende a infinito. En la práctica siempre hay algo de amortiguación por lo que la amplitud, si bien x es muy grande, no es infinita. Debemos recordar que si por causa de la gran deformación se excede el límite elástico no hay fuerza restauradora y este planteo no es válido.

La frecuencia para la cual de excitación iguala a la frecuencia natural del sistema ($\omega_E = \omega$) se llama *frecuencia de resonancia*. En la figura 4.3.4 se grafica la amplitud en función de la relación entre la frecuencia de excitación y la natural. Si la frecuencia de excitación es nula la amplitud corresponde a una elongación estática y si la relación de frecuencias es igual a uno la oscilación se hace infinita para sistemas no amortiguados. En este caso se dice que el que el sistema entró en resonancia con la excitación externa. En este caso la energía aportada por la fuerza externa no se disipa.

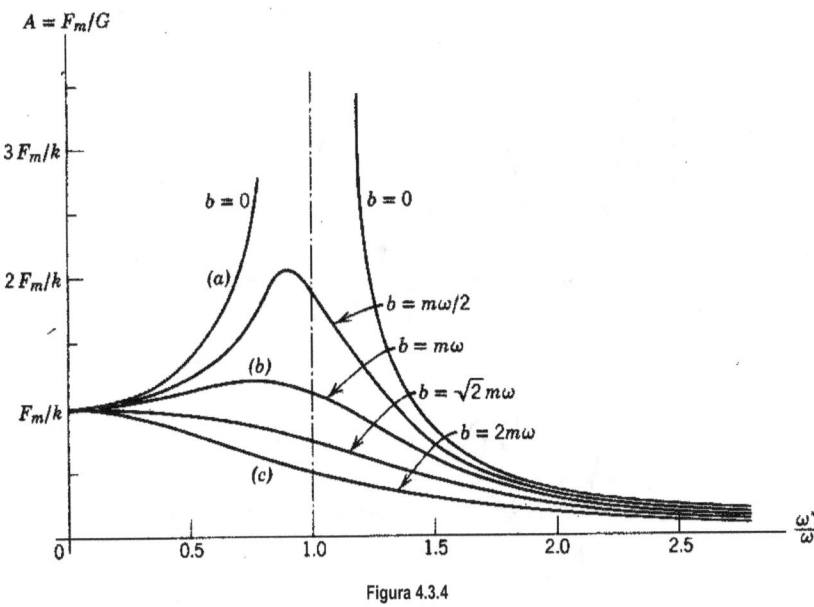

Figura 4.3.4

Hasta ahora se ha analizado un sistema que oscila en una sola dirección, es decir de un grado de libertad, pero en realidad esto es teórico ya que los sistemas son de múltiples grados de libertad ya sea que estén compuestos de varias masas o que los movimientos se realizan en varias direcciones y por cada grado de libertad habrá un pico por lo tanto el comportamiento del sistema generará señales complejas.

En la figura 4.3.4.1.a) se observa la gráfica de la aceleración típica de un pistón de un motor a combustión interna. Esta señal, que no representa un movimiento armónico aunque si periódico, se puede descomponer en varias oscilaciones armónicas puras. El ejemplo está conformado por dos componentes de frecuencias distintas. Matemáticamente esto se expresa a través de la serie de Fourier la que establece que toda *curva periódica*, no importa cuan compleja sea, puede ser vista como una combinación de varias curvas armónicas puras. Cuanto mas componentes armónicas se consideren, mas exacta será la representación de la curva compleja. La expresión de la serie es:

$$x(t) = A_0 + A_1 sen(\omega t + \varphi_1) + A_2 sen(2\omega t + \varphi_2) + \ldots + A_n sen(n\omega t + \varphi_n) \qquad (4.16)$$

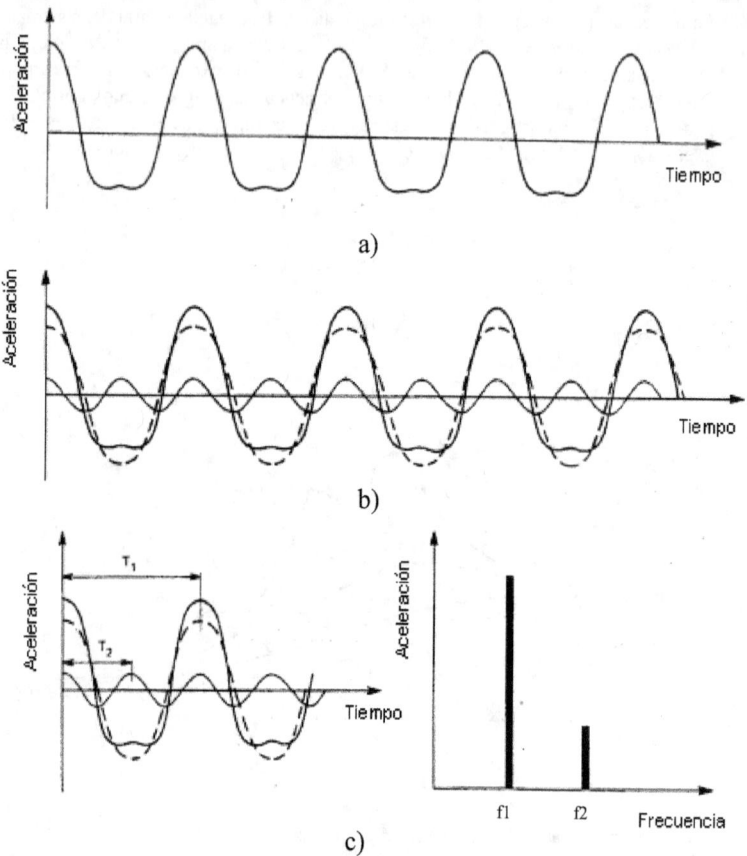

Figura 4.3.4.1

Los movimientos armónicos que ocurren simultáneamente pueden llegar a mezclarse entre sí y formar un único movimiento armónico. El *principio de superposición* de los movimientos establece que en el caso de existir varias acciones superpuestas sobre el sistema, el efecto que esta superposición genera es igual a la suma de los efectos que cada una de tales acciones tendría sobre el sistema si actuara de manera individual. Esto es válido en los sistemas en los que las ecuaciones que describen el movimiento son lineales. Un ejemplo de esto es cuando se trabaja dentro del campo elástico o sea la ley de Hooke es válida y se puede aplicar la relación $F = -kx$. Extendiendo el concepto el principio de superposición se puede aplicar en aquellos sistemas en los que m *(masa)*, b *(amortiguación)* y k *(elasticidad)* son constantes y no varían con x *(elongación)* ni con t *(tiempo)*.

Los casos en los que los movimientos concurrentes se suman dan como resultado tres modos:

1.-La suma de dos movimientos armónicos de igual frecuencia pero desfasados entre sí, da como resultado otro de igual frecuencia, pero amplitud y fase distinta.

Sean los siguientes movimientos:

$$x_1(t) = A_1 sen(\omega t)$$

$$x_2(t) = A_2 sen(\omega t + \varphi)$$

de la suma de ambos se tiene

$$x(t) = Asen(\omega.t + \psi)$$

donde

$$A = \sqrt{(A_1)^2 + (A_2)^2 + 2A_1A_2 \cos\psi}$$

y

$$\psi = \arctan\left(\frac{A_2 sen\varphi}{A_1 + A_2 \cos\varphi}\right)$$

2.- la suma de dos movimientos armónicos de frecuencias diferentes da con resultado un movimiento periódico pero no armónico como se observa en la figura 4.3.4.2.

3.- Un caso particular del 1 es aquel en el que los movimientos armónicos a sumarse tienen frecuencias casi iguales. Supongamos que ambas frecuencias se diferencian una cantidad ε

$$x_1(t) = A_1 sen(\omega.t)$$

$$x_2(t) = A_2 sen\left[(\omega + \varepsilon)t\right]$$

aplicando el mismo desarrollo se llega a:

$$x(t) = Asen(\omega.t + \psi)$$

donde

$$A = \sqrt{(A_1)^2 + (A_2)^2 + 2A_1A_2 \cos(\varepsilon.t)}$$

y

$$\psi = (\tan)^{-1}\frac{A_2 sen(\varepsilon.t)}{A_1 + A_2 \cos(\varepsilon.t)}$$

Se observa que tanto la amplitud como la fase varían en el tiempo con frecuencia ε. Este movimiento compuesto se llama *batido* (figura 4.3.4.3).

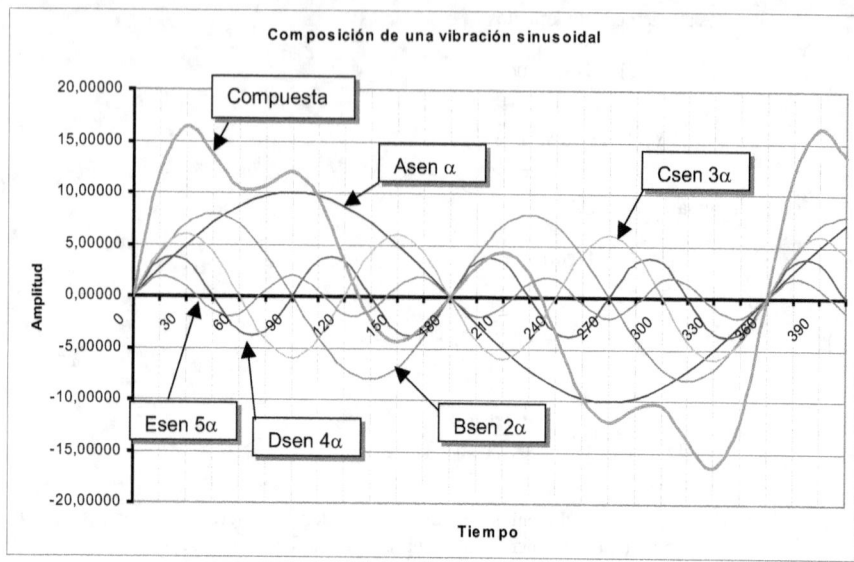

Figura 4.3.4.2

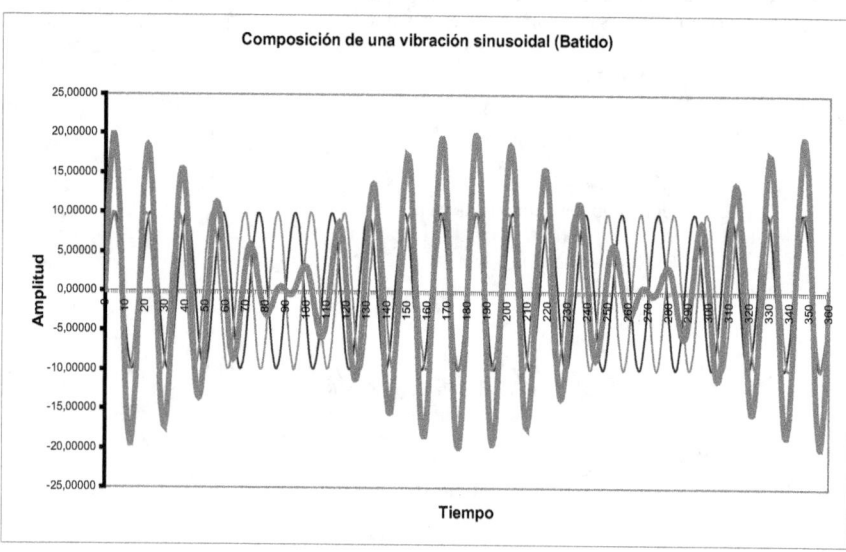

Figura 4.3.4.3

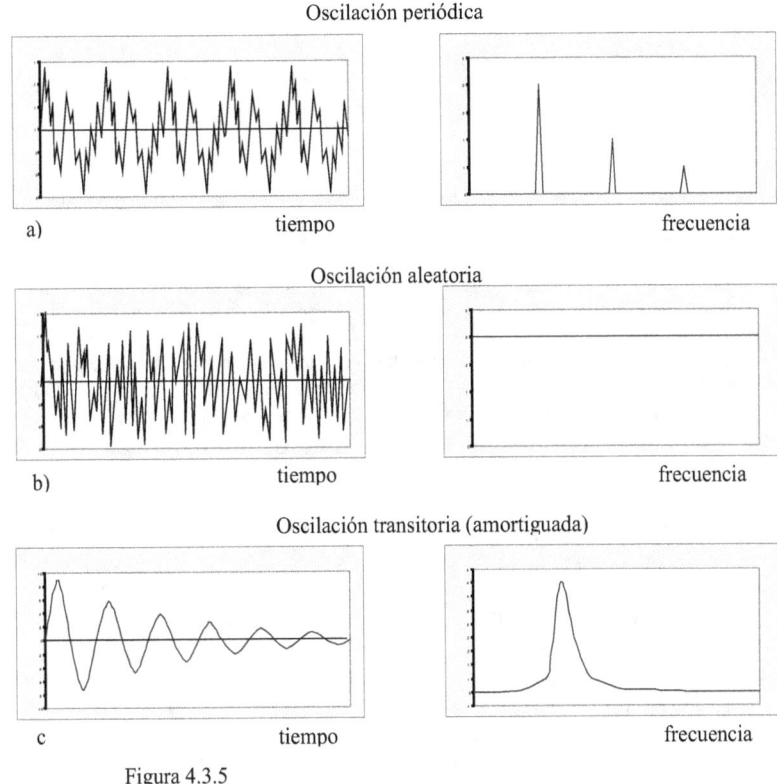

Figura 4.3.5

En la práctica la oscilación no tiene una gráfica sinusoidal pura sino más compleja que está formada por la composición de una onda básica llamada *fundamental* sobre la que se agregan sinusoides con amplitudes generalmente menores y frecuencias mayores (fig.4.3.5.a). Son de particular interés las componentes cuya frecuencias son múltiplos de la fundamental. A estas se les llama *armónicas*. También existen otras vibraciones no periódicas o irregulares en las que la señal no se repite nunca, estas se llaman señales *aleatorias* (fig.4.3.5.b). Por último existen otras señales que cuya amplitud disminuye con el tiempo ya sea como el caso en la oscilación amortiguada ya visto o como en el caso de señales de impulsos de muy corta duración (fig.4.3.5.c). En ambos la oscilación se llama *transitoria*.

En el análisis de vibraciones hay dos formas de representar la oscilación: una en el campo o dominio del tiempo representado por coordenadas amplitud - tiempo y otra en el campo o dominio de las frecuencias donde se grafica la amplitud en función de la frecuencia. Para pasar de un dominio a otro se utiliza una herramienta matemática llamada transformada de Fourier. Si tenemos una función continua la transformación de la señal al campo de las frecuencias se realiza mediante la TCF " transformada continua de Fourier":

$$X(f) = \int_{-\infty}^{+\infty} x(t).e^{-j.2.\pi.f.t}.dt \qquad (4.16)$$

y su inversa para el tiempo:

$$x(t) = \int_{-\infty}^{+\infty} X(f).e^{j.2.\pi.f.t}.df \qquad (4.17)$$

donde

$$j = \sqrt{-1}$$

Los cuadros de la derecha en las figuras 4.3.5 a ,b y c se observa la correspondiente graficación de la señales anteriores en el campo de las frecuencias.

El cálculo de la transformación se realiza por medios electrónicos que forman parte del analizador de vibraciones. El nivel de la señal se puede describir de varias maneras: pico a pico (del máximo positivo al máximo negativo), amplitud pico, promedio y RMS.

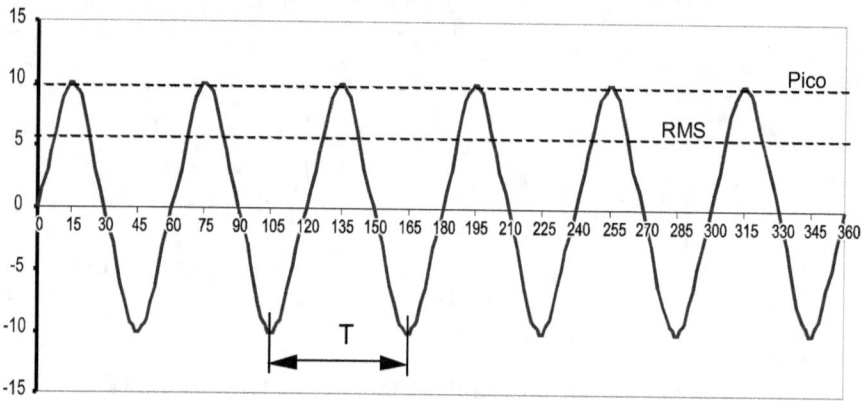

Figura 4.3.6

El valor promedio se define como

$$x_p = \frac{1}{T} \int_0^T |x| \, dt \cdot x$$

El RMS (*root mean square*) es la raíz del promedio de los cuadrados de la magnitud que estamos analizando. Es de particular interés la RMS porque es un indicador de la energía asociada a la vibración del sistema y por lo tanto es un buen parámetro para evaluar el potencial daño. El RMS se define como:

$$RMS = \sqrt{\frac{1}{T} \int_0^T x^2(t) dt}$$

En un movimiento armónico puro RMS = 0.707 A, donde A el valor o amplitud pico.

Se dijo que los parámetros que se miden en el análisis de vibraciones son el *desplazamiento, la velocidad y la aceleración*. Naturalmente que partiendo del desplazamiento se llega a los otros dos por derivaciones sucesivas y viceversa por medio de integraciones. En cualquiera de ellos se busca establecer el valor del pico o el valor pico a pico o bien el RMS de la amplitud y la frecuencia en ciclos por segundo correspondiente a puntos considerados de interés.

4.3.1 El equipo de medición

El primer eslabón en el equipo de medición es el transductor que se utiliza para captar la señal mecánica de la vibración y convertirla en una señal eléctrica. Pese a los modernos diseños todavía se usan transductores mecánicos de contacto, los que mediante un sistema de amplificación mecánica diagraman desplazamientos y su uso es casi exclusivo empleados en ejes o árboles motores para un número de revoluciones muy bajos. Otros en cambio son de característica magnética tales como los inductivos o eléctrica como los capacitivos, que no son de contacto. También están las celdas de carga o strain-gages cuyo principio de funcionamiento consiste en medir las variaciones de corriente que se producen por causa de la deformación que la vibración le ocasiona a la resistencia de la sonda adherida a la pieza medir. Otro tipo son los electrodinámicos que consisten en una bobinita cuyo eje se desplaza dentro de un devanado por acción de la vibración generando cambios en la inducción electromagnética. Todos estos tipos de transductores tienen ventajas y desventajas, pero sin duda la condición mas significativa es el estado que debe tener la superficie donde se aplicará el transductor ya que ésta debe estar libre de polvo y aceite y no tener irregularidades geométricas como agujeros y desniveles o discontinuidades. Otro factor a considerar es la temperatura.

El tipo de magnitud a medir depende del rango de frecuencias en estudio. La norma ANSI S2.17-1980 recomienda el uso de los siguiente tipos de transductores en función de la frecuencia y de la variable:

Parámetro a medir	Rango de frecuencias (Hz)	Observaciones
Desplazamiento (x)	0.01 a 2	Transductor mecánico de contacto
Desplazamiento (x)	2 a 4000	Transductor eléctrico no de contacto o acelerómetro (integrando)
Velocidad (v)	10 a 1000	Transductor eléctrico no de contacto o acelerómetro (integrando)
Aceleración (a)	> 1000	Acelerómetro (también frecuencias menores)

El acelerómetro es un transductor electromecánico que produce en los terminales de salida una tensión proporcional a la aceleración a la que es sometido. El principio de funcionamiento se basa en el desarrollo de una carga eléctrica entre las caras de un material piezoeléctrico cuando se aplica sobre él una fuerza en la dirección a su polarización (figura 4.3.7a) o sea de compresión. La carga y por lo tanto el voltaje es proporcional a la fuerza aplicada. De igual manera se aplica una fuerza en la dirección de corte sobre el material piezoeléctrico se genera una diferencia de potencial.(figura 4.3.7 b). En las figuras 4.3.7c, d y e se muestran cortes y vistas de la estructura de acelerómetros de compresión y de corte.

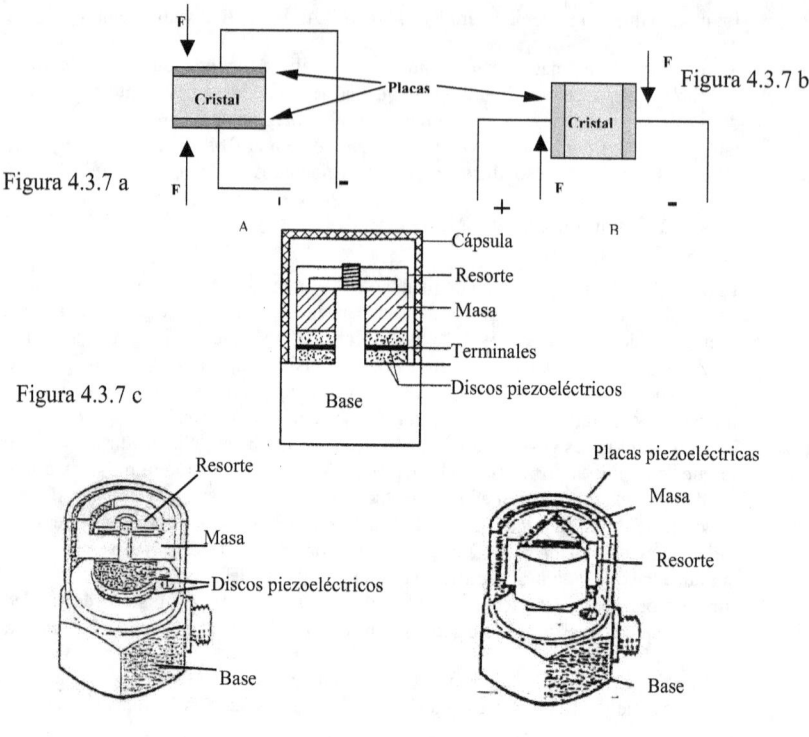

Figura 4.3.7 a

Figura 4.3.7 b

Figura 4.3.7 c

Figura 4.3.7 d

Figura 4.3.7 e

El monocristal piezoeléctrico está montado en un sistema de suspensión dentro de una cápsula metálica (figura 4.3.7c). La base de esta es de un espesor considerable para evitar que por la expansión térmica se pueda deformar dando falsas señales.

Los acelerómetros tienen una señal de salida constante para un amplio rango de frecuencias desde las más bajas hasta el límite impuesto por su propia frecuencia de resonancia. Para evitar errores se recomienda, en líneas generales, que el transductor se utilice dentro del tercio central de su frecuencia natural (figura 4.3.8). En la figura 4.3.8 b se observa una curva típica de respuesta de un acelerómetro. Por otra parte la base del acelerómetro debe ser gruesa para evitar errores inducidos por deformaciones pero hay que considerar que esta masa se debe sumar a la masa del cuerpo que oscila, influenciando las propiedades mecánicas de éste, por lo que como primera aproximación se recomienda que la masa del transductor sea no mayor a un décimo de la masa del cuerpo a analizar.

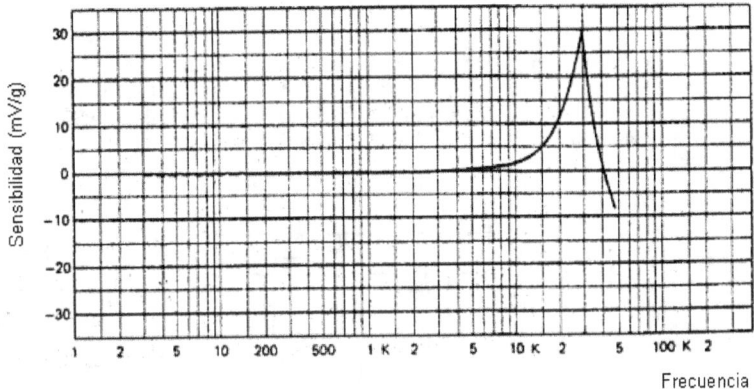

Figura 4.3.8 a

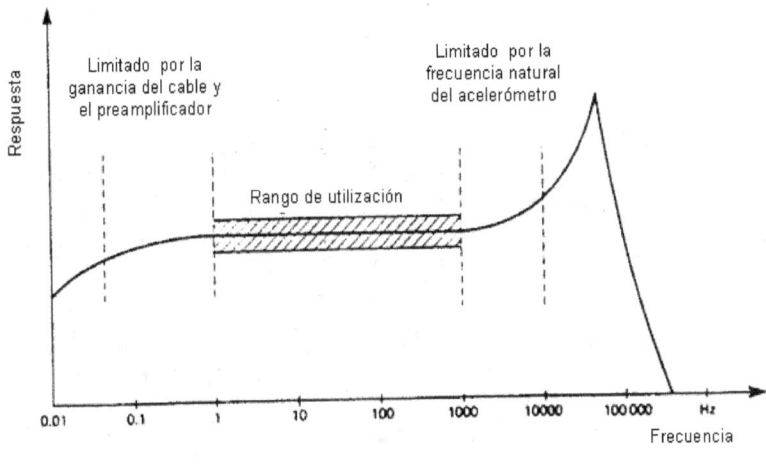

Figura 4.3.8 b

El acelerómetro es el transductor mas utilizado debido a las siguientes ventajas respecto a los otros:

- permite ser usado en un muy amplio rango de frecuencias.
- tiene un amplio rango dinámico de repuesta plana.
- la señal puede ser integrada para obtener la velocidad y la desplazamiento.
- No necesita de alimentación externa, la señal es auto generada.
- No tiene partes móviles.
- Es compacto.

Como desventaja se puede decir que la temperatura conspira contra una correcta repuesta de corriente continua.

La señal generada por el acelerómetro es tomada por el pre amplificador, filtrada y luego es entregada a un analizador donde se realizará el proceso de integración después de lo cual será mostrará en una pantalla en el dominio del tiempo o en el de la frecuencia (figura 4.3.9 b). El equipamiento consta además de filtros electrónicos que permiten ocultar aquellas frecuencias que no son de interés.

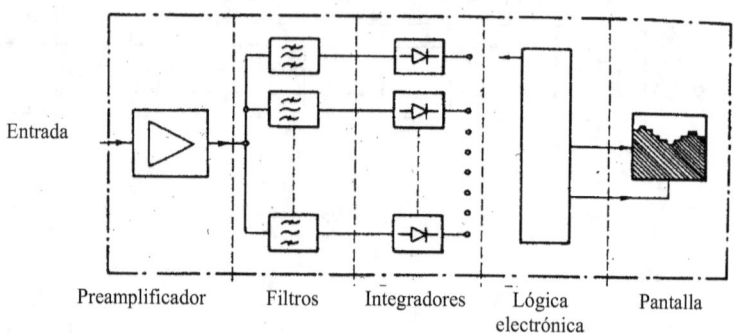

Preamplificador   Filtros   Integradores   Lógica   Pantalla
                                              electrónica

Figura 4.3.9 a

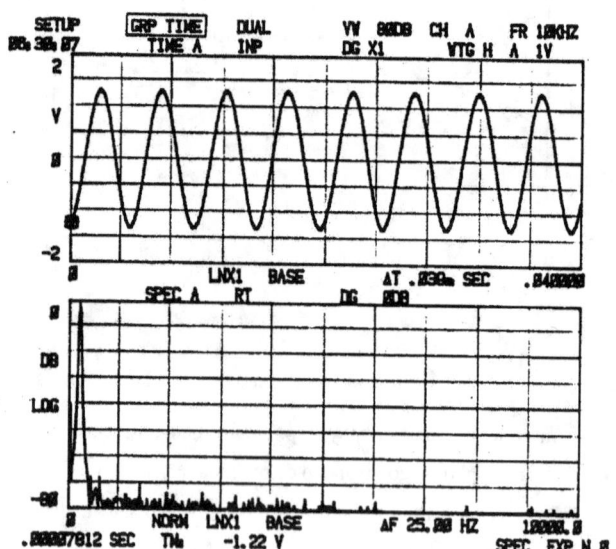

Figura 4.3.9 b

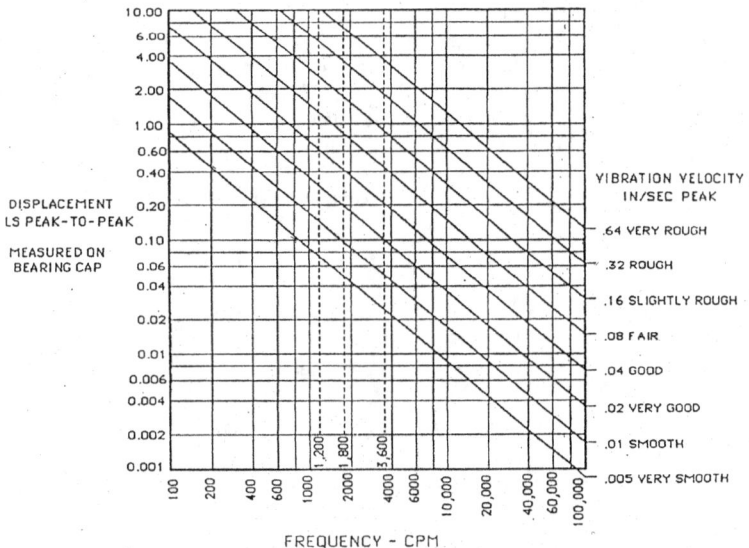

Figura 4.3.10

Como se vio en el párrafo 4.2 la degeneración de la especificación, en este caso el incremento de las amplitudes, se acentúa con el paso del tiempo hasta un punto en el que se produce el colapso del componente o la deformación fuera del límite elástico. Se busca establecer los puntos que determinan el último tramo de la curva de "la bañadera" y dentro de esa tendencia fijar los puntos de alarma para proceder a la intervención. Estos valores se pueden tomar de las especificaciones de los constructores del equipo, de las normas técnicas internacionales (ISO, ANSI, VDI, DIN, etc.), de la experiencia de los profesionales de planta y datos de procesos o equipos similares en otras empresas. La medición contempla la determinación de la amplitud de los parámetros ya vistos para establecer el estado del equipo y constatando a que frecuencia se produce, se pueden conocer las causas de la vibración. Hay valores orientadores obtenidos de gráficos como el de la figura 4.3.10 que sirven en una primera aproximación para determinar el grado de severidad de la vibración. Este gráfico corresponde a la vibración medida sobre un rodamiento en su alojamiento. Aquí se tiene en las abscisas la frecuencia, rpm en este caso, y en el eje de ordenadas a la izquierda el desplazamiento tomado de pico a pico de la oscilación, y medido en *mils* o milésima de pulgada en tanto que en las rectas oblicuas corresponden a las velocidades expresadas en *in/sec* o pulgadas por segundo. Tiene la particularidad de expresar el grado de severidad de manera cualitativa en función de la velocidad. Este gráfico se completa con otro (figura 4.3.11) que muestra una clasificación de la maquinaria en función de su tamaño y los valores admitidos de velocidad para cada una de estas. Se insiste que ambos gráficos son orientadores. La norma alemana VDI 2056 muestra el equivalente al grafico 4.3.11 con una clasificación de la maquinaria en seis grupos y medidas en el sistema métrico decimal. El proceso de diagnóstico consiste, después de haber captado la vibración mecánica y generada al señal eléctrica, en la transformación de la esta señal del dominio amplitud - tiempo al dominio amplitud - frecuencia donde se debe realizar un análisis tratando de determinar la relación entre las armónicas de la frecuencia fundamental y las causa mecánicas que las producen. Por ejemplo, en el caso de las vibraciones producidas por los engranajes de las cajas de velocidades, que tienen una señal periódica pero compleja, conociendo el número de dientes de las ruedas y su velocidad de giro es posible asociar los picos del dominio de las frecuencias y sus armónicas con un determinado engranaje. Supongamos que una rueda dentada de una caja de velocidad tiene una velocidad de giro de 2000 rpm y tiene 45 dientes, la frecuencia resultante fundamental será de 90000 ciclos (pulsos) por minuto o 1500 hz. Si existe algún valor de amplitud cuyo pico es significativo en el espectro y está localizado en este valor de frecuencia (1500hz) o en un múltiplo de la misma (3000,4500 o 6000 hz., etc) , se puede llegar a la conclusión que el origen de este pico está generado por defectos de la rueda de 45 dientes girando a 2000 rpm.

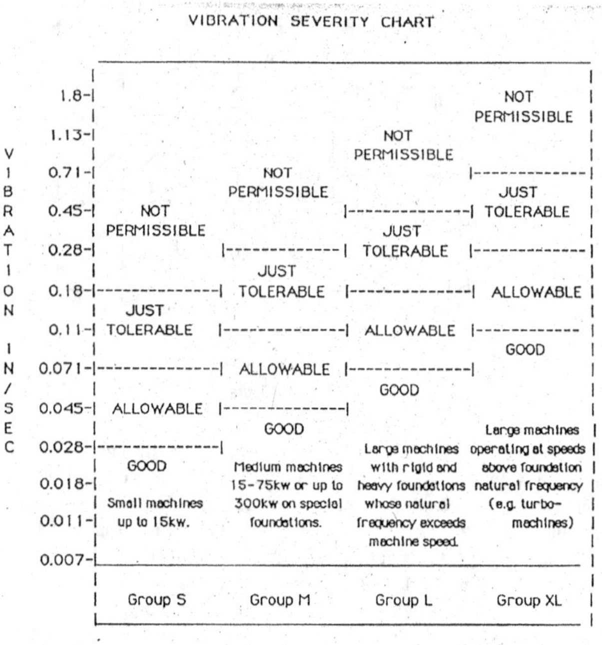

```
                    VIBRATION  SEVERITY  CHART

        I                                                                   I
        I   1.8-I                                            NOT            I
        I        I                                       PERMISSIBLE         I
        I   1.13-I                               NOT                        I
    V   I        I                           PERMISSIBLE                     I
    I   I  0.71-I                NOT                   I-------------I       I
    B   I        I           PERMISSIBLE               JUST                  I
    R   I  0.45-I   NOT                   I-------------I TOLERABLE          I
    A   I     PERMISSIBLE                 JUST                               I
    T   I  0.28-I           I-------------I TOLERABLE  I-------------I       I
    I   I                       JUST                                        I
    O   I  0.18-I-------------I TOLERABLE  I-------------I ALLOWABLE I       I
    N   I        JUST                                                       I
        I  0.11-I TOLERABLE  I-------------I ALLOWABLE  I------------I       I
    I   I                                                    GOOD           I
    N   I  0.071-I-------------I ALLOWABLE  I-------------I                  I
    /   I                           GOOD                                    I
    S   I  0.045-I ALLOWABLE  I-------------I                               I
    E   I                          GOOD                       Large machines I
    C   I  0.028-I-------------I           Large machines  operating at speeds I
        I         GOOD          Medium machines   with rigid and   above foundation I
        I  0.018-I             15-75kw or up to  heavy foundations  natural frequency I
        I        Small machines 300kw on special  whose natural    (e.g. turbo- I
        I  0.011-I  up to 15kw.    foundations.  frequency exceeds    machines) I
        I                                        machine speed.             I
        I  0.007-L_____   I
        I                                                                   I
        I             Group S      Group M        Group L       Group XL    I
```

Figura 4.3.11

Comercialmente se consiguen equipos analizadores de vibraciones que están compuestos por la sonda (acelerómetro), el analizador portátil y un software para instalar en una PC donde se procesarán las mediciones, se realizarán los informes y se guardarán en una base de datos. Una vez instalado el software en la PC se cargan los datos de las máquinas que se van a analizar, la frecuencia y toda otra información que se requiera para realizar el barrido. Estos datos se transfieren de la PC al analizador y un operador entrenado realizará las mediciones en planta de acuerdo a la rutina establecida. También el operador podrá ingresar información y datos a través del teclado del analizador. Terminadas las mediciones el equipo se conecta a la PC y se cargan en esta los relevamientos, donde el operador podrá analizarlos mediante las opciones que le brinda el software y comparar con el historial de ese equipo para, finalmente, emitir un informe del que se desprenderá, tal vez, la necesidad de intervención sobre la máquina. En instalaciones complejas en las que se justifica la inversión existen monitores que controlan permanentemente los niveles de vibración y que llegado el caso pueden disparar una alarma y eventualmente realizar la parada del equipo. Los equipos que se controlan bajo esta modalidad son las turbinas, los generadores, compresores y ventiladores. Esto es de particular importancia si se considera el caso de los rodamientos de turbinas que pueden llegar a fallar súbitamente no dando tiempo a predecir la falla.

4.4 Análisis termográfico

Este método permite la detección de anomalías funcionales o constructivas a través de la captación de la radiación infrarroja emitida por la temperatura producida por alguna deficiencia de los equipos. Para ello existe una cámara especialmente diseñada que permite registrar la radiación de los cuerpos calientes mediante imágenes y medir su temperatura, y luego ser llevado y post procesado en computadora por un software y base de datos.

Las ondas electromagnéticas, de las que la radiación visible y la infrarroja forman parte, se clasifican en función de su longitud de onda o bien su frecuencia. La unidad de medida de la longitud de onda es el micrón(μm) y el intervalo utilizado en la clasificación de las ondas electromagnéticas va desde los 10^{-6} μm de los rayos γ hasta las decenas de kilómetros en las ondas de radio. (Figura 4.4.1)

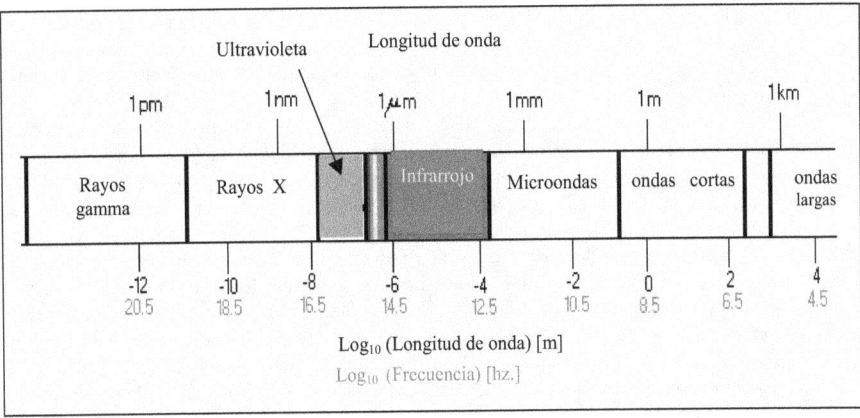

Figura 4.4.1

Todos los cuerpos emiten energía en función de la temperatura a la que se encuentran por lo tanto cuanto mas alta sea su temperatura mayor será su emisión. Los objetos que nos rodean son visibles no por la radiación propia emitida por ellos sino porque reflejan la luz del ambiente circundante. Esto no quiere decir que no haya emisión de los cuerpos sino que esta se encuentra en el rango de las longitudes de onda fuera del espectro visible tal como la infrarroja. El hecho se puede comprobar si se dispone de la instrumentación sensible a la radiación infrarroja. Con ella se pueden distinguir los objetos porque estos tendrán una temperatura distinta a la del medio ambiente aunque solo sea fracciones de grado. Si un cuerpo se calienta lo suficiente se tendrá una determinada emisión aún en el caso del espectro visible, ya que si el cuerpo caliente se encuentra en la oscuridad se percibirá levemente enrojecido. El es pectro visible está comprendido en el rango de 0.38 a 0.78 μm en tanto que la radiación infrarroja tiene una mayor longitud de onda.

La radiación infrarroja puede reflejarse sobre superficies pulidas tal lo hace la luz visible en un es pejo como así también tiene la capacidad de atravesar con poca atenuación delgados espesores de plástico transparente. Por otra parte la radiación visible no puede atravesar cuerpos sólidos cons truidos de silicio o germanio, que permiten el paso de rayos infrarrojos. Esta propiedad es aprove chada para la construcción de ópticas de instrumentos para la radiación infrarroja de manera de pro teger a las lentes de la reflexión de los rayos solares.

La cámara infrarroja permite al operador obtener la distribución térmica de la superficie de un obje to pero no medir que pasa en el interior del elemento. Esto quiere decir que cualquier problema de naturaleza térmica, para poder ser relevado, debe estar o ser llevado a la superficie.

El instrumento permite el relevamiento de temperaturas anómalas en cuerpos sin protección o co bertura previa. Las protecciones o pantallas de plexiglás si bien deja pasar la luz visible, es una ba rrera para la radiación infrarroja. Si de apunta el instrumento sobre estas pantallas lo único que rele vará es la temperatura de la propia pantalla. Sin embargo las delgadas películas de plastico transpa rente como polietileno o PVC dejan pasar los rayos infrarrojos pero con una pequeña pérdida.

El instrumento capta la radiación infrarroja que todos los cuerpos emiten en función de la tempera tura a la que se encuentran. Cuando un cuerpo emite energía, ésta se debe a la absorción de la ener gía circundante emitida por otros cuerpos y a la propia energía. Esta energía emitida no es exacta mente igual para todos los materiales de los cuerpos que están a la misma temperatura sino que de pende del estado y tipo de superficie de dichos cuerpos. Cuando la energía radiante incide sobre la superficie de un cuerpo parte se refleja y parte es absorbida. Igualmente podemos decir de la ener gía interna de este cuerpo, la que al llegar a la superficie desde adentro parte se emite y parte se refleja hacia adentro. Aceptamos sin demostración, de acuerdo a la física, que una buena superficie receptora también es una buena superficie emisora y al contrario una mala superficie receptora es una mala superficie emisora. De aquí que *la mejor superficie receptora* también *es la mejor superfi cie emisora*: el cuerpo que absorba toda la energía que sobre el incide será el mejor emisor. Este cuerpo al absorber toda la energía no refleja nada y por lo tanto aparecerá como "negro". Así se tiene a un objeto físico ideal llamado "cuerpo negro" o "radiador completo". El nombre de cuerpo negro no es apropiado porque aunque éste no refleje energía emite toda la que tiene y si su tempera tura es lo suficientemente alta se lo podrá ver como incandescente. La energía radiante emitida por la superficie de un cuerpo por unidad de superficie y por unidad de tiempo se llama *emitancia ra diante E (joule/seg.m^2)* de la superficie. Por lo antedicho el mejor emisor es el cuerpo negro, en consecuencia se tendrá *emitancia radiante del cuerpo negro En* . La emitancia radiante de cual quier cuerpo a una temperatura dada es una fracción de la emitancia radiante de un cuerpo negro a la misma temperatura, o sea:

$$E = e \cdot E_n$$

En donde e es la emitancia relativa o emisividad de la superficie

e valdrá 0 para un reflector perfecto y 1 para la superficie idealmente negra o sea el mejor emisor

Mediante un sensor ubicado dentro de la cámara se genera una señal eléctrica que es procesada por el software incorporado y permite obtener la distribución térmica bidimensional del objeto. Para poder realizar esto el instrumento necesita conocer la temperatura ambiente, el rango de temperatu ras a relevar y sobre todo la *emitancia relativa*. En la tabla 4.4.1 se listan algunos de los valores de la emitancia relativa de algunos elementos comunes en una planta de acuerdo al estado de su super ficie.

Tabla 4.4.1

Elemento	Estado de la superficie	Emitancia relativa
Motor eléctrico	Fundición pintado color plateado	0.47
Motor eléctrico	Fundición pintado color azul	0.96
Motor eléctrico	Fundición pintado color verde	0.96
Motor eléctrico	Fundición pintado color amarillo	0.90
Motor eléctrico	Plástico semi brillante negro	0.96
Bomba centrífuga	Fundición color azul	0.96
Bomba a engranajes	Fundición pintado color negro	0.96
Tanques depósitos	Chapa pintada	0.96
Recipiente acumulador	Fundición	0.96
Reductor	Fundición pintado color verde	0.96
Reductor	Fundición pintado color azul	0.96
Reductor	Fundición pintado color gris claro	0.96
Reductor	Fundición pintado color amarillo	0.90
Pinzas de soldadoras	Cobre oxidado	0.80
Morsetería	Plástico claro	0.90
Interruptores	Plástico blanco	0.90
Interruptores generales	Plástico negro	0.96
Blindo barra	Aluminio anodizado	0.55

Si no se toma en consideración *e* se está cometiendo un error. Una forma práctica de conocer la emisividad es pegando una cinta negra de electricista cuyo valor de *e* se conoce y vale 0.95 aproximadamente. Con este valor de *e* se ajusta la cámara. Luego se espera unos segundos hasta que la cinta tome la temperatura del cuerpo y se mide la temperatura con la misma cámara sobre la cinta. Acto seguido se saca la cinta y el valor de la temperatura medida por el instrumento sobre el mismo punto anterior cambiará. Entonces se modifica el valor de la emisividad en la cámara hasta que la lectura de la temperatura del punto alcance el valor anterior. Entonces se lee en el instrumento en valor *e* obtenido. Es importante tener en cuenta que, de acuerdo a la experiencia, para poder determinar con cierta seguridad la emitancia relativa se necesita que el cuerpo se encuentre al menos 15 o 20 °C por encima de la temperatura ambiente.

El intervalo de temperaturas se debe escoger en función de lo que se quiere medir. Esto se puede ingresar manualmente en el instrumento indicando un mínimo y un máximo de temperaturas y quedará invariable sin importar la cantidad de energía que se emite o bien dejar que el instrumento lo establezca automáticamente. En el primer caso e obtendrá una buena definición pero si hay objetos que tienen un temperatura por encima de del rango escogido se saturarán las imágenes y se perderá nitidez. Por el contrario si el rango se impuso automáticamente no será tan preciso pero se detectan todos los puntos calientes de manera separada. El caso práctico mas notable es ingresar y dejar fija la temperatura inferior y dejar libre la máxima. Esto permite detectar anomalías en puntos relativamente mas fríos que se encuentran vecinos a puntos que por su funcionamiento son muy calientes.

La resolución térmica es la menor diferencia de temperatura que se puede relevar. Los termógrafos comerciales tienen una resolución de 0.1°C aunque en la práctica no es necesaria tanta exactitud.

Se puede adquirir destreza en el uso del termógrafo con pocas horas de práctica pero lo que realmente es complicado es la interpretación de las imágenes captadas. Hay que recordar que las superficies brillantes reflejan la radiación visible y también la infrarroja, lo que a veces puede inducir a error considerando cuerpos calientes donde solo es un reflejo. Pero esto se puede capitalizar a nuestro favor sobre todo en lugares poco accesibles. Mediante espejos o superficies pulidas se puede captar las imágenes de los puntos calientes con mínima pérdida de los valores de temperatura reales. Si hay necesidad de tomar muestras de elementos a la intemperie en días soleados la cosa se complica por los reflejos solares. Para solucionar esto se buscan ángulos distintos para evitar los reflejos o bien si eso no es posible se interpone un objetivo a base de silicio que es permeable a la radiación infrarroja pero opaco a la radiación visible. Cuando se quiere relevar la temperatura de puntos situados en superficies curvas es importante que se oriente el eje del objetivo de la cámara en la dirección del radio de la curvatura de la superficie. (Figura 4.4.2)

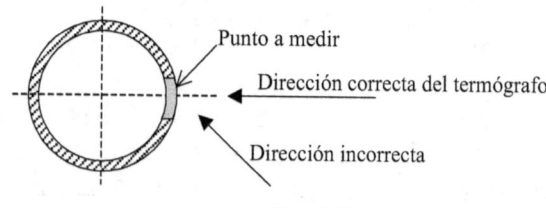

Figura 4.4.2

Una vez tomadas las imágenes se graban en la cámara y se transfieren a la PC donde con una base de datos se las archiva, clasificándolas según el código del lugar o equipo medido, número previamente establecido en un lay out. El software permite la creación de una galería de imágenes archivadas de anteriores pasadas lo que facilita determinar cuales fueron los puntos relevados y comparar dos idénticos puntos en momentos diferentes. Para ello es importante que en el software se registre el rango de temperaturas a la que cada medición se realizó para que sean comparables las mediciones. También el programa permite la emisión de un informe con los datos del equipo, la temperatura ambiente y la relevada, la emisividad y la distancia de registro. También muestra la imagen junto a un espectro de temperaturas pudiendo marcar con el puntero dentro de la imagen los sitios de interés. Los valores de las temperaturas de dichos puntos se indicarán en un cuadro lateral. El operador deberá compilar en un campo de descripción del problema un cometario técnico de lo que ocurre en el punto de análisis.(Figura 4.4.3)

4.4.1 Aplicaciones de la termografía

Aplicaciones eléctricas:

En los armarios y tableros de comando de la máquinas se encuentran componentes tales como transformadores, interruptores, relés, cables y morsetería. Si no hay un correcto apriete de los elementos de unión se reduce la superficie de contacto de los elementos y por consiguiente la corriente pasará por una sección menor con el consecuente calentamiento. De esta manera es posible realizar un barrido rápido sobre el equipo que realizar toda la secuencia de chequeo operando solamente en aquellos puntos donde se están flojos los contactos. (Figura 4.4.4)

El cálculo equivocado de la sección los conductores traerá como consecuencia un calentamiento que será detectado con la termografía.(Figura 4.4.5)

Aplicaciones mecánicas:

Los elementos mecánicos también pueden ser analizados mediante la termografía. En la figura 4.4.6 se observa un reductor de velocidad que se ha calentado fruto de la falta de lubricación. Se observa que el motor no presenta exceso de temperatura por lo que la causa del calentamiento localizado no sería el sub dimensionamiento del conjunto sino la falta de lubricación del reductor. En la figura 4.4.7 se muestra el calentamiento de una bomba hidráulica a causa de estar obstruido el circuito de refrigeración. Otro instrumento basado en el mismo principio termográfico es el termómetro infrarrojo que permite medir al instante la temperatura de un punto. Es un dispositivo con forma de pistola que al ser apuntado sobre el elemento y accionado el comando, emite un haz láser en forma de cono. De esta manera la imagen de este cono sobre la superficie a medir determina una circunferencia dentro de la cual el sensor mide la temperatura media. Hay que tener cuidado con esto porque, al sensar la media de la temperatura del punto caliente, a medida que se aleja el instrumento del punto a medir mas se ag randa el círculo y habrá diferencias entre la lectura y la temperatura real.

RAPPORTO DI RILEVAZIONE TERMOGRAFICA

Cliente		Data del rilevamento	02/02/2000

Sito	Rivalta Carrozzeria	Impianto	Lastratura

Linea	Robogate scocche	Emissività	0.90
Operazione	Op. 90	Temp. ambiente	20° C
Targa		Temp. max. rilevata	36° C
Gruppo	Armadio elettrico 4 Coppie SCR	Dist. di ripresa	0,5 m.
Componente	Interruttore IGB3	Report	71058

Immagine Termografica — Thermo Picture: 02020001 iri

Scala di temp. Color & Temp: 36.1 °C, 34.3, 32.6, 30.8, 29.0, 27.3, 25.5, 23.8, 22.0

Punti di temp. — A 34.23 °C, B 34.80 °C, C 32.87 °C, D 26.89 °C

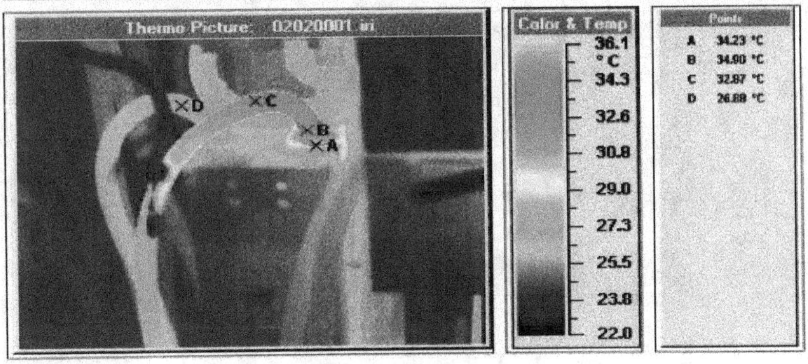

Descrizione del problema
Anomalo surriscaldamento dell'interruttore

Commenti

Figura 4.4.3

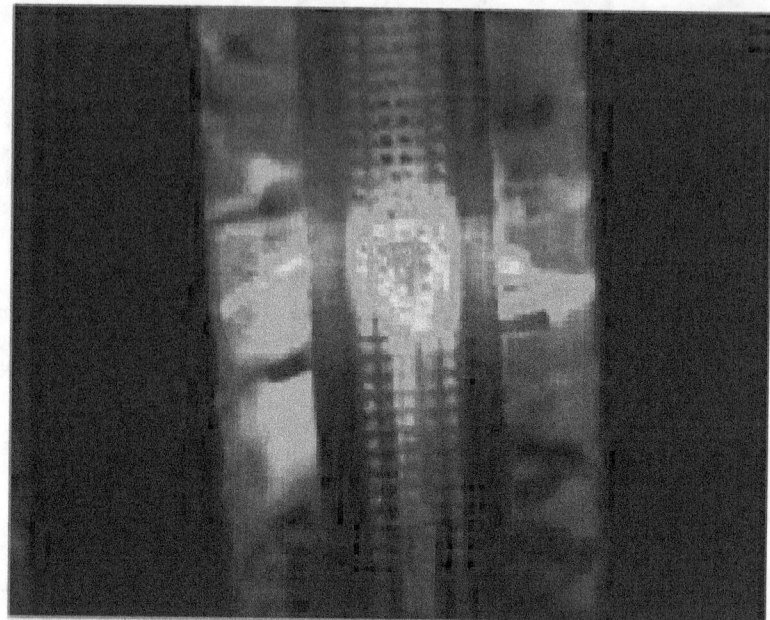

Figura 4.4.4: Bornes sin ajustar

Figura 4.4.5: Cable subdimensionado

Figura 4.4.6: Reductor con falta de lubricación

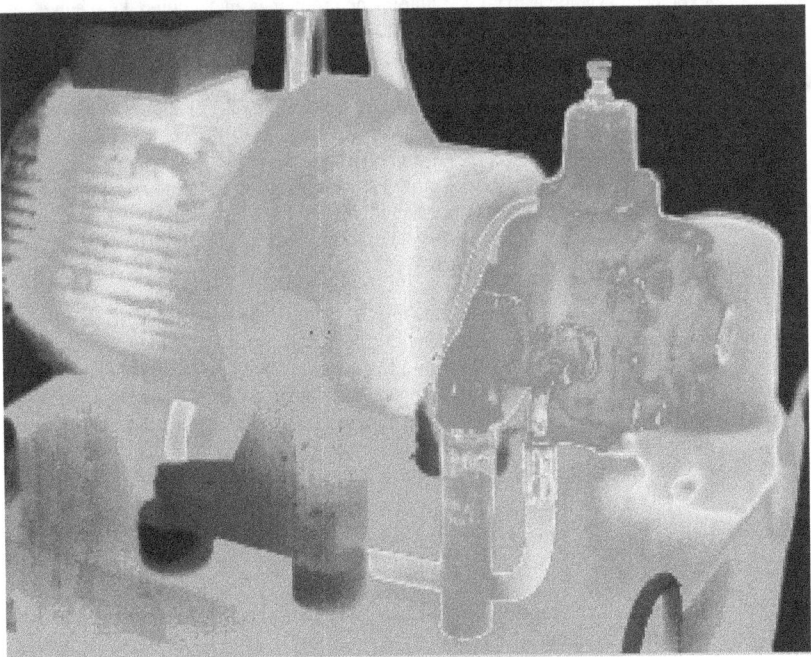

Figura 4.4.7: Bomba hidráulica con falta de refrigeración

4.5 Análisis de lubricantes

4.5.1 Consideraciones generales

El presente párrafo tiene por objetivo evidenciar la importancia que la lubricación y la gestión de los fluidos tiene en la vida de los equipos. Existen indicadores a nivel mundial que expresan lo costoso que resulta no gestionar apropiadamente la lubricación ya sea en la selección del lubricante, hecho vinculado al diseño del equipo, como en la provisión, almacenamiento y fundamentalmente en el control del estado del lubricante. En equipos que usan sistemas de circulación cerrada de fluidos de potencia como los hidráulicos, este control es particularmente importante en el diagnóstico del estado de la máquina, en otras palabras, el análisis de la condición de los fluidos es un factor importante en la predicción de fallas. El desarrollo de un programa de monitoreo de las condiciones de los aceites en equipos con circuitos hidráulicos se debe sustentar en los siguientes puntos:

1) Análisis de la salud del fluido

2) Control de las condiciones del equipo

3) Análisis del desgaste del equipo.

El primer punto consiste en el análisis de las propiedades físicas y químicas que el fluido tiene para asegurar su capacidad de operar de acuerdo a lo establecido por el diseño del equipo. Cualquier desviación de las especificaciones del fluido conduce rápidamente al deterioro del equipo. Estas características son homogéneas en todo el circuito por lo que, para determinar las condiciones, se pueden tomar muestras en cualquier punto del sistema. Si existe degradación del fluido este examen lo detectará siendo esto tal vez síntoma de problemas en el equipo. Pero aún en el caso de no encontrar anomalías en las propiedades del fluido no se puede tener la certeza de que el equipo no tenga problemas.

Es así que pasamos al segundo punto en el que se realiza el control de la salud operativa de la máquina. En esta etapa los controles están enfocados a la detección de contaminantes sólidos, humedad, líquidos diluidos y la temperatura del sistema. Cualquiera de estos factores lleva seguramente a la aparición de fallas en el sistema. Las condiciones del fluido pueden cambiar muy rápidamente por lo que es necesario establecer un adecuado plan de monitoreos del fluido. La frecuencia de estos estará en función del impacto que dicho factor tiene en la máquina y de la importancia que el equipo tiene dentro del proceso productivo.

Por último el análisis de la condición del fluido debe permitir detectar la presencia de desgaste o rotura en los componentes del circuito. Si los dos pasos anteriores se cumplen con la regularidad adecuada a la criticidad del equipo, los riesgo de que aparezcan daños o desgaste son mínimos. A veces se ordena una espectrografía para determinar la presencia de partículas metálicas producto del desgaste , lo que no es satisfactorio porque esta técnica permite detectar partículas menores de seis micrones y detecta la presencia de un determinado elemento. Además es necesario realizar un estudio de la morfología de las partículas metálicas para llegar a una conclusión valedera del tipo de desgaste.

4.5.2 Características de los lubricantes

Usaremos el término de lubricante para referirnos a todas las sustancias líquidas, pastosas o sólidas que tienen las siguientes funciones:

1) Reducir la fricción entre superficie sólidas.

2) Reducir el desgaste de las superficies.

3) Controlar la temperatura.

4) Evitar la corrosión.

5) Aislar la electricidad (aceite de transformadores).

6) Transmitir potencia (aceites hidráulicos).

7) Suavizar la marcha y evitar ruidos (aceites de engranajes).

8) Remover contaminantes.

9) Formar sellos.

10) Facilitar el trabajo de los metales.

Estas funciones no se deben cumplir en todos los fluidos al mismo tiempo. Sin duda que hay aceites destinados a un fin específico como los hidráulicos o los aislantes pero por lo general las demás características se cumplen en casi todos los aceites.

Desde hace bastante tiempo se llegó a la conclusión que una adecuada gestión de los lubricantes conduce a importantes ahorros que en términos generales se pueden considerar como se muestra en el gráfico 4.5.1

Gráfico 4.5.1

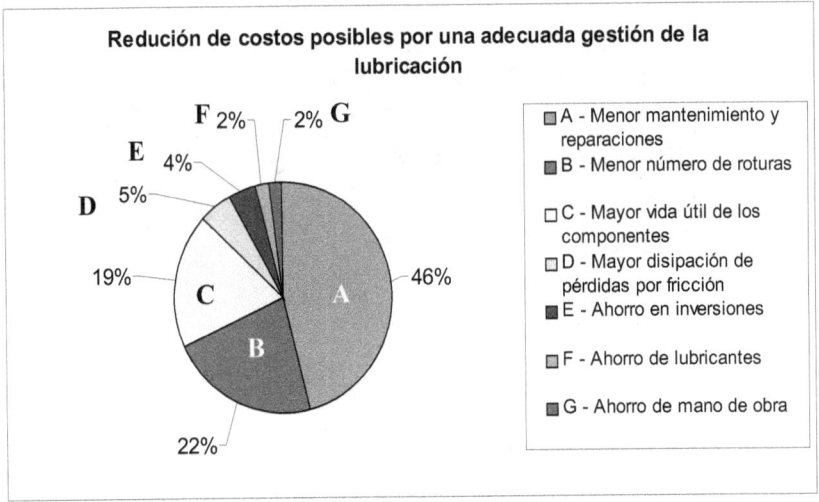

Toda superficie por mas pulida que esté adolece de irregularidades microscópicas las que dan origen, en el caso de superponer dos áreas, a micro contactos entre los valles y las crestas de ambas (Figura 4.5.2). Las cargas normales a las superficies se descomponen en cargas menores que operan sobre estas asperezas. De aquí se desprende la necesidad se que estos reducir estos micro contactos para disminuir la fricción.

En el cuadro siguiente se muestran los efectos que sufren las superficies que están en contacto en función de las condiciones operativas. Evidentemente si no hay una lubricación adecuada que separe las áreas y reduzca la fricción habrá incremento de temperatura, excesivo consumo energético, desgaste de las superficies y finalmente severos daños.

Condiciones operativas	Tipo de lubricación	Distancia mínima entre superficies	Coeficiente de rozamiento n	Origen de la fuerzas de rozamiento	Desgaste de las superficies
Contacto metálico seco	Superficies sin lubricar	Cero	> 1	Interacción entre las áreas en contacto	Severo
Contacto parcial de las irregularidades	Lubricación por capa límite	Del orden de la suma de las irregularidades	de 0,05 a 0,15	Interacción entre las superficies, las superficies y el lubricante y dentro del lubricante	Importante a moderado
Superficies separadas por capas de lubricante	Hidrodinámica, hidrostática o elastohidrodinámica	Mayor a la suma de las irregularidades	De 10^{-5} a 0,01	Generadas internamente dentro del lubricante	No hay desgaste

Se define a la fuerza de rozamiento como $F_r = f.W$ donde W es la carga normal a la superficie y f el coeficiente de rozamiento que depende del tipo de terminación superficial del elemento.

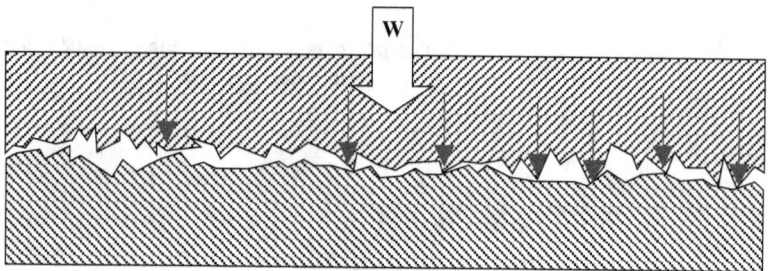

Figura 4.5.2

Existen tres tipos de regímenes de lubricación líquida. Estas son:

1) hidrodinámica

2) hidrostática

3) elastohidrodinámica

Previo a estos casos, estamos en el régimen de la lubricación por capa límite en donde la película de aceite es demasiado delgada como para separar adecuadamente las superficies en contacto. El reducido espesor de la capa se debe a una cantidad insuficiente de lubricante o a que este es demasiado "delgado o fluido" (poco viscoso) por causa de la temperatura o por característica propia del lubricante. En esta situación las superficies en contacto dan lugar al roce metal con metal, produciendo que en algunos puntos se suelden las crestas de las irregularidades por el calor de la fricción lo que naturalmente causa desgaste de las partes, pérdida de potencia del equipo y reducción de la vida útil del componente.

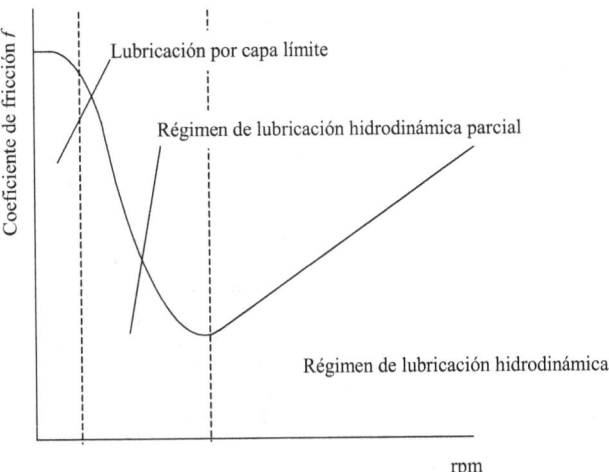

Figura 4.5.2.1

1) Para entender la lubricación hidrodinámica es necesario previamente recordar el concepto de un fluido que cumple con la ley de Newton referido al flujo de líquidos. Supóngase una capa de fluido que separa dos superficies una quieta y otra que se desplaza respecto a la anterior con una velocidad relativa constante v (figura 5.5.3). Estas superficies tienen un área A y es grande en comparación con la distancia h de separación. La capa de líquido puede ser analizada dividiéndola transversalmente en sub capas. La sub capa que está en contacto con la superficie quieta no se mueve y la que está en contacto con la otra superficie tiene su misma velocidad debido a la adherencia del líquido. Entonces existe un perfil de distribución de velocidades desde 0 hasta v. Las distintas capas contiguas ofrecen resistencia al movimiento relativo entre ellas, es decir se produce dentro del líquido una fricción entre capas. Para vencer esta fricción se deben aplicar fuerzas cuya componente se ejerce sobre la superficie móvil.

La fuerza F necesaria para mantener en movimiento las dos placas según la ley de Newton vale:

$$F = \eta.A.\frac{dv}{dy}$$

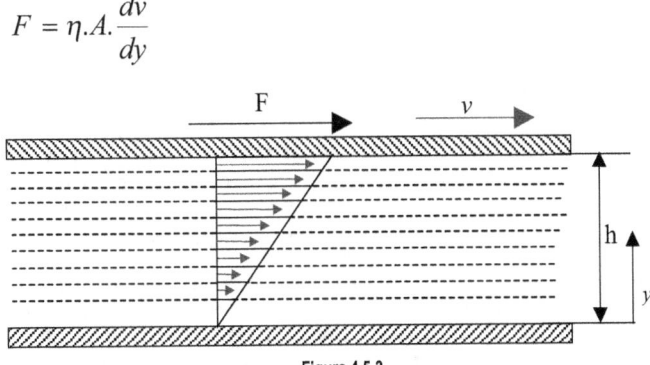

Figura 4.5.3

donde A es el área de las placas que se están moviendo y están separadas por la distancia h y η es por definición la *viscosidad absoluta o dinámica*. La viscosidad de un fluido es aquella propiedad que determina la resistencia a la fuerza cortante F y depende de la acción molecular por lo tanto de la característica del fluido y de su temperatura. La unidad de medida en el sistema cgs es el *poise (P)* o sea *(dina . s / cm²)* aunque en la práctica se usa el *centipoise (cP)* por ser aquel una medida grande. La viscosidad dinámica del agua a 20°C es de 1cP. El movimiento de una superficie respecto a la otra genera el desplazamiento del fluido y por lo tanto un caudal. Si las superficies no son paralelas, sino que una se mueve paralelamente a la otra con un ángulo determinado, se forma una cuña que restringe el paso del líquido. Al ser este incompresible y considerando que el caudal que entra en la cuña debe ser igual al que sale, el fluido se frena al entrar en la cuña y se acelera al salir de esta. Entonces esta diferencia de velocidades ocasiona un incremento en la presión del fluido, la que a su vez produce una fuerza que tiende a separar las superficies. Esta separación permite que no exista desgaste por fricción entre las superficies. La cuña es la que permite soportar elevadas cargas a pequeñas películas de lubricantes. El diseño de la cuña debe tener en cuenta las condiciones operativas de los elementos (carga, rpm, temperatura) y la selección del lubricante dependerá de estas tanto como de la forma de la cuña. El orden de magnitud del ángulo de las cuñas generalmente oscila alrededor de los 30 segundos. Cuando un eje se aloja dentro de un cojinete y entre ambos hay un volumen de aceite, existe contacto entre las superficies del eje, por estar en reposo, y el cojinete dejando en la zona opuesta al contacto una luz de lubricante en forma de media luna (figura 4.5.4). Al comenzar a girar el eje, la capa de aceite que moja a este es arrastrada debido a la adherencia a la superficie metálica, pero al llegar a la zona de apoyo se restringe la sección de paso lo que genera presión y por lo tanto la separación de las superficies. En los regímenes normales de funcionamiento los valores de presión que se registran oscilan alrededor de los 70 kg/cm², aunque en algunos casos llegan a los 150 kg/cm².

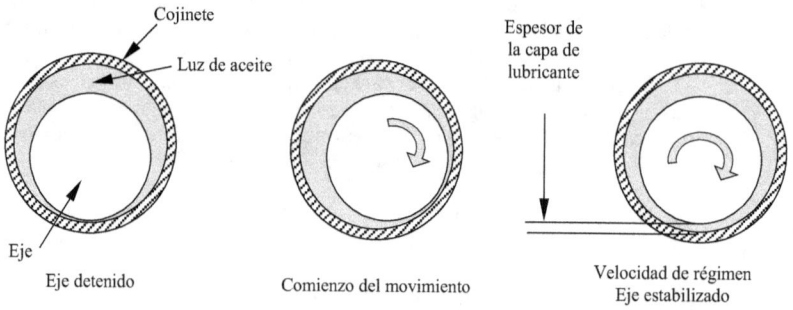

Figura 4.5.4

2) Cuando la velocidad de giro es muy baja o el peso del eje muy elevado la sustentación del eje por acción de la lubricación hidrodinámica no se realiza. En este caso se produce la separación del eje por acción de la presión generada por una bomba externa. Esto se llama lubricación hidrostática.

3) En mecanismos en los que el área de contacto es muy baja, casi puntual o lineal como en el caso de las bolas de rodamientos sobre su pista, la presión es muy elevada y la formación de la película fluida hidrodinámica no es posible. En este caso se generan deformación elástica en el elemento rodante y el contacto puntual o lineal se transforma en una área de contacto. Para simpli-

ficar la exposición supondremos un elemento curvo, tal como un rodillo o un bola, rodando sobre un plano y que la deformación elástica la sufre solo el elemento curvo. Esta zona plana de deformación se llama "región hertziana" y en ella se registran enormes presiones (figura 4.5.4.1). Se verificó que el fluido al ser sometido a elevadas presiones aumenta su viscosidad a tal grado que por un instante se comporta como un semisólido. En presencia de lubricante líquido al girar la bolilla se genera una cuña hidrodinámica a la entrada que impide que este semisólido escape y de esa manera se lubrica el área de contacto. Para ello resulta muy importante el cuidado del acabado superficial de las partes y la ausencia de impurezas del lubricante.

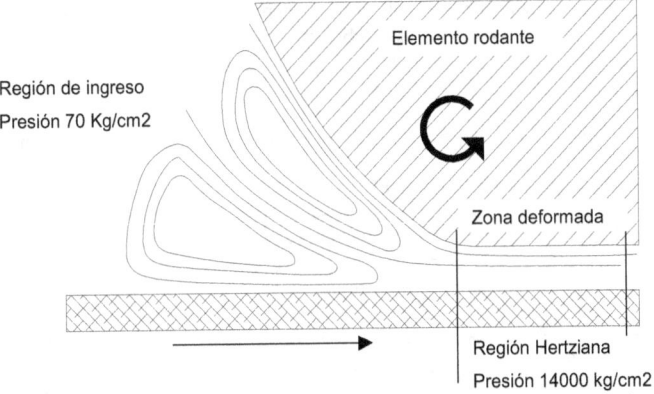

Figura 4.5.4.1

Clasificación y propiedades de los lubricantes

Los lubricantes se clasifican en

- -Líquidos (aceites)
- -Semisólidos (grasas)
- -Sólidos (polvos)

4.5.3 Aceites

Sin duda que los aceites son los lubricantes de mayor uso industrial y seguidos luego por las grasas. Los polvos se utilizan en casos particulares donde existen condiciones extremas que hace inaplicable los otros tipos. Los aceites se clasifican:

1.-Según su origen:

Aceites minerales: Son obtenidos a partir de crudos petrolíferos y tienen una gran mezcla de hidrocarburos

Aceites sintéticos: Se obtienen mediante síntesis química a partir de varios compuestos por acción de temperatura, presión y en presencia de catalizadores. Algunos de esos aceites son glicoles, poliglicoles, aceites de siliconas, esteres del ácido fosfórico, poliésteres aromáticos o alifáticos, polialfaoleifinas.

2.-Según su base de crudo:

Aceites parafínicos: Son aquellos en los que en su composición predominan lo hidrocarburos saturados. Se usan en turbinas, motores de combustión interna y máquinas de vapor.

Aceites nafténicos: Son aquellos extraídos en el proceso de refinación de crudos nafténicos mediante solventes. Estos se utilizan en máquinas refrigerantes y otros equipos que no desarrollan altas temperaturas. Esto es posible ya que no contienen grandes cantidades de ceras parafínicas y por lo tanto la temperatura a la que pueden seguir fluyendo es más baja que en los parafínicos.

Existe una tercer base que es la mixta donde hay una mezcla de las dos anteriores.

3.-Según su uso comercial:

Aceites para motorización de vehículos: Su uso está destinado a motores y cajas de velocidades y se disponen en una gran variedad de calidades según las exigencias de servicio. Son aceites minerales con el agregado de aditivos.

Aceites industriales: Se los utiliza en los distintos tipos de equipos industriales y según su uso se dividen en lubricantes, hidráulicos, de mecanizado, solubles, de transmisión, de temple, aislantes, frigoríficos, textiles, para turbinas, alimenticios y farmacéuticos.

4.-Según su viscosidad:

Esta es quizás la mas difundida de las clasificaciones y toma en consideración el principal parámetro físico que define un aceite, su *viscosidad cinemática*. Anteriormente se utilizaba como medida de la viscosidad cinemática al segundo Saybolt Universal (*SSU*) a temperaturas medida en grados Fahrenheit. Actualmente se adoptó como unidad de medida el *centistoke* (*cSt*) y la temperatura en grados Celsius. En la clasificación automotriz la temperatura de referencia es 100°C y en los aceites de uso industrial 40°C, temperaturas estas que corresponden a los regímenes en los que estos aceites van a trabajar.

Clasificación SAE: Esta clasificación se basa en una escala realizada por la Sociedad de Ingenieros de Automotores de EEUU (SAE) y permite determinar el Grado de Viscosidad SAE como un número que representa un rango de viscosidad medido a 100°C y a -18°C. Los grados SAE para motores van desde el 0 hasta el 50 (este último de máximo grado y prácticamente en desuso). En transmisiones o sea para trenes de engranajes los grados van desde 75 hasta el 250 siendo el rango mas usado el 80 a 140. Algunos de estos grados van acompañado por la letra W que significa que el aceite es capaz de prestar servicio en temperaturas bajas.(Cuadro 4.5.5)

Clasificación ISO VG: ISO preparó un sistema de clasificación de los aceites industriales dándoles a estos un grado de viscosidad que corresponde a los valores de la viscosidad cinemática expresada en cSt a 40°C. (Cuadro 4.5.6)

Existe otra escala de clasificación de acuerdo a AGMA (American Gear Manufacturers Association) donde se especifican los aceites usados en engranajes. Son aceites de origen mineral con aditivos para soportar elevadas cargas. Estos tienen las siglas EP que significa extrema presión.

Cuadro 4.5.5

Sistema SAE J300 para motores			Sistema SAE J306 para trasmisiones		
Grado de viscosidad SAE	Viscosidad a 100°C mínima (cSt)	Viscosidad a 100°C máxima (cSt)	Grado de viscosidad SAE	Viscosidad a 100°C mínima (cSt)	Viscosidad a 100°C máxima (cSt)
0W	3.8	-	75W	4.1	-
5W	3.8	-	80W	7.0	-
10W	4.1	-	85W	11.0	-
15W	5.6	-	90	13.5	< 24.0
20W	5.6	-	140	24.0	< 41.0
25W	9.3	-	250	41.0	-
20	5.6	< 9.3			
30	9.3	< 12.5			
40	12.5	< 16.3			
50	16.3	< 21.9			

Cuadro 4.5.6

Grado ISO VG	Promedio viscosidad cSt a 40°C	Mínima viscosidad en cSt a 40°C	Máxima viscosidad en cSt a 40°C
2	2.2	1.98	2.42
3	3.2	2.88	3.52
5	4.6	4.14	5.06
7	6.8	6.12	7.48
10	10	9	11
15	15	13.5	16.6
22	22	19.8	24.2
32	32	28.8	35.2
46	46	41.4	50.6
68	68	61.2	74.8
100	100	90	110
150	150	135	165
220	220	198	242

Características de los aceites

Viscosidad:

Recordamos el concepto de viscosidad ya expresado anteriormente como la resistencia que opone un fluido a la acción de fuerzas cortantes. La viscosidad depende del tipo de fluido y de su temperatura ya que la resistencia tiene origen en el rozamiento interno de sus moléculas. La temperatura modifica inversamente la viscosidad de manera que a mayor temperatura menor viscosidad por lo que cuando se elige un lubricante debe considerarse entre otros parámetros la temperatura de servicio. Sin embargo la viscosidad no varía de la misma forma en todos los aceites con la temperatura ya que depende del crudo y del tratamiento de refinación. También se dijo que la viscosidad absoluta o dinámica se mide en *centipoise* (*cP*) pero en la industria es mas frecuente el uso de la viscosidad cinemática, que es la viscosidad absoluta dividida por la densidad del fluido. La unidad de medida es el *Stoke* (cm²/s) pero, como también es una medida grande, se usa el *centistoke* (*cSt*). La determinación de la viscosidad de los distintos líquidos se realiza mediante un ensayo que consiste en tomar el tiempo de escurrimiento del fluido contenido en un volumen determinado a través de un orificio normalizado y en una temperatura controlada.

Índice de viscosidad:

La viscosidad de los aceites disminuye con la temperatura pero esta variación no es igual para todos los aceites porque depende del tipo de crudo de donde fueron extraídos y del tratamiento de refinación. Esta variación de la viscosidad con la temperatura es importante porque determina el rango temperaturas de servicio de los aceites. El índice de viscosidad (I.V.) es una medida arbitraria que toma como puntos de referencia dos tipo de petróleos extraídos en EE.UU. Es decir a los aceites extraídos en Pennsylvania, que presentan una menor variación de la viscosidad con la temperatura se les asigna un I.V =100 en tanto que a los crudos extraídos en Texas cuya variación de temperatura es grande se les asigna un valor de I.V. = 0. Entonces el I.V. es una proporción de estos tipos. En la figura 4.5.7 se observa esta variación. El IV se calcula: $IV = \dfrac{v_a - v_c}{v_a - v_b} \times 100$. Para los aceites de referencia los valores de viscosidad a 100 ºC son iguales

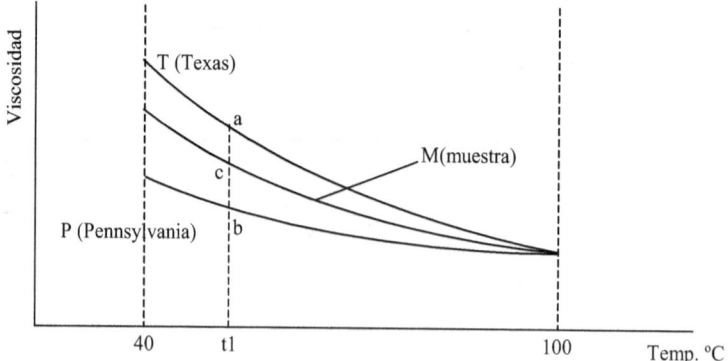

Figura 4.5.7

Densidad

Es la relación masa - volumen y si bien no es un parámetro que se usa para determinar la calidad del aceite, sirve para determinar el origen del crudo de los aceites. Los aceites parafínicos son los que menos densidad tienen y le siguen los nafténicos.

Punto de inflamación y de combustiónEl punto de inflamación es la menor temperatura a la que el aceite emana suficiente cantidad de vapores que pueden formar una mezcla con el aire capaz de encenderse. La duración de este reacción es solo un instante por lo que en inglés se llama a este punto "Flash Point".

El punto de combustión es la menor temperatura a la que el fluido produce suficiente vapor como para sostener una combustión. Por lo general ambos puntos están ligados. Se puede considerar como regla general que el punto de combustión esta 30°C por sobre el punto de infamación. Este parámetro por lo general en los aceites industriales no es de cuidado desde el punto de vista de la seguridad porque el rango de temperaturas de trabajo está muy por debajo del punto de inflamación. Sin embargo hay procesos en donde estos puntos deben ser controlados minuciosamente. Tal es el caso del tratamiento térmico de carbonitrurado con temple en aceite o en el caso de la lubricación de los rodillos laminadores. Estos puntos se pueden tomar como indicadores aproximados de la volatilidad de los aceites. Estos parámetros se determinan por medio del ensayo establecido por la norma ASTM D93

Punto de escurrimiento y de enturbamiento

Si se enfría suficientemente un aceite, se llega a un punto en el que dejará de fluir por acción de la gravedad. Esto naturalmente se debe al incremento en la viscosidad del aceite o bien, en el caso de los aceites parafínicos, a la cristalización de parafinas o material ceroso. El menor valor de temperatura al que un aceite se puede enfriar y seguir vertiéndose en un recipiente se llama punto de escurrimiento. Por otro lado el punto de enturbamiento es el valor de la temperatura de un aceite que ha sido enfriado a la cual aparecen cristales de parafina sólida que le dan al líquido un aspecto turbio. Es importante no confundir este enturbamiento con la opacidad producida por presencia de agua. El punto de escurrimiento debe ser tenido en cuenta en aquellos sistemas que van a operar en condiciones de baja a muy baja temperatura, porque puede ser el responsable de desgastes o engranamientos al disminuir el caudal que transporta el circuito de lubricación, fundamentalmente en el arranque de la máquina. Por otro lado la aparición de cristales de parafina puede obstruir los filtros, agravando la pérdida de caudal. La norma ASTM D97 es la da el método para la determinación de estos parámetros.

Número de neutralización

Los aceites adquieren características ácidas o básicas a causa del proceso de refinación, por acción de aditivos o bien por la degradación debida al uso. En la práctica es mas usual que el aceite se torne ácido que alcalino debido a su oxidación. El número de neutralización se refiere a la magnitud que tienen estas características y por medio del agregado de sustancias se puede modificar el PH hasta llevarlo a un valor deseado de acidez o alcalinidad o bien neutralizar el aceite. La cantidad de estos reactivos define lo que se llama titulación del aceite. La norma ASTM D 664 establece como determinar el número de neutralización utilizando para medir el PH una sonda con dos electrodos que se sumerge en el aceite. Los números de neutralización ácidos se expresan en miligramos de hidróxido de potasio (base) por cada gramo de sustancia a neutralizar (mg [KOH] / g) e idénticamente el ácido clorhídrico (mg [ClH] / g) para neutralizar cada gramo de aceite alcalino.

Demulsividad

Es la capacidad que deben tener los aceites de resistir la emulsión, es decir el fenómeno de dispersión íntima de agua en el aceite. La emulsión no es una mezcla porque es bien sabido que el aceite y el agua no se mezclan aunque son solubles en una fracción ínfima. Los circuitos de aceite se contaminan con agua que se condensa de la humedad del aire y en el caso de las turbinas de vapor las condiciones son mas severas debido a la alta temperatura del vapor de agua. El agua favorece la oxidación el aceite y las piezas ferrosas del circuito de lubricación. No obstante en la elaboración de piezas con arranque de viruta se utilizan aceites emulsionables para formar líquidos refrigerantes del proceso de corte del metal. La norma ASTM D 2711 especifica el ensayo para determinar la demulsividad.

Espumación y atrapamiento de aire

Es la propiedad que tienen los aceites de formar espuma ocasionando ésta severos problemas en el sistema. La espuma produce la separación de la película de aceite que moja la superficie metálica. El agregado de aditivos para mejorar otras características del aceite facilita la formación de espumas. Por otro lado el aire que está disperso en la masa del líquido al igual que la espuma tiende a romper la película de lubricación y por lo tanto exponer las partes metálicas al desgaste. Si bien el efecto es el mismo la espuma tiene que ver con la rapidez que las burbujas de aire ascienden a la superficie en tanto que el atrapamiento del aire está relacionado con la lentitud de las burbujas para evacuar la masa del aceite. En la práctica a veces es difícil distinguir una de otra si el sistema tiene cierta turbulencia. Aditivos que disminuyen la formación de espuma favorecen que burbujas de aire queden atrapadas en el aceite por lo que es una solución de compromiso y se deberá operar sobre el sistema para evitar turbulencias. La normas ASTM D892 y la ASTM D3427 establecen criterios para regular la formación de espumas y cuantificar las propiedades de evacuación del aire atrapado en aceite respectivamente.

Estabilidad a la oxidación

La oxidación acelerada de los aceites se produce por acción de altas temperaturas, por catalizadores tales como el cobre en presencia de agua, ácidos y contaminantes sólidos. La oxidación del aceite produce sustancias insolubles en aceites por polimerización generando lacas y barros que decantan . También se producen sustancias solubles en aceites tales como ácidos orgánicos y resinas solubles en el aceite.

La estabilidad a la oxidación es muy importante para diagnosticar el comportamiento del aceite y su vida útil. Las consecuencias son:

1) Los ácidos formados pueden atacar las partes metálicas del equipo con las que entra en contacto. Si estas partes son superficies de deslizamientos como bancadas de máquinas puede producir engranamiento o adherencia, además hay desprendimiento de micro partículas de óxido que pueden taponar filtros y válvulas o tener efectos abrasivos.

2) Por otro lado la formación de compuestos polimerizados no solubles aumentan la viscosidad del aceite o pueden taponar filtros reduciendo el caudal. A mayor temperatura de trabajo mayor deberá ser la estabilidad a la oxidación sobre todo si hay presencia de agua. En el caso de las turbinas a vapor esto se torna crítico. Las normas ASTM D943 y ASTM D2272 proveen el método de controlar la estabilidad a la oxidación de los aceites en turbinas de vapor. La norma que establece las características de los aceites que previenen la formación de óxido de hierro es la ASTM D665

Por todo lo expuesto un punto importante en la salud del aceite y por ende del equipo es prevenir la oxidación del aceite. El gráfico 4.5.8 esquematiza los factores que inciden en la formación del óxido del aceite y los productos que se desprenden de este.

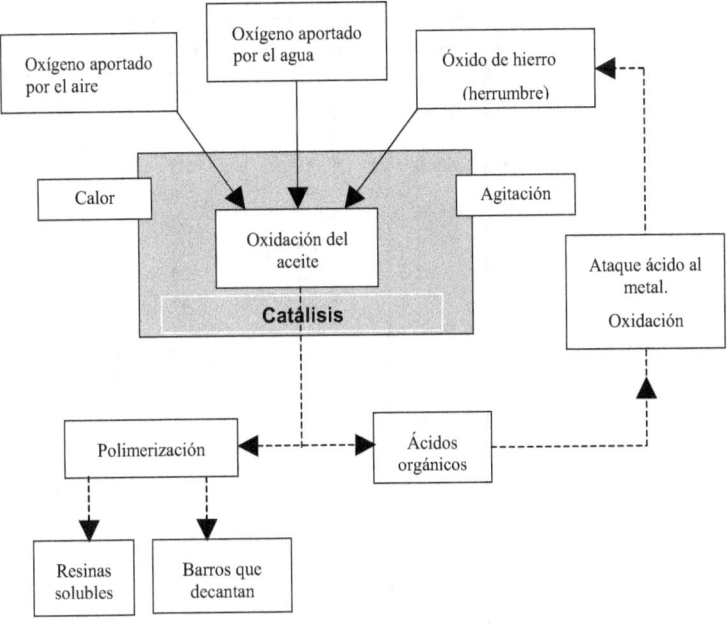

Figura 4.5.8

Escala ISO de contaminación sólida del aceite

La norma ISO 4406 determina el grado de contaminación con partículas sólidas de un aceite estableciendo un código con el que se califica tanto la cantidad como el tamaño de la partículas contenidas por el fluido. Para ello hace referencia como método de conteo a la norma ISO 3938. La ISO 4406 salva el error de considerar que todas las partículas contenidas tienen el mismo tamaño, cosa que puede aplicarse al caso de considerar contaminantes atmosféricos, pero si las partículas son sólidas y están en constante fricción y choque los tamaños son distintos. El código ISO 4406 establece una tabla de cinco columnas. En la primera está el código ISO en la segunda y tercera las cantidades de partículas sólidas mayores a 5 micrones por cm^3 de aceite, y en las restantes las cantidades de partículas sólidas mayores a 15 micrones por cm^3 de aceite (tabla 4.5.9). De esta, manera si se observa la tabla, un aceite que tenga una clasificación ISO 4406 de 19/14 significa que tiene partículas sólidas mayores a 5 micrones en cantidades que están entre las 2500 y 5000 partículas por cm^3 en tanto que también tiene partículas mayores de 15 micrones en cantidades de 80 a160 por cm^3. Un aceite nuevo sin filtrar tiene un valor de 19/17 y en caso de aceite hidráulico usado en buen estado puede tener 22/20 por acción de la oxidación y desgaste.

Tabla 4.5.9

Número de partículas por milímitro mayores que

Código	5 micrones		15 micrones	
	Mas de	Hasta inclusive	Mas de	Hasta inclusive
20/17	5000	10000	640	1300
20/16	5000	10000	320	640
20/15	5000	10000	160	320
20/14	5000	10000	80	160
19/16	2500	5000	320	640
19/15	2500	5000	160	320
19/14	2500	5000	80	160
19/13	2500	5000	40	80
18/15	1300	2500	160	320
18/14	1300	2500	80	160
18/13	1300	2500	40	80
18/12	1300	2500	20	40
17/14	640	1300	80	160
17/13	640	1300	40	80
17/12	640	1300	20	40
17/11	640	1300	10	20
16/13	320	640	40	80
16/12	320	640	20	40
16/11	320	640	10	20
16/10	320	640	5	10
15/12	160	320	20	40
15/11	160	320	10	20
15/10	160	320	5	10
15/9	160	320	2,5	5
14/11	80	160	10	20
14/10	80	160	5	10
14/9	80	160	2,5	5
14/8	80	160	1,3	2,5
13/10	40	80	5	10
13/9	40	80	2,5	5
13/8	40	80	1,3	2,5
12/9	20	40	2,5	5
12/8	20	40	1,3	2,5
11/8	10	20	1,3	2,5

Para mejorar las prestaciones de los aceites se les agregan aditivos. Algunos de estos son:

Aditivos antioxidantes

Para determinar el tipo de aditivo antioxidantes es necesario conocer de antemano a qué temperatura va a trabajar porque como se vio, la oxidación del aceite se favorece con la temperatura alta. El efecto de estas sustancias es reducir los peróxidos, reducir la formación de ácidos por absorción del oxígeno del aceite y por último inhibir las reacciones catalíticas.

Aditivos antiespumantes

Como se vio trabajan rompiendo la estructura de la espuma. Los mas comunes son los siliconados que al ser insolubles en el aceite se distribuye en la superficie de la espuma y modifica la tensión superficial lo que rompe las burbujas.

Aditivos de polaridad

Son aditivos dentro de cuya estructura molecular se producen cargas que le dan polaridad a las moléculas de aceite y estas se orientan hacia el metal. Allí se produce la adherencia del aceite al metal debida a la polaridad.

Aditivos anti herrumbre y anti corrosión

La corrosión de los metales se produce por el contacto con el agua que provee el oxígeno y el electrolito, ya que la corrosión es un fenómeno eléctrico. La corrosión se ve favorecida por la descomposición de los otros aditivos como por ejemplo los basados en el Cloro que lo liberan por la temperatura en presencia del agua. Algunos de estos aditivos anticorrosión se basan en las moléculas polares que se fijan sobre el metal y lo protegen.

Aditivos extrema presión

Estos aditivos tienen una estructura formada por una molécula orgánica unidas a una inorgánica como azufre, fósforo o cloro. Cuando el calor generado por la fricción de las crestas de las irregularidades en el contacto metálico genera tanto calor que se sueldan entre sí. Este calor es capaz romper la unión orgánico-inorgánico y de aquí se genera un compuesto de muy alto punto de fusión sobre la superficie metálica que evita que las crestas de las superficies se suelden.

Características de los aceites sintéticos

Los aceites minerales tienen características que limitan sus performances

1) Los de base parafínica tienen limitada su uso a bajas temperaturas por la aparición de cristales de parafina sólida

2) Son muy suceptibles a la oxidación formando barros y resinas

3) Tienen una fuerte relación entre la viscosidad y la temperatura

4) Tienen como límite superior una temperatura aproximada a los 180°C ya que por encima de esta se produce el craqueo de las cadenas de hidrocarburos y por lo tanto la descomposición de la base del mismo.

La pobre estabilidad a la oxidación y la gran variación de la viscosidad con la temperatura, que limitan el rango de utilización de los aceites minerales, dependen de la constitución de las cadenas moleculares y como en los crudos existen infinidad de tipos de estructuras de hidrocarburos su control esas características son de difícil mejoramient. Los aceites sintéticos producidos artificialmente por reacciones químicas bajo condiciones de presión, temperatura, calidad y proporción de componentes bien controladas permiten evitar la presencia de las cadenas no deseadas de hidrocarburos minerales. Esto hace que los costos de estos aceites sea mayor que los minerales. Los aceites sintéticos se clasifican en:

a) Hidrocarburos sintéticos: polialfaoleifinas, polibutenos, alquilbencenos.

b) Ésteres organicos

c) Poliglicoles

d) Siliconas

e) Ésteres fosfóricos

Las ventajas de los aceites sintéticos son:

1) Mayor rango de temperaturas (altas y bajas)

2) Alto poder detergente

3) Excelente demulsividad

4) Alta resistencia al fuego

5) Menor oxidación

6) Mayor índide de viscosidad

7) Menor necesidad de aditivos

8) Menor consumo

9) Menor desgaste de las partes mecánicas

10) Menor frecuencia de cambio

Como desventajas se pueden mencionar:

1) Costo mas elevado

2) No son compatibles con los aceites minerales

3) Ataca sellos, gomas y pinturas

4) Mas riesgosos para la salud humana

Aceites especiales para la industria alimenticia

Un párragfo aparte merecen los aceites para la industia de los alimentos. Estos se regulan en Estados Unidos por las normas FDA. Como se considera que en esta industria estos lubricantes pueden accidentalmente entrar en contacto con los alimentos, aquellos deben ser inocuos para la salud, no aportar ni sabor ni olor y no debe alterar las caracterísicas de los alimentos. Además deben cumplir con las propiedades de los lubricantes es decir: reducir la fricción y el desgaste, proteger contra la corrosión, disipar el calor y producir sello.

Las caraterísticas mas notables que estos lubicantes deben tener son:

1) Capacidad para disolver el azúcar.
2) Resistencia al vapor.
3) Neutralidad frente a los elastómeros.
4) Neutralidad frente a los plásticos.
5) Resitencia al agua.
6) Resistencia a los productos químicos.
7) Resistencia a los alimentos.

4.5.4 Grasas

Son productos compuestos por un líquido lubricante y un espesante al que se le pueden agregar aditivos con el objeto de conferirle caraterísticas especiales y que se comporta como un fluido no newtoniano.

Los aceites que se utilizan son:

- -Aceites minerales
- -Aceites animales o vegetales
- -Aceites sintéticos (siliconas, poliglicoles, ésteres, polialfaoleifinas)

Los espesantes mas comunes son:

- Jabones de calcio
- Jabones de sodio
- Jabones de litio
- Jabones de aluminio
- Arcillas
- Sólidos (MoS_2, grafito, PTFE)

Los aditivos que se le agregan son:

- Inhibidores de corrosión
- Inhibidores de oxidación
- Inhibidores de óxido de Fe
- Aditivo antidesgaste
- Aditivo extrema presión
- Anticongelante

En el caso de las grasas el comportamiento de estas frente a los esfuerzos de corte es distinto que en los fluido que cumplen con la ley de Newton de la viscosidad en la que el esfuerzo de corte es proporcional al gradiente de velocidad. Aquí la grasa tiene una "inercia" o rigidez al desplazamiento y es necesario aplicar más esfuerzo para romper esta rigidez como se observa en el gráfico 4.5.10. Este valor del esfuerzo de corte se llama punto de fluencia y depende de la estructura de la grasa.

Gráfico 4.5.10

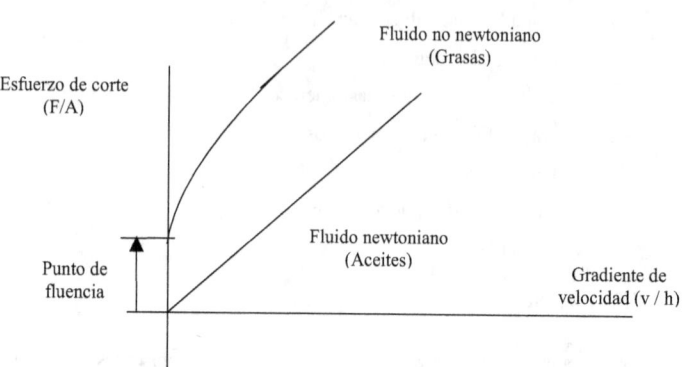

Las grasas se comportan como si fueran esponjas. El jabón espesante sirve de estructura de contención al aceite que es el que realmente lubrica. Durante el servicio la grasa se distribuye en las zonas de contacto y es sometida a un trabajo de amasado que, por acción de la temperatura que se genera, produce la cesión del aceite de su estructura. Entonces mas que el trabajo mecánico es el aumento de temperatura en la masa la grasa la que facilita la lubricación, de manera que cuanto mas sensible sea al incremento de temperatura mejor lubricará una grasa pero esto limita su uso por las condiciones de las temperaturas del proceso. Otro factor importante es la capacidad de la grasa para soportar fuerte trabajo mecánico. En el caso de rodamientos sometidos a fuertes vibraciones, si la grasa no tiene una estructura mecánicamente estable puede ser expulsada fuera del alojamiento con lo que se pierde superficie de lubricación y posiblemente la rotura del jabón metálico.

Clasificación de las grasas

Grasas cálcicas: Tienen una textura suave y buena estabilidad mecánica. No se disuelven en agua. No son aptas para temperaturas mayores de 60°C donde la consistencia se torna semilíquida. Algunos jabones calcio con plomo protegen las superficies de los ambientes marinos.

Grasas sódicas: Tienen buenas propiedades de adherencia y obturación. Pueden trabajar a temperaturas de hasta 120°C. Protegen muy bien las partes metálicas de la oxidación porque tienen la capacidad de absorber agua pero esto disminuye su poder lubricante. Si entran en contacto con agua la grasa puede desaparecer de la zona aplicada, por lo que se debe evitar el contacto entre ambas.

Grasas líticas: La estructura es parecida a las cálcicas pero tienen capacidad para trabajar a mayores temperaturas que las sódicas. Su adherencia a las superficies metálicas es muy buena y son poco soluble en agua. Si en su jabón tienen incorporado plomo pueden lubricar relativamente bien en presencia de mucha agua aunque estén emulsionadas

Grasas sintéticas: Estas grasas tienen como lubricante aceites sintéticos tales como los ésteres y siliconas que tienen una mayor resistencia a la oxidación que los aceites minerales. Los espesantes utilizados son jabones de litio, bentonita o teflón (PFTE). Otro factor positivo de estas es el rango de temperaturas a las que puede trabajar satisfactoriamente que oscila entre los – 50°C y 150°C. Todo esto posibilita que estas grasas se utilicen en aplicaciones de alto grado tecnológico, como aviones y robots.

Aditivos: Los mas empleados son los aditivos anti oxidantes que retrasan la oxidación del aceite base por elevada temperatura, los aditivos EP extrema presión, que agregan a los jabones compuestos de plomo, azufre, cloro y fósforo que aumentan la capacidad de carga de la película lubricante, los aditivos estabilizadores que mejoran el espesamiento y aditivos antidesgaste.

Propiedades de las grasas

Consistencia:

La consistencia indica el grado de rigidez de una grasa. Esta depende del tipo y cantidad del espesante usado, de la viscosidad del aceite base y de la temperatura y las condiciones mecánica de servicio. Para la determinación de la consistencia se usa una escala fijada por el *NLGI (National Lubricating Grease Institute)* de Estados Unidos. Esta escala se confecciona a partir de un ensayo que consiste en determinar la profundidad de penetración expresadas en décimas de mm de un cono estándar en una muestra de la grasa a 25°C. Cuanto más blanda sea la grasa mayor será la penetración y menor el número del grado NLGI o sea tiene menor consistencia. Este número va desde 0 hasta el 6. En los equipos de lubricación centralizada se usan grado 0 y 1 en tanto que los rodamientos a temperatura normal ambiente se usa el grado 2.

Valores de penetración en escala NLGI

NLGI	Penetración (0.1 mm)
000	445 – 475
00	400 – 430
0	355 – 385
1	310 – 340
2	265 – 295
3	220 – 250
4	175 – 205
5	130 – 160
6	85 - 115

Propiedades antioxidantes

Si durante el servicio los componentes están en contacto con poca cantidad de agua la grasa debe tener un inhibidor de corrosión que sea soluble en agua y al liberarse evite la corrosión, como en el caso de nitrito de sodio pero si en cambio la cantidad de agua es grande la grasa no debe contener elementos solubles en agua y si debe tener una buena adherencia a las superficies metálicas aun cuando la grasa esté saturada con agua. Los compuestos a base de plomo no son solubles en agua.

Miscibilidad

En algunos casos como por ejemplo en la lubricación de engranajes hay que tener mucho cuidado cuando se va agregar grasa si falta porque cuando dos grasas se mezclan y tienen distinta consistencia, la mezcla resultante tiene menor consistencia que la grasa de menor valor. Igualmente el límite de temperatura se reduce. Por lo tanto si no se conoce que tipo de grasa es la que tiene un mecanismo o la que se va a agregar es distinta, se debe quitar todo el remanente del equipo antes de agregar la nueva grasa. Con esto se evita que en servicio el mecanismo pierda la grasa por falta de consistencia y por lo tanto se produzca daño o desgaste.

Punto de goteo

Es la temperatura en la que la grasa deja de actuar como tal perdiendo toda su consistencia y corresponde al punto de fusión de los jabones espesantes. En el caso de espesantes que no sean jabones, el punto de goteo depende del deterioro de sus componentes por causa de los aditivos. El punto de goteo depende del jabón por ejemplo el de calcio es de 240 -250°C, pero existe otro factor a tener en cuenta y es la descomposición de los elementos del jabón que comienza a una temperatura un 60% inferior a la de goteo y es función del tiempo. En resumen la calidad de la grasa se ve afectada por la temperatura límite de goteo en el corto tiempo y en el largo tiempo por la descomposición química.

Rango de temperatura

Si las temperaturas de uso son elevadas la grasa pierde consistencia y puede desplazarse corriéndose el riesgo de dejar las superficies sin lubricar. Si la grasa trabaja a temperaturas muy elevadas se oxida rápidamente el aceite base y el espesante si es jabón metálico, lo que origina el endurecimiento de la grasa y la disminución de la pérdida del aceite. Por otro lado si las temperaturas son demasiado bajas las grasas se endurecen y lubrican poco. En este caso las superficies corren serio riesgo de desgaste severo. Los límites de temperatura en líneas generales para las grasas son –30°C y 140°C.

La estabilidad térmica de una grasa trabajando a altas temperaturas y en función del tiempo no siempre es mejorable con el agregado de aditivos. Por lo general las grasas son una mezcla compleja de varios componentes y estas condiciones extremas pueden favorecer reacciones entre estos elementos pudiéndose reducir su estabilidad térmica.

4.5.5 Importancia del control de lubricantes

Los ensayos para la determinación de las características de los aceites son una perfecta herramienta para la predicción del estado de la maquinaria como se dijo al comienzo, pero ocurre que generalmente se presta poca atención a los informes de laboratorio ya sea porque no se los entiende o porque demoran mucho y a veces el no está disponible cuando hay que tomar decisiones. Es por ello necesario realizar rutinas de medición para recolectar información en la planta mediante laboratorios portátiles. La importancia de la utilización del laboratorio portátil para análisis del recambio de aceite es que se puede utilizar como herramienta de monitoreo de las condiciones de operación de los equipos y por lo tanto de prevención de fallas.

El control de las condiciones del aceite deben comenzar *inspeccionando el aceite nuevo que ingresa a la planta* porque es probable que el almacenamiento en el proveedor, en el transporte y en el almacenamiento se hayan alterado sus características. Es un error suponer que el aceite no tiene humedad. Al estar los tambores estibados al sol el aire que se encuentra dentro del tambor con el calor aumenta su presión y en puede forzar la hermeticidad del tapón cierre, luego al enfriarse el aire ingresa al tambor aire fresco con humedad. Además, si el tambor se almacena parado en un playón, el agua de lluvia acumulada en la tapa superior aceite puede favorecer el ingreso de humedad. Si el aceite tiene componentes volátiles al calentarse por el sol estas sustancias se evaporan alterando la viscosidad del aceite y modificando sus propiedades. La falta de hermeticidad del tapón del tambor también puede producir la contaminación del aceite con partículas sólidas durante el traslado. Con agua y partículas sólidas el aceite tiene suficientes elementos para comenzar la degradación en el tambor.

El control de la calidad del aceite debe continuar en las *operaciones de fraccionamiento y carga* en los equipos porque puede haber contaminación con otros aceites y con partículas sólidas. Si los tambores han estado a la intemperie es probable que las etiquetas se hayan desteñido y por lo tanto se corre el riesgo que confundir los aceites. Esto parece trivial pero la experiencia indica que se cometen errores sobre todo cuando el aspecto de los aceites es semejante.

Dentro ya de los equipos se debe controlar la cantidad de *contaminantes sólidos* porque es común cambiar los filtros cuando estos está tapados pero para entonces se está en presencia de un alto grado de partículas en el líquido. Si los filtros no son los adecuados o están rotos la cosa empeora. Además la degradación del aceite da como indicio la variación en la viscosidad de diseño. El número de neutralización es otro factor que debe ser medido en la etapa de operación del equipo. Las intervenciones de mantenimiento en las reparaciones o revisiones deben respetar las condiciones de limpieza del aceite y de los conductos y depósitos de aceite porque es altamente probable que se contamine. Hasta ahora se han planteado los puntos de control previniendo el ingreso de aceite contaminado o degradado. Esto se conoce como acciones de "mantenimiento proactivo" es decir se anticipa a la generación de anomalías.

De todos los elementos contaminantes que impacten en un sistema los más perjudiciales son las partículas sólidas. Estas ocasionan desgaste, fricciones, erosión, cortando y rayando las superficies metálicas. A su vez el desgaste genera una reacción en cadena produciendo aún mas partículas metálicas de pequeño tamaño como para ser observadas a simple vista cuya cantidad, si no se interviene a tiempo crece dramáticamente. Para ello es importante establecer las rutinas de inspección de manera adecuada. Si se dispone de un equipamiento para la detección de partículas ferrosas se puede dar un importante avance en el diagnóstico porque el tratamiento es distinto si las partículas es suciedad ingresada al sistema por ejemplo a través de la rotura de un sello o son fragmentos de algún componente metálico donde sin duda el daño es mas severo. En este sentido si se supone que hay un elemento o subsistema crítico que tiene problemas se puede medir con un contador de partículas a la entrada y salida del mismo para determinar si hay una anomalía en ese elemento.

Como se dijo los equipos portátiles permiten determinar la necesidad de realizar cambios en los lubricantes pero fundamentalmente sirven para predecir fallas operativas. Con estos se pueden determinar viscosidad, contaminación con agua, número de neutralización, punto de inflamación, demulsividad, etc. Algunos modelos mas modernos consisten en un sensor conectado a una analizador computarizado. El sistema de monitoreo está diseñado para conectar el sensor en una tomas fijas ya predispuestas en puntos estratégicos de los equipos. Al realizar la inspección una muestra de aceite bajo presión ingresa en el sensor y al cabo de dos minutos presenta la muestra en la pantalla. Este dispositivo permite controlar distintos tipos de fluidos líquidos tales como aceites de transmisión, lubricantes, aceites hidráulicos, fluidos de potencia y refrigerantes. Los datos obtenidos se pueden transferir a una PC y llevar un historial.

4.6 Gestión de la lubricación

4.6.1. Consideraciones generales

A pesar de que existe consenso general a cerca de la importancia de la lubricación de los equipos e instalaciones hay empresas que ni siquiera han implementado un programa serio de lubricación. Tal vez realicen rondas de control y llenado de los niveles de aceites, pero esto dista mucho de ser un programa. Hay que recordar que dentro de las tareas del mantenimiento periódico está la lubricación, pero aun en el caso de que la empresa no hubiere puesto en marcha un proyecto de este tipo, el cuidado de la lubricación de los equipos debe estar desarrollado. Naturalmente esto tiene un costo y los beneficios no son evidentes en el corto plazo, no así los perjuicios que devienen pronto. Incluso habiendo sufrido algunas empresas problemas por malas prácticas de lubricación ha primado el peso del costo del proyecto antes que el costo derivado por las fallas. Pero como vimos antes, los problemas son acumulativos y a veces irreversibles. Por lo general en las empresas donde se realizan rutinas relativamente organizadas de lubricación se siguen las especificaciones estipuladas por los fabricantes de los equipos que como lineamiento general es correcto, pero debe tenerse en cuenta el tipo de maquinaria, el grado de solicitación en servicio, el estado de conservación de la máquina y la atención que esta ha tenido por parte del operador y de mantenimiento. Si son maquinarias estándares comerciales lo estipulado por el fabricante puede tener vigencia pero, si es maquinaria específica o el constructor no está muy desarrollado, la modalidad de lubricación debe ser revisada por la empresa mas allá de lo que recomiende el fabricante. También debe ser tenida en cuenta la opinión de los técnicos de los proveedores de lubricantes. De esto se desprende que el plan de lubricación debe ser preparado por la ingeniería de mantenimiento tomando como base lo especificado por el fabricante, lo recomendado por el proveedor de lubricantes y las experiencias en equipos similares en la propia o en otra empresa.

Otro error de concepto que cometen las empresas es subestimar la importancia de la tarea de lubricación. Si bien se realizan rondas, las personas a las que se les encomienda el trabajo no suelen tener capacitación suficiente o son personas con poco nivel de escolaridad. Por otro lado puede ocurrir que los recursos asignados sean insuficientes para el tamaño de la planta. Hay que recordar que esta tarea está contemplada dentro de las que debe realizar un operario del mantenimiento periódico, es decir no solo realiza la tarea sino que inspecciona, controla, anota las anomalías. Quien tenga este trabajo debe, además de conocer los procesos, sus instalaciones y los lubricantes que estas requieren, tener criterio y capacidad de observación. Un ejemplo de la vida real indica que una persona encargada de la recorrida al pasar por una rectificadora planetaria no le agregaba aceite al depósito porque no le faltaba o le faltaba muy poco. Nunca se preguntó el porqué. El engranaje que mueve la mesa rompió tres dientes entre otras causas por desgaste por falta de aceite. Al consultar el supervisor las novedades en la ficha notó que no había anotaciones. Lo que ocurrió es que la bomba de lubricación no funcionaba. Como toda tarea del mantenimiento periódico esta requiere compromiso y capacitación.

Las tareas que debe cumplir el plan de lubricación implican desde la selección, la recepción, el almacenaje, la identificación y el conocimiento de los lubricantes y de los puntos de aplicación, el fraccionamiento y la distribución , la ejecución de la lubricación propiamente dicha y elaboración y archivo de los registros correspondientes. En todas estas etapas se debe realizar el control de la calidad del aceite, según vimos en el párrafo 4.5.5, como paso fundamental hacia la anticipación de la ocurrencia de falla (mantenimiento proactivo). Los encargados del plan de lubricación deben trabajar en coordinación con quienes desarrollan el mantenimiento predictivo chequeando las condiciones de operatividad de los lubricantes y equipos.

El primer paso en la preparación del plan de lubricación comienza en la ingeniería del mantenimiento cuando se hace el relevamiento de las instalaciones y los equipos y se verifica para cada caso lo que se especifica en la documentación técnica en cuanto al tipo de lubricante y la frecuencia de lubricación. Como se dijo anteriormente se analiza la validez de lo establecido para las circunstancias actuales del proceso. Con esto se confeccionan las fichas de control para cada máquina y se prepara la ruta de lubricación de manera que permita un recorrido eficiente de acuerdo a la frecuencia y ubicación de los equipos. A fin de facilitar la tarea del lubricador es necesario instalar dentro de planta mini almacenes con pequeñas cantidades de los aceites de mayor demanda de planta mini almacenes con pequeñas cantidades de los aceites de mayor demanda y dejar en el almacén central aquellos menos usados y los mayores stocks.

4.6.2. Identificación de los lubricantes

La identificación de los productos es fundamental en la gestión de un programa de lubricación. Las normas DIN proveen una forma de clasificación (cuadros 4.6.2 y 4.6.3) e identificación gráfica (DIN 51502) Cuadro 4.6.1 de los lubricantes. Mediante esta codificación cada punto a lubricar puede ser catalogado en las hojas de especificaciones donde un esquema o lay out de máquina tiene referenciado estas indicaciones, pero también es recomendable colocar etiquetas autoadhesivas en los puntos sobre los equipos. Los aceites tienen un código que identifica el tipo y un número que indica la viscosidad en grados ISO VG

Cuadro 4.6.2 - Clasificación de los aceites según normas DIN

Tipo	Código	Descripción y utilización
Aceite hidráulico	HL	Transmisión de presión, tiene protección anticorrosión y resist. al envejecimiento DIN 51524
Aceite hidráulico	HLP	Ídem anterior pero con agregado antifricción para el desgaste DIN 51524
Aceite lubricante	C	Aceites minerales sin aditivos para lubricación por circulación DIN 51517
Aceite lubricante	CL	Aceite mineral c/ aditivos anticorrosión y muy usados en lubricación por circulación muy buena respuesta en amplio rango de Temp. Usos: compresores, engranajes, sist hidráulicos, rodamientos, prensas. DIN 51517
Aceite lubricante	CLP	Aceites minerales con aditivos anticorrosión, anti envejecimiento y protección antifricción. Usos: lubricac. por inmersión o circulación donde se exige mayor protecc. contra desgaste. DIN 51517
Aceite lubricante	CG	Aceites para vías de deslizamientos, con aditivos que facilitan el desplazamiento sin sacudidas. DIN 51517
Aceite lubricante	D	Aceites minerales sin ácidos estables a la oxidación, buena protecc. anticorrosiva y al desgaste. Usos: aire comprimido e industria textil DIN 51517
Aceite lubricante	K	Aceites minerales aptos para resistir reacciones con agentes frigoríficos líquidos o gaseosos. Uso: refrigeración DIN 51503
Aceite lubricante	L-TD	Aceites con aditivos anticorrosivos y resistencia al envejecimiento. Usos: turbinas de vapor y de gas, generadores, compresores, bombas y engranajes DIN 51515
Aceite lubricante	VB,VC,V DL	Aceites minerales con o sin aditivos. Usos: compresores de aire y bombas de vacío. DIN 51506
Aceite lubricante	Z	Aceites minerales puros para piezas deslizantes a alta temperatura accionadas a vapor. DIN 51510

Ambas informaciones se encuentran en un rectángulo que identifica a los aceite. Para las grasas el logotipo es un triángulo si las grasas son a base de aceites minerales y un rombo si son a base de aceites sintéticos pero además de las letras indicando el tipo y uso figura el número NGLI que determina la consistencia (figura 4.6.1)

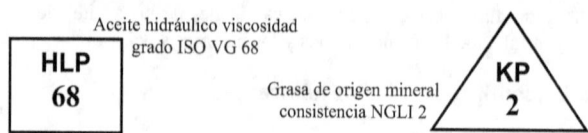

Figura 4.6.1

Cuadro 4.6.3 - Clasificación de las grasas lubricantes según normas DIN

Código	Descripción y utilización
K	Grasa para rodamientos, cojinetes y sup. de deslizamiento. Temp. −20°C a 140°C . DIN 51825
KP	Grasa para altas cargas de presión. Temp. −20°C a 140°C DIN 51825
KH	Grasas para temperaturas mayores a 140°C DIN 51825
KTA, KTB, KTC	Grasas para bajas temperaturas −30°C/-50°C a 120°C DIN 51825
G	Grasas para cajas de transmisión cerradas
OG	Grasas para cajas de transmisión abiertas y engranajes expuestos
M	Grasas para cojinetes y juntas

Existen tablas de equivalencia entre los lubricantes comerciales por lo que si se cuenta con ella es posible dispones de proveedores alternativos para cada uso de acuerdo a la clasificación tipo.

4.6.3. Desarrollo operativo de la lubricación

En cuanto a la tarea en si misma se debe encuadrar en las tareas del mantenimiento preventivo y por lo tanto se puede disponer por sistema en forma automática el listado diario o semanal de equipos a lubricar pero en el caso que la empresa no lo haya implementado aún, debe realizarse según la frecuencia e itinerario establecidos. por la ingeniería o el departamento técnico de mantenimiento. No debemos olvidar que los directores o gerentes no alcanzan a comprender la importancia de un buen programa de lubricación, al menos en los primeros tiempos, por lo que estas rutinas deben ser mejoradas al máximo para utilizar racionalmente la mano de obra pero al mismo tiempo deben ser eficaces en su desarrollo. El registro en las fichas (figura 4.6.4) de lubricación es un elemento indispensable para orientar y dejar evidencia del avance del trabajo ya sea que se disponga de un listado maestro por sistema o se tenga un mantenimiento mas modesto, el registro de la intervención igualmente se debe compilar por el aceitero.

	FICHA DE LUBRICACIÓN Gerencia de mantenimiento		Cod. Equipo						Año:				
			Descripción										
			Línea						Mes:				
			Planta										

N	Punto lubricado	Frec. (días)	Lubricante	Código lubric.	UM	Cantidad	Fecha	Firma op	Fecha	Firma op	Fecha	Firma op
1												
2												
3												
4												
5												
6												
7												
8												
9												
10												

N	Punto lubricado	Frec. (días)	Lubricante	Código lubric.	UM	Cantidad	Fecha	Firma op	Fecha	Firma op	Fecha	Firma op
1												
2												
3												
4												
5												
6												
7												
8												
9												
10												

Figura 4.6.4

Los datos que deben constar son: el número de la máquina, la ubicación dentro del proceso, los puntos a lubricar, la frecuencia de lubricación, la cantidad por ciclo y los registros de fecha y ejecutor. En el reverso de la ficha se pueden anotar las observaciones. La identificación de los puntos a lubricar establecida en la ficha de operación de los estándares puede ser reproducida en las etiquetas autoadhesivas en la máquina para que facilite aún más el recorrido al operador sin experiencia. No es recomendable colocar la frecuencia en este sticker para no sobrecargar de información lugares tal vez de lectura o visión dificultosa. De esta manera se puede tener la etiqueta como se observa en la figura 5.6.5. Debajo de la codificación del tipo de lubricante aparece un número de dos dígitos que identifica el punto a lubricar

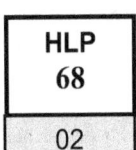
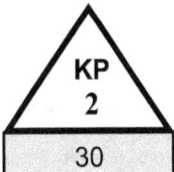

Figura 4.6.5

Los resultados del plan de lubricación se sustentan en la eficacia de la realización si la dirección ha facilitado los recursos necesarios. Como se dijo es muy importante en mantenimiento y en particular esta tarea el compromiso de los recursos en cumplimiento de las rutinas y en la observación y detección de desviaciones. Esto exige de la supervisión un trabajo sostenido en la capacitación y la sensibilización de los recursos humanos. No se lograrán los objetivos si el supervisor tiene una extenuante tarea de seguimiento de la tarea del aceitero, porque sencillamente se escaparán a su control muchos errores. Por otro lado el supervisor, por relevamiento realizado en persona o a través de sus operarios debe informar a ingeniería los impedimentos para la realización de los recorridos, como por ejemplo los lugares de difícil acceso para la lubricación o que representan un riesgo para las personas, a fin de que realicen las modificaciones necesarias. Si se cuenta con recursos con cierta potencialidad se debe evaluar la conveniencia de que quien realiza la rutina efectúe el monitoreo de las condiciones de operación del aceite verificando la calidad y estado del fluido y del equipo. Esto por supuesto depende del tipo de empresa y la situación operativa de la misma. Los datos registrados en la ficha de lubricación deben ser cargados en un sistema aunque sea este una planilla de cálculo común puesto que la gestión de los aceites lleva implícitas muchas derivaciones importantes. Datos referidos al consumo por máquina y por tipo de máquina, tipo de lubricante, control de stocks, condición de los lubricantes y tantas otras permiten evaluar la gestión de la lubricación y justificar su implementación.

4.6.4. Sistemas de lubricación

Hoy en día casi todos los sistemas de lubricación son centralizados, automáticos y forman circuitos del propio equipo controlado por su sistema eléctrico –electrónico. De esta manera la tarea del aceitero se alivia y la lubricación se simplifica de manera que le permite desarrollar el control sobre las condiciones y realizar un mejor seguimientos de pérdidas. Este sistema de lubricación tiene las siguientes ventajas:

1) Realiza la tarea eficientemente porque entrega la cantidad justa de lubricante en el momento apropiado lo que trae aparejado una reducción en los costos al trabajar en forma permanente sin detenciones de la máquina además de prolongar la vida útil de los componentes de las máquinas.

2) Permite la reducción de la mano de obra para esta tarea, ya que con poco personal se puede controlar muchos puntos de lubricación. Al no depender del hombre se evitan fallas burdas o errores por omisión. Sin embargo cuanto más complejo es el sistema mas capacitación requiere del operario.

3) Se reduce a su vez el consumo de lubricantes porque las cantidades de aceite a erogar están perfectamente calculadas por los constructores de las máquinas lo que evita el desperdicio.

4) Brinda seguridad y comodidad al operario al no tener que acceder a puntos ocultos y riesgosos en la máquina.

A continuación se detalla algunos de los sistemas sencillos de lubricación centralizada que se utilizan.

1-Sistema de lubricación de orificios

Es el sistema de lubricación centralizada mas simple. Consta de una bomba accionada eléctricamente por el control de la máquina que envía el lubricante de un depósito a través de una línea a una serie de puntos en los que hay una boquilla que dosifica el caudal en ese punto (figura 4.6.6). La principal desventaja de este sistema es la obturación de las boquillas. Solo apta para lubricar con aceite a baja presión. Se utiliza en prensas, compresores, guillotinas, laminadores y maquinaria pesada. No hay control de la lubricación realizada.(no hay información de retorno)

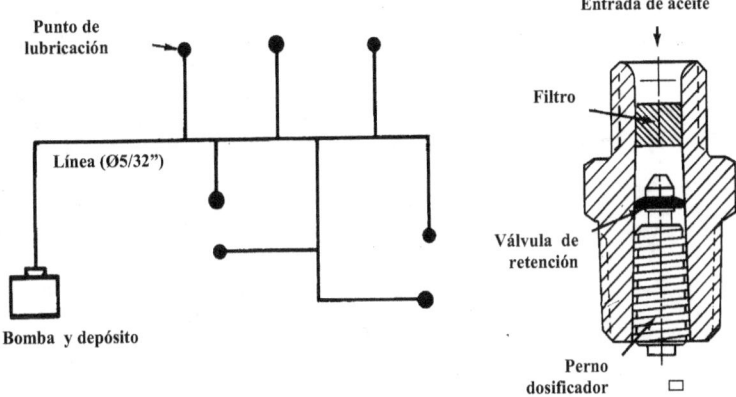

Figura 4.6.6

2-Sistema de bomba de pistones múltiples

Este sistema tiene la particularidad de tener varias líneas en paralelo y cada

una de ellas es abastecida por pistones individuales que son comandados por un eje de levas accionado por un árbol motor giratorio. Cada bomba se puede calibrar para mandar el caudal necesario a cada línea. Si una línea falla o se rompe la cañería el sistema puede seguir funcionando. A su vez cada bomba tiene visor lo que permite saber si falta nivel. No hay información de la lubricación ejecutada. Es apto para lubricar solo con aceite y se usa en máquinas con pocos puntos a lubricar. Figura 4.6.7

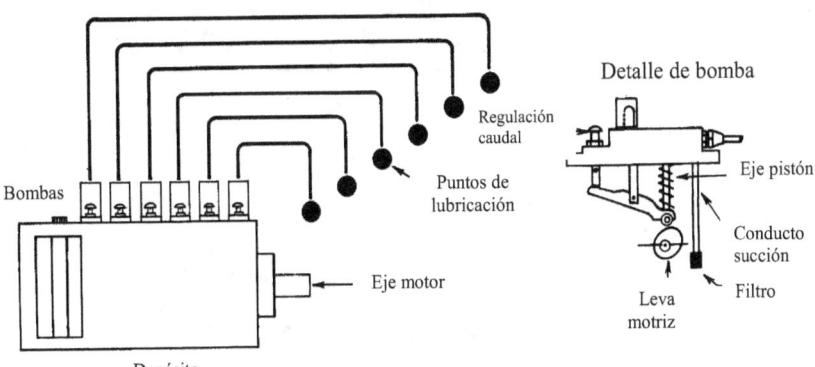

Figura 4.6.7

3-Sistema de línea simple a inyección

La dosificación del lubricante en cada punto se realiza a través de inyectores de

dos micro pistones que trabajan alternativamente (figura 4.6.8 b). Cuando llega a la punta de cada línea el lubricante el pistón A avanza haciendo pasar el lubricante a la cámara B y este empuja al pistón B hacia delante lo que evacua el lubricante de la cámara C hacia la salida. Cuando cesa la presión el pistón A retrocede por acción de un resorte en tanto que el pistón B también, por acción de un resorte, retrocede empujando el fluido de la cámara B a la cámara C que está conectada a la salida. Cada punto puede ser dosificado calibrando la carrera de estos inyectores. Estos sistemas pueden trabajar con aceite y grasas blandas. Las presiones a las que trabajas alcanzan los 60 kg/cm^2.

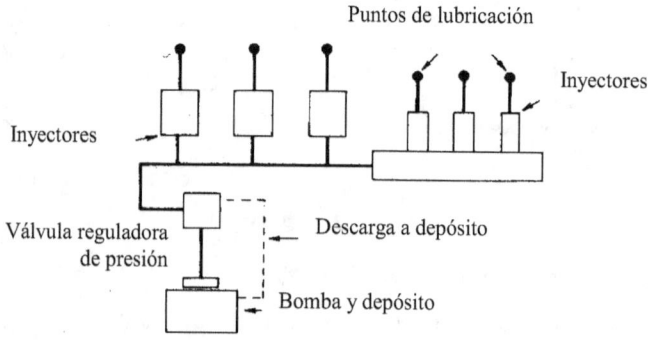

Figura 4.6.8 a

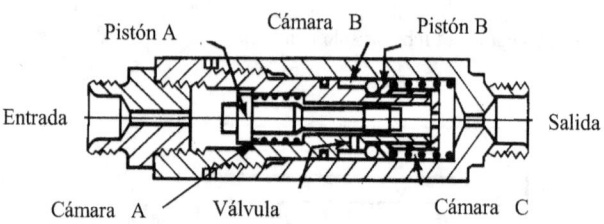

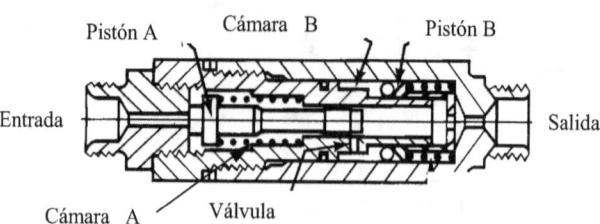

Figura 4.6.8 b

4-Sistema a línea doble

Este sistema consta de dos líneas principales que alternan las funciones de envío y retorno de lubricante a los puntos de lubricación. Este cambio en el sentido de circulación lo realiza un dispositivo inversor colocado entra la bomba y los dosificadores que son los que permiten el paso del lubricante de cualquiera de los circuitos hacia los puntos de lubricación. Estos se encuentran ensamblados en grupos por sectores abastecidos por un mismo dosificador. En la figura 4.6.9 se muestra la secuencia de lubricación. Cuando el lubricante llega al dosificador, secuencia 1, mueve el pistón principal y el pistón piloto hacia abajo. Aquel bombea el lubricante que se encuentra en la cámara inferior y el piloto deja el paso hacia los puntos de lubricación. Cuando se invierte el sentido del flujo, secuencia 2, ambos pistones cambian de posición permitiendo al pistón dosificador bombear el lubricante que está en la parte superior hacia el otro circuito. Este sistema permite lubricar con aceite o grasa y la cantidad a erogar se calibra corrigiendo la carrera del pistón dosificador en cada sector. Es un sistema confiable desde el punto de vista del mantenimiento aunque es costoso. Tiene la particularidad de permitir la señalización eléctrica hacia los cuadros de comando desde cada dosificador.

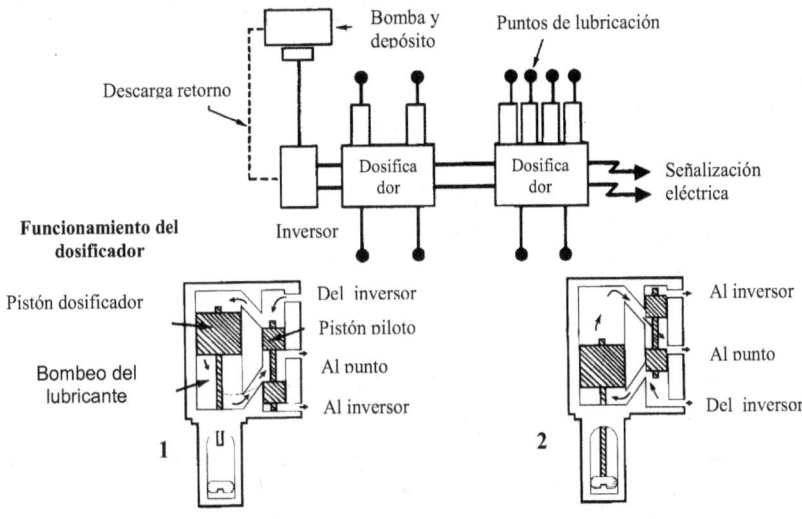

Figura 4.6.9

5- Sistema progresivo

Se llama así porque la lubricación sigue una secuencia cuya lógica serial mecánica está alojada en el dosificador principal.

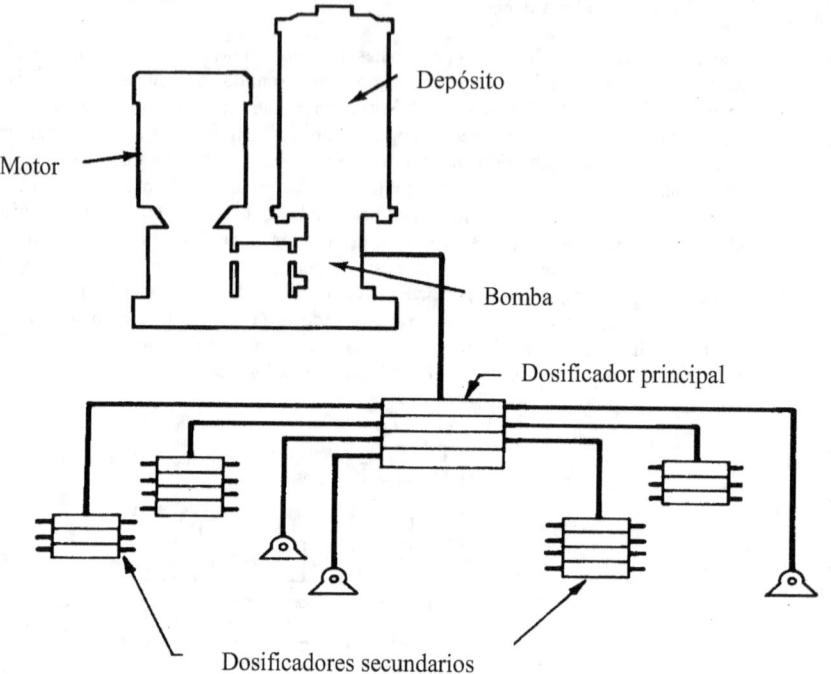

Figura 4.6.10

Este es el responsable de distribuir el lubricante a todos los puntos mediante el funcionamiento de pequeños pistones internos que se mueven vinculados entre si por una secuencia dada. El lubricante llega a presión desde la bomba al dosificador principal y desde allí, de acuerdo a la lógica de distribución, a los dosificadores secundarios. Como los pistones del dosificador principal están vinculados en serie la falla de uno incide en los otros. El sistema admite una señalización para verificar la ejecución de ciclo a modo de lazo cerrado. Al desplazarse alguno de los pistones del dosificador un perno solidario al mismo, una vez cumplido el recorrido del pistón, toca un interruptor eléctrico dando la confirmación del la ejecución del ciclo. Esto se debe realizar dentro de un determinado tiempo controlado por un timer que se dispara cuando comienza a trabajar la bomba. Si esto no se cumple se da la señal de alarma en el panel de control. Usos en máquinas herramientas, turbinas hidráulicas, equipo siderúrgico.

6-Lubricación por neblina

Este dispositivo permite la humectación del aire con aceite de manera de formar una niebla que será transportada por un circuito de aire comprimido y así lubricar los mecanismos conectados a la cañería de aire (figura 4.6.11). La niebla se produce por acción del aire a baja presión cuando circula a través del lubricador. Debido al efecto Venturi la velocidad de la corriente atomiza el aceite en finísimas gotas que tiene la propiedad de flotar en el aire. Las gotas grandes caen nuevamente en el depósito y la niebla formada es arrastrada por la corriente de aire a distancias importantes.

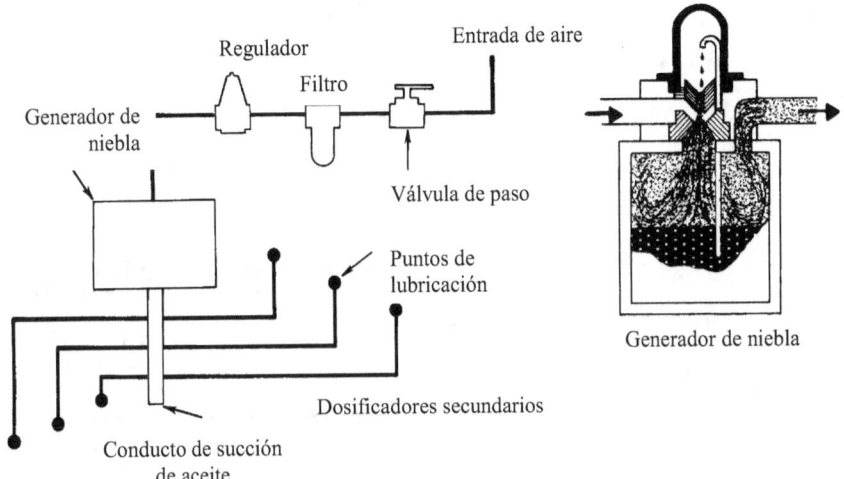

Figura 4.6.11

Usos en máquinas herramientas y herramientas neumáticas, máquinas textiles y en la industrial del papel.

5

Técnicas de Análisis de Averías

5.1 Consideraciones generales

Las plantas industriales pueden ser medidas en su desempeño a través de su eficiencia global. Como se sabe todos los procesos de transformación de materias primas en productos terminados y los procesos auxiliares que asisten a los anteriores se rigen por la interacción comandada o fortuita de cinco factores básicos: la mano de obra, los materiales, los medios tecnológicos, los métodos y el medio ambiente (5M). Algunos autores ligados a la gestión de la calidad utilizan otra M que es la medición pero nosotros la consideramos dentro de los métodos. Indudablemente que cada uno de estos factores en forma individual o relacionada influyen en la desviación de los objetivos establecidos. La eficiencia global de planta muestra el impacto de estos factores y operando través de la medición y corrección de las desviaciones de diversos indicadores respecto a los objetivos parciales establecidos, se alcanzan los objetivos generales de eficiencia. Normalmente las plantas industriales reflejan a nivel operativo las desviaciones como pérdidas por lo que son conceptos antagónicos a la eficiencia. Las pérdidas expresan cuantitativamente fenómenos tales como fallas, rechazos de material, demoras en las entregas, contaminación, accidentes, falta de capacidad productiva, etc.

5.2 Clasificación de las principales pérdidas

Las plantas industriales independientemente del tipo del rubro de actividad y de los procesos productivos experimentan en mayor o menor medida las pérdidas que se encuentran clasificadas a continuación:

1) Pérdidas por paradas programadas.

2) Pérdidas por variación de programas productivos.

3) Pérdidas por fallas en los medios tecnológicos.

4) Pérdidas por fallas en el proceso (4M).

5) Pérdidas de producción normales.

6) Pérdidas de producción anormales.

7) Pérdidas por problemas de calidad.

8) Pérdidas por recirculación.

1.-Pérdidas por paradas programadas:

Todas las plantas industriales necesitan un período al año en el que se deben realizar tareas de mantenimiento programado extraordinario, refacciones edilicias, instalaciones de nuevos equipos, cambio de lay out o puesta en marcha o modificaciones de los procesos ya que por la magnitud de estas tareas se hace imposible su concreción en períodos ordinarios de producción. Esta pérdida está ligada a la imposibilidad de disponer de los equipos para aprovechar completamente el tiempo de un ejercicio de gestión, normalmente un año aunque también se la puede restringir a un mes. Dentro de esta tipología de pérdida también se deben computar las acciones de mantenimiento programado de menor cuantía tales como el mantenimiento mensual o semanal, realizadas durante el período de producción normal. En las plantas de manufacturas o ensamble esta pérdida es más benigna porque, salvo que trabaje las veinticuatro horas, siempre dispone de un turno para realizar tareas de mantenimiento programado menor. En cambio en las plantas de proceso de producción continuo esto se torna mas difícil ya que por la complejidad de los procesos tanto el arranque como la parada tienen una gran inercia. Esto hace que su producción este estipulada para ser realizada las veinticuatro horas de todos los días del año por lo que las paradas programadas deben ser evitadas. Durante el período de producción es posible que, si existen equipos duplicados o de back up por razones de resguardo, se puedan sacar de servicio los principales y hacer tareas de mantenimiento lo que evita la pérdida pero esta situación requiere tener bienes que no producen. Este exceso de disponibilidad debería estar justificado porque podría no ser rentable. Algunas empresas incluyen en esta categoría las paradas por vacaciones anuales y feriados.

2.-Pérdidas por variación de programas productivos:

Hoy mas que nunca las variaciones del mercado hacen que los programas productivos sea por demás inciertos. Pero más allá de la situación macroeconómica de extrema inseguridad y operando en un entorno estable, las empresas suelen sufrir las caídas en las demandas de sus productos y por lo tanto los programas deben ser replanteados, obligando a veces a disminuir la cadencia o velocidad de producción e incluso a la suspensión de la producción. Esta pérdida puede ser evitada si la empresa encara planes estratégicos a fin de incrementar la productividad y la competitividad dentro de los cuales las demás pérdidas deben ser eliminadas.

3.-Pérdidas por fallas en los medios tecnológicos:

Estas se deben al tiempo que se pierde por detención súbita de los medios productivos directos y aquellos auxiliares asignados a la producción. Cuando un equipo falla puede detenerse totalmente o bien disminuir el rendimiento horario al reducir la tasa productiva o realizar la operación en un tiempo superior al previsto. Esta última situación será considerada en otra tipología de pérdida y se tomará aquí solo la pérdida por falla en la función de la máquina y todos los tiempos que acarrea la intervención del mantenimiento .

4.-Pérdidas por fallas en el proceso:

En este tipo se agrupan todas las fallas del proceso que producen la detención de la producción de manera súbita por causas de los otros factores productivos restantes, es decir la mano de obra, los materiales, los métodos y el medio ambiente. Así es posible (a veces demasiado posible) que la falta de cuidado de los operarios produzcan incidentes que detengan el proceso con la consecuente pérdida del tiempo de mano de obra, posible rechazo de material y rotura del equipo. Las características de las materias primas o insumos fuera de especificaciones ocasiona la detención de los procesos. Otro factor que puede incidir son los errores o faltas de precisión de la ingeniería de procesos o bien desactualización en la hojas de procesos y equivocaciones en los procedimientos. El medio ambiente tiene un impacto decisivo. Existía en nuestro medio el concepto que por ejemplo, una metalúrgica no tenía necesidad de estar limpia. Si lo estaba mejor, pero no era una condición a procurar con decisión. La suciedad, el polvillo, la humedad en los pisos y paredes, los techos que gotean, los vapores de los productos y hasta la carga térmica favorecen la falla de los equipos en algún momento dado. En muchas industrias existe el riesgo de corrosión y el desgaste por acción de sustancias presentes en el ambiente.

5.- Pérdidas normales de producción:

Son aquellas pérdidas que se producen cuando la planta arranca o se detiene. Los procesos productivos al comenzar a producir nunca alcanzan el régimen de producción en forma vertical, es decir de manera escalón ya que siempre hay inconvenientes o bien los procesos deben alcanzar los parámetros de trabajo en forma gradual por lo que en ese período no se produce. Igualmente ocurre que cuando las instalaciones van a parar, no lo pueden hacer de manera instantánea ya que se requiere un tiempo de acondicionamiento de los parámetros o de vaciamiento de los circuitos productivos del material remanente porque este se puede descomponer o contaminar las instalaciones. También pertenecen a este tipo de pérdidas el cambio de dispositivos o equipamientos por cambio de producto. Hay plantas que utilizan los mismos equipos para procesar dos o más productos y necesitan un tiempo de set up del dispositivo que será tanto mayor cuanto más complejo sea el proceso o cuántas más diferencias existan entre las características de los productos a cambiar. Dentro de este tipo de pérdida está la que se produce por puesta a punto y realización de controles, ya sea en las fase de arranque como durante el régimen productivo. Los cambios de herramientas también afectan la productividad y, si bien están cronometradas al igual que los controles y la puesta a punto, no dejan de ser una pérdida. Hay procesos que necesitan generar durante el régimen productivo vacíos técnicos que son cargas del sistema sin producto o con productos auxiliares por exigencia propia del proceso. Por ejemplo en una cabina de pintado de carrocerías con esmalte hay que dejar pasar de uno a tres espacios entre carrocerías de distinto color para evitar la mezcla de colores sobre el cuerpo pintado. El vacío técnico si bien es necesario se considera una pérdida de productividad. La limpieza técnica de los medios productivos realizado por los mismos operadores de producción o por personal de mantenimiento también se considera una pérdida si interfiere con la producción. Todas estas pérdidas ocurren cuando la planta está en plena producción y si bien algunas ocasionan paradas de los equipos hay que diferenciarlas de las anteriores porque no son tan extensas como las anuales y las variaciones de programa y son previsibles a diferencia de las fallas de equipos y de proceso. Esto permite que sean controlables en cierta manera.

6.- Pérdidas de producción anormales:

La pérdidas anormales pueden o no causar paradas de producción pero, cuando nos referimos a estas, queremos significar aquellas que hacen disminuir la capacidad productiva por realizar la operación en un tiempo superior al previsto y por lo tanto su producción relativa a la hora o al día se ve disminuida es decir, tiene una tasa productiva menor a la estándar. Esta pérdida a veces no es de fácil detección porque la disminución de la tasa relativa de producción es muy pequeña y solo se detecta al final de una día de trabajo y a veces mas. También se pueden clasificar aquí las demoras en las entregas de los materiales directos, auxiliares o los repuestos de mantenimiento. Son pérdidas no previstas y como se dijo ocurren con la planta en funcionamiento.

7.- *Pérdidas por problemas de calidad:*

Estas pérdidas incluyen el tiempo perdido para elaborar productos no conformes y el costo del material que será rechazo definitivo sin posibilidad de recuperación. Los problemas de calidad se pueden manifestar en el lugar donde se producen pero también pueden ocurrir en el cliente por lo que los costos tienen una mayor significación. Los responsables de las no conformidades de los productos pueden ser los procesos internos pero también pueden ser los proveedores.

8.- *Pérdidas por recirculación:*

Cuadro 5.1 – Clasificación de las pérdidas

Tipo	Índice	Estado	Condición	Descripción
B	1	Planta parada	Prevista	Pérdidas por paradas programadas. -Mantenimiento anual extraordinario -Cambios de layout, procesos, puesta en marcha equipos nuevos -Mantenimiento programado mensual
	2	Planta parada	Prevista	Pérdidas por variación de programas -Paradas totales o parciales de producción -Disminución velocidad de producción por programa
C	3	Parada de planta en producción	No prevista	Pérdidas por fallas en los medios tecnológicos -Intervenciones de mantenimiento por rotura -Demoras en las intervenciones -Micro paradas con reparaciones autónomas
	4	Parada de planta en producción	No prevista	Pérdida por fallas del proceso -Errores de operación -Impacto del medio ambiente -Equivocaciones de los métodos -Materias primas fuera de especificaciones
D	5	Parada de planta en producción	Prevista	Pérdidas de producción normales -Pérdidas en arranques y paradas -Cambios de productos o modelos (set up) -Cambios de herramientas -Controles y puesta a punto -Vacíos técnicos -Limpieza técnica
	6	Disminución de la capacidad productiva	No prevista	Pérdidas de producción anormales -Tiempos de proceso mayores a los estándares -Demoras logísticas
E	7	Disminución de la capacidad productiva	No prevista	Pérdidas por problemas de calidad -Scrap de producción -No conformidades en los clientes
	8	Disminución de la capacidad productiva	No prevista	Pérdidas por recirculación -Operaciones incompletas -Errores de operación -Recuperación de productos terminados -Retrabajos de productos en producción

Cuando un producto tiene algunas de sus características fuera de especificación pero se puede corregir es posible realizar operaciones extra ciclo para reparar el producto, ya sea en las mismas instalaciones de producción normal o en instalaciones de back up. Naturalmente esto implica costos de adicionales de mano de obra, energía, materiales auxiliares entre otros. Las causas de estas falencias pueden ser errores del operador, operaciones incompletas, faltantes del material o fallas producidas por el equipo. Antes, en un criterio más eficaz, no se tenía en cuenta o no importaba tanto el costo adicional por recirculación, bastaba que los volúmenes comprometidos se llevaran a cabo, lo que desde un punto de vista estratégico es correcto, pero con la mayor demanda de competitividad y con los crecientes costos de los recursos este punto de vista se modificó y la recirculación debió ser combatida con firmeza.

En el cuadro 5.1 están resumidas los distintos tipos de pérdidas.

5.3 Eficiencia global de planta

Para aclarar el impacto que estas pérdidas tienen a lo largo de un ejercicio productivo es necesario calcular la eficiencia global de planta partiendo de la disponibilidad total del ejercicio, que generalmente es un año aunque el análisis puede ser hecho en períodos menores (mes).

La disponibilidad potencial abarca el tiempo total del ejercicio es decir 24 hs x 365 días o sea 8760 hs. al año. O bien 24 hs. x 30 días, 720 horas mensuales.

Cuadro 5.2

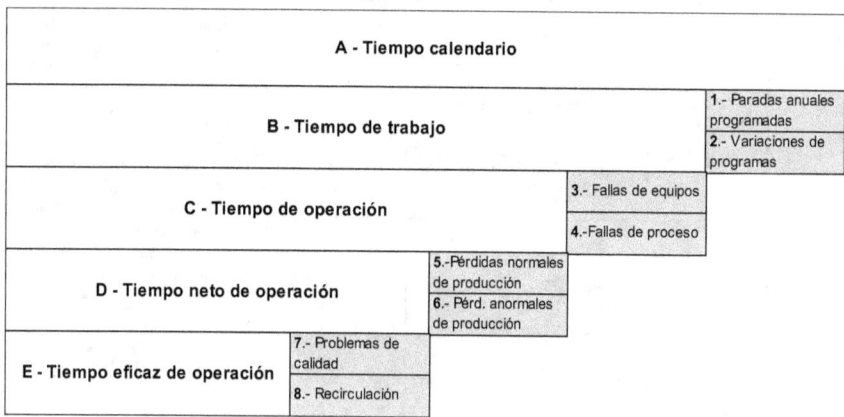

A - Tiempo calendario				
B - Tiempo de trabajo				1.- Paradas anuales programadas / 2.- Variaciones de programas
C - Tiempo de operación			3.- Fallas de equipos / 4.-Fallas de proceso	
D - Tiempo neto de operación		5.-Pérdidas normales de producción / 6.- Pérd. anormales de producción		
E - Tiempo eficaz de operación	7.- Problemas de calidad / 8.- Recirculación			

La disponibilidad de la planta para realizar producción es un porcentaje del tiempo calendario y se puede calcular la disponibilidad como:

$$Disp = \frac{Tc - (Tp + Vp + Fe + Fp)}{Tc} \times 100 \qquad (5.1)$$

o sea

$$Disp = \frac{C}{A} \times 100$$

donde

Tc: tiempo calendario (A)

Tp: tiempo de las paradas programadas (1)

Vp: tiempo de paradas por variación de los programas de producción (2)

Fe: tiempo de parada por fallas de los equipos (3)

Fp: tiempo perdido por fallas en el proceso (4)

Del tiempo que queda disponible solamente un porcentaje se utilizará en la transformación porque se verá disminuido aquel por las pérdidas normales y anormales de producción. La producción media es:

$$P_m = \frac{P_r}{T_{op}} \qquad (5.2)$$

donde

Pm: producción media *[unid/d]*

Pr: producción real *[unid]*

Top: tiempo de operación *[d]*

Y el rendimiento será:

$$R = \frac{P_m}{P_{std}} \qquad (5.3)$$

pero también

$$R = \frac{D}{C} \times 100$$

donde

R: rendimiento

Pm: producción media *[unid/d]*

Pstd: producción estándar o valor establecido por programa *[unid/d]*

Por último la influencia de los problemas de calidad se reflejan en el Índice de calidad. Este representa que no toda la producción que se realiza sirve sino que solamente un porcentaje es apto ya que el resto o se desecha o se retrabaja

$$Ic = \frac{Vprod - (Pc + Rcl)}{Vprod} \qquad (5.4)$$

o sea

$$Ic = \frac{E}{D} \times 100$$

donde

Ic: índice de calidad

Vprd: volumen de producción *[unid]*

Pc: Pérdidas por problemas de calidad *[unid]*

Rcl: Pérdidas por recirculación *[unid]*

Finalmente la eficiencia global de planta se toma como:

$$E = Disp \times R \times Ic \qquad (5.5)$$

es decir contempla la influencia de la falta de disponibilidad por paradas de los equipos y del proceso, las pérdidas por reducción de la velocidad de producción y tiempos muertos y las pérdidas por problemas de calidad.

5.4 Indicadores de la gestión de mantenimiento

La gerencia o dirección debe ser informada mensualmente a cerca de la evolución de la gestión del mantenimiento. Para ello existen una serie de indicadores con los que, a partir del programa maestro de mantenimiento y de la gestión de las órdenes de trabajo, se pueden expresar las no conformidades o las demoras en la asistencia del servicio de mantenimiento. De esa manera se pueden preparar informes por sistema que establezcan la cantidad de intervenciones previstas y realizadas o cuántas reprogramadas o canceladas. El departamento deberá analizar si las causas de deficiencias son debidas a falencias internas tales como mano de obra insuficiente, falta calificación de la mano de obra, falta de herramientas o a causas externas como falta de repuestos, falta de disponibilidad del equipo por parte de producción. Con estas informaciones se debe proceder a la corrección de las desviaciones y conformar un histórico de la evolución.

Algunos de los indicadores se plantean a continuación. Se han considerado solo algunos pocos que a nuestro juicio son los más importantes aunque en realidad hay muchos más. Para ello consideremos, de manera simplificada en el gráfico 5.3., que el período T de observación está compuesto por T_i momentos en los que se los equipos operan sin fallas y momentos t_i que son las paradas por fallas. Entonces tenemos:

Gráfico 5.3

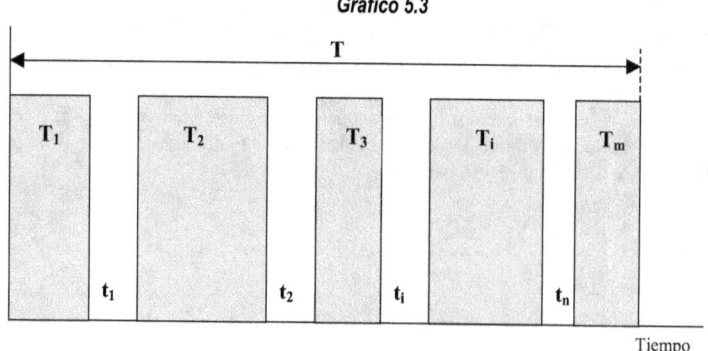

Tiempo

Factor de falla:

Se define así a la relación entre el número total de ítems con falla sean estos componentes, equipos o sistemas que se pueden considerar en forma separada y la suma de todos los tiempos en los que estos operaron bajo condiciones específicas y en el cual estos fueron observados. Indica la cantidad promedio de elementos con fallas en la unidad de tiempo.

$$Ff = \frac{\sum N_i}{\sum T_i} \tag{5.6}$$

donde $\sum N_i$: número de ítems con falla (equipos o componentes) y $\sum T_i$: suma tiempos que operan los equipos considerados

Factor de reparación:

Es la relación entre el número total de ítems con fallas y el tiempo total de intervenciones por rotura o por reparaciones de averías en el período observado.

$$Fr = \frac{\sum N_i}{\sum t_i} \tag{5.7}$$

donde $\sum t_i$ es el tiempo total de las intervenciones por rotura

Tiempo medio entre fallas:

Es uno de los indicadores mas importantes en la determinación de la performance del mantenimiento. Se define el tiempo medio entre fallas o MTBF (*Mean time between failures*) a la relación entre la suma de todos los tiempos de operación de los equipos analizados en el período T y la cantidad de fallas que estos tienen en idéntico período:

$$MTBF = \frac{\sum T_i}{n} \tag{5.8}$$

donde n es la cantidad de fallas en el período T evaluado

Tiempo medio para reparación:

Es otro indicador de relevancia en mantenimiento y es la relación entre la suma de todos los tiempos empleados para las intervenciones por rotura en los equipos o sistema observado y la cantidad de fallas en ese período. Se lo conoce por sus siglas MTTR (*Mean Time To Repair*) e indica el promedio del tiempo de las reparaciones

$$MTTR = \frac{\sum t_i}{n} \tag{5.9}$$

Tiempo medio entre intervenciones programadas:

Es la relación entre los tiempos de operación del grupo de equipos estudiados y el número de intervenciones programadas en el período observado.

$$Tmip = \frac{\sum T_i}{\sum ip} \tag{5.10}$$

donde

$\sum ip$ es la cantidad de intervenciones programadas del sistema o grupos de equipos.

Llamemos $(tip)_i$ al tiempo de una intervención programada.

Índice de mantenimiento periódico:

Es la relación entre la cantidad de ítems a los cuales se les aplicó el mantenimiento periódico TBM y el tiempo que esas intervenciones llevaron en el período dado.

$$I_{TBM} = \frac{\sum Ni_{TBM}}{\sum ti_{TBM}} \tag{5.11}$$

$\sum Ni_{TBM}$ es la cantidad de equipos bajo el sistema TBM y $\sum ti_{TBM}$ es el total de tiempos de las intervenciones periódicas.

Llamemos $(ti_{TBM})_i$ al tiempo de una intervención del sistema TBM

Tiempo medio para intervenciones periódicas:

Es la relación entre el tiempo total de operación de los equipos estudiados y el número de intervenciones periódicas realizadas sobre esos equipos en un período dado.

$$Tm_{TBM} = \frac{\sum Ti}{\sum i_{TBM}} \tag{5.12}$$

Disponibilidad del equipo:

Es la relación entre la diferencia del tiempo calendario del período observado y el total de horas de intervenciones (rotura t_i, programadas $(tip)_i$ y preventivas $(ti_{TBM})_i$)

$$Dispeq = \frac{Hscal - \left(\sum t_i + \sum (tip)_i + \sum (ti_{TBM})_i \right)}{Hscal} \tag{5.13}$$

Este es un indicador interno del mantenimiento que representa el porcentaje del tiempo que los equipos quedan a disposición del taller para producción por acción de las intervenciones de mantenimiento. No confundir con la disponibilidad de la expresión (5.1) que contempla otros factores no propios del mantenimiento.

Performance de los equipos:

Es la relación del tiempo total de operación de los equipos observados y la suma de este tiempo total con el total de los tiempos empleados por las intervenciones del mantenimiento para reparación o revisión.

$$Perf = \frac{\sum Ti}{\sum T_i + \left(\sum t_i + \sum (tip)_i + \sum (ti_{TBM})_i\right)} \tag{5.14}$$

Fiabilidad

Este es un concepto atribuible a los sistemas, equipos, maquinarias y productos y expresa la probabilidad que estos cumplan, sin fallar, con las funciones para las cuales fueron diseñados en determinadas condiciones establecidas y durante un tiempo dado. Se considera como una probabilidad y por lo tanto es un parámetro estadístico.

Los sistemas se encuentran compuestos por cierta cantidad de elementos que cumplen una función específica dentro del conjunto y que del resultado de sus acciones dependerá la performance general. Según la disposición en que se encuentran estos órganos será la probabilidad de que el conjunto no falle. El RBD, en inglés, *Reability Block Diagram* o Diagrama a Bloques de la Fiabilidad es una manera gráfica de representar como bloques interconectados que responden a la realidad física o funcional las partes de sistemas o maquinarias. En forma simplificada estos bloques se comportan como si fueran interruptores. Pueden estar conectados en serie o en paralelo. La disposición en serie es aquella en la que los elementos se encuentran ligados uno a continuación del otro y la fiabilidad del sistema es el producto de las fiabilidades de cada uno de los componentes. En este caso si uno falla, falla el conjunto.

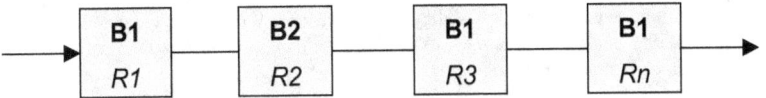

La fiabilidad del sistema será:

$$Rs = R_1 \times R_2 \times R_3 \times .... \times R_n = \prod_{i=1}^{n} R_i \tag{5.15}$$

donde R_i es la fiabilidad de cada bloque y R_s es la fiabilidad del sistema en serie. En esta configuración siempre se verifica que la fiabilidad del sistema es menor que la menor fiabilidad de todos los bloques. O sea: $R_S < R_i$.

Supongamos tener 5 componentes conectados en serie cada uno con idénticas fiabilidades $R_i = 0.95$. En este caso la fiabilidad del sistema será $R_S = (0.95)^5 = 0.773$. Si en cambio aumentan los componentes, supongamos a 9, la fiabilidad del sistema se reduce: $R_S = (0.95)^9 = 0.630$, es decir hay mas probabilidades que el sistema falle.

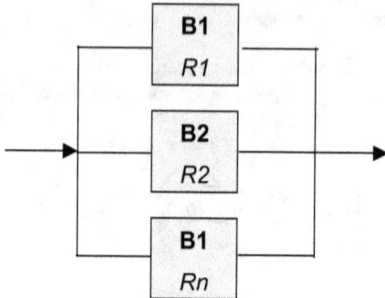

En la configuración en paralelo la fiabilidad del sistema se expresa como:

$$R_p = 1 - (1 - R_1) \times (1 - R_2) \times ..... \times (1 - Rn)$$

$$R_p = 1 - \prod_{i=1}^{n} (1 - R_i)$$

(5.16)

Donde al contrario que el caso serie

$$Rp > R_i$$

la fiabilidad del sistema es mayor que la mayor de todos los bloques. Si un sistema está compuesto por n componentes conectados en paralelo, para que el sistema falle en su conjunto deberían fallar todos los elementos.

Una manera de mejorar la fiabilidad de los sistemas en serie es reemplazar un componentes de baja fiabilidad por dos o mas de esos mismos elementos conectados en paralelo. Consideremos el siguiente ejemplo con 5 elementos en serie:

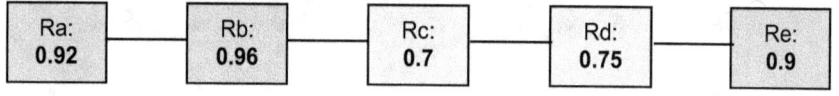

La fiabilidad del sistema en serie es $R_S = 0.417$

Ahora reemplacemos los elementos de menor fiabilidad por bloques con los mismos elementos en paralelo y con iguales fiabilidades

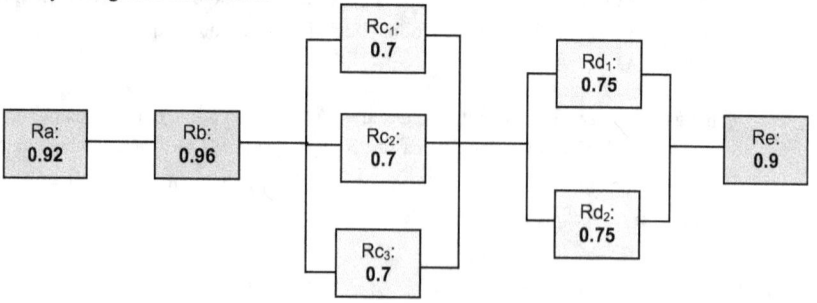

La fiabilidad del bloque en paralelo Rc vale:

$$Rc = 1 - (1 - 0.7)(1 - 0.7)(1 - 0.7) = 1 - 0.027 = 0.973$$

y la del bloque Rd:

$$Rd = 1 - (1 - 0.75)(1 - 0.75) = 1 - 0.0625 = 0.9375$$

Ahora reemplazando en el sistema serie por componentes equivalentes la fiabilidad aumenta:

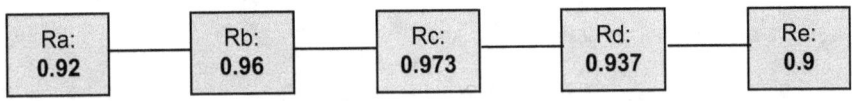

Rs= 0.724

Ya que la confiabilidad representa la probabilidad de que el equipo no falle, lo contrario, es decir, la probabilidad de que el equipo falle, es la diferencia respecto de la unidad de la confiabilidad. O sea:
$$F = 1 - R$$

Tomando el concepto estadístico de densidad de probabilidad de falla $f(t)$, la probabilidad que el componente falle en el instante t se expresa por el área bajo la curva de densidad y está dada por:

$$F(t) = \int_0^t f(t)dt \tag{5.17}$$

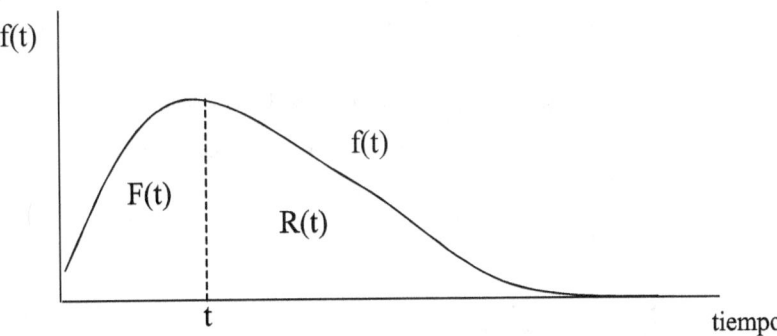

y la confiabilidad del equipo en un momento t dado

$$R(t) = 1 - F(t) \tag{5.18}$$

Después de un desarrollo matemático se llega a la definición de la tasa instantánea de falla:

$$\lambda(t) = \frac{f(t)}{R(t)} = \frac{f(t)}{1 - F(t)} \tag{5.19}$$

que es la ecuación general de la función tasa de falla

Pero por (5.17)

$$f(t) = F'(t)$$

y de (5.18)

$$F'(t) = -R'(t)$$

entonces la (5.19) queda

$$\lambda(t) = \frac{-R'(t)}{R(t)} = \frac{-d(\ln R(t))}{dt} \qquad (5.20)$$

y despejando se tiene

$$R(t) = e^{-\int_0^t \lambda(t)dt} \qquad (5.21)$$

y por (5.19) se llega a

$$f(t) = \lambda(t).e^{-\int_0^t \lambda(t)dt} \qquad (5.22)$$

que es la ecuación general para la densidad probabilidad de falla

Recordando la curva de Davis, si consideramos la parte central donde la tasa de falla se puede considerar casi constante la (5.22) queda:

$$f(t) = \lambda.e^{-\lambda t} \quad \text{para } t > 0 \quad (5.23)$$

Entonces, cuando se supone que la *tasa de falla es constante* la densidad de probabilidad de falla y la fiabilidad tienen una *forma exponencial*.

Recurriendo a la estadística se establece que el tiempo medio entre fallas sucesivas es la recíproca de la tasa de falla es decir

$$MTBF = \frac{1}{\lambda} \qquad (5.24)$$

Ahora bien si $\lambda = cte$ de la (5.21) se tiene

$$R(t) = e^{-\lambda t} \tag{5.25}$$

que expresa la fiabilidad en relación al tiempo como una función exponencial negativa, solo para el caso de considerar la tasa de falla $\lambda = cte$. Tomemos como ejemplo:

Un componente k tiene una tasa de fallas de 1 falla cada 50000 hrs., es decir 0.02 fallas por cada 1000hrs. (0.02/1000 hrs.) ¿cuál será la fiabilidad del componente al año, al año y medio y a los dos años suponiendo trabajo continuos en esos períodos?

1año = 8760 hrs.
$$R(t)_1 = e^{\frac{-0.02}{1000} \times 8760} = 0.839$$

1.5 años = 13140 hrs.
$$R(t)_{1,5} = e^{\frac{-0.02}{1000} \times 13140} = 0.768$$

2 años = 17520 hrs.
$$R(t)_2 = e^{\frac{-0.02}{1000} \times 17520} = 0.704$$

Retomando el concepto de fiabilidad en bloques para el caso de n componentes en serie se tiene:

$$R_S(t) = \prod_{i=1}^{n} R_i(t) = \prod_{i=1}^{n} e^{-\lambda_i t} = e^{-t \cdot \sum_{i=1}^{n} \lambda_i} \tag{5.26}$$

o sea

$$R_S(t) = e^{-t(\lambda_1 + \lambda_2 + \ldots + \lambda_n)} = e^{-t \lambda_S} \tag{5.27}$$

dado que $(MTBF)_S = \dfrac{1}{\lambda_S}$ y $\lambda_S = \displaystyle\sum_{i=1}^{n} \lambda_i$ se tiene

$$(MTBF)_S = \cfrac{1}{\displaystyle\sum_{i=1}^{n} \frac{1}{(MTBF)_i}} \tag{5.28}$$

En el caso de componentes en paralelo el análisis es complejo. Una solución particular relativamente simple de tratar es cuando se considera a todos los n elementos con la misma tasa de fallas λ. En esta situación, para n elementos en paralelo, se tiene:

$$R_P(t) = 1 - (1 - e^{-\lambda t})^n \tag{5.29}$$

$$(MTBF)_P = \frac{1}{\lambda} \cdot \sum_{i=1}^{n} (\frac{1}{i}) = \frac{1}{\lambda} \cdot (1 + \frac{1}{2} + \ldots\ldots + \frac{1}{n}) \qquad (5.30)$$

Si el lector está interesado en ampliar el tema puede remitirse al capítulo 15 de Estadísticas para Ingenieros de Miller y Freund, Richard Johnson, Prentice Hall, 5ta ed. 1997. En cuanto a datos referidos a fiabilidades se pueden consultar las normas DIN 29500, parte1; DIN 40040 y DIN 41611. Aquí damos algunos ejemplos típicos de tasa de falla λ en componentes electrónicos:

Descripción elemento	λ [1falla/10^9hrs.]	Descripción elemento	λ [1falla/10^9hrs.]
Circuito integrado digital	15	Capacitor de mica	1
Transistor universal	20	Resistencia de carbón	0.5
Transistor de potencia	200	Resistencia de alambre	10
Diodo	5	Transformador pequeño	5
Capacitor de papel	1	Unión soldada manual	0.5

Mantenibilidad

Es la capacidad de un producto, sistema o maquinaria de ser mantenido de acuerdo a procedimientos, tiempos y recursos establecidos. Es la probabilidad de efectuar una intervención de mantenimiento en el tiempo especificado. Disminuyendo el MTTR se mejora la mantenibilidad.

Para desarrollar la capacidad de mantenimiento, deben ser analizados:

1. Los requisitos cualitativos, que comprenden aspectos del diseño y ubicación del equipo:

   1.1 La accesibilidad , es decir la facilidad que los operarios de mantenimiento tienen para llegar hasta el punto con averías. La accesibilidad debe ser considerada a nivel de layout o de equipo.

   1.2 La modularidad es decir la distribución de los componentes del equipo. La respuesta de la intervención dependerá si las distintas partes constitutivas están ubicadas de manera abierta y separadas o están ensambladas dentro de unidades compactas. Tiene relación con la accesibilidad.

   1.3 La estandarización de los elementos, es decir si se utilizan repuestos estándares se facilita la intercambiabilidad y no hay que hacer adaptaciones con el consecuente ahorro de tiempo y costo.

   1.4 Los métodos de fijación y conexión utilizados para ensamblar los componentes.

   1.5 La simplicidad de las operaciones y de regulación de los parámetros ligados al desperfecto.

   1.6 La necesidad de herramientas especiales.

   1.7 La visibilidad de la parte a reparar

   1.8 La seguridad y ergonomía de las tareas, o sea los pesos que se deben mover, el espacio disponible, los procedimientos para proteger a los operarios de los componentes peligrosos, las posiciones de trabajo y los tipos de movimientos.

2   Los requisitos cuantitativos es decir:

    2.1 El conocimiento y el compromiso a cumplir con los objetivos de los indicadores establecidos de MTTR, los tiempos medio de intervenciones programadas y periódicas Tmip y Tm$_{TBM}$,

    2.2 El tiempo que producción cede a mantenimiento para reparar el equipo o sea la disponibilidad del equipo.

    2.3 Los costos derivados de las pérdidas de producción por parada del equipo.

    2.4 El consumo de repuestos y materiales auxiliares

    2.5 El número de recursos humanos tanto técnicos como operativos disponibles

3   El apoyo logístico, es decir la provisión de todo aquello que en el momento de la intervención se necesite, ya sea un repuesto, maquinaria especial o información técnica.

4   La competencia de los recursos humanos del mantenimiento tanto en el momento del diagnóstico como en el desarrollo de las tareas. Esto está ligado a la calificación técnica, la profesionalidad y el esmero del personal.

La fiabilidad y la mantenibilidad son dos características intrínsecas de los productos, equipos o sistemas y están vinculadas con el número de averías que el objeto sufre en su vida útil. Por lo tanto deben ser parámetros de diseño del equipo o sistema. Sin embargo también son parámetros operativos y deben ser gestionados con acciones de mejoramiento.

A los fines de optimizar el desempeño de la planta se debe operar en forma integral con un criterio de *cero falla* o *cero defecto* sobre los equipos a través de la implementación de un programa de mejoras. Sus etapas son:

1) Restablecer las condiciones básicas del equipo

Esto consiste simplemente en darle al equipo los cuidados elementales para evitar las fallas. La limpieza, la lubricación y el ajuste de elementos de fijación son el primer paso en la conservación de la máquina. No es coherente realizar un plan de eliminación de fallas en un equipo con condiciones esenciales de conservación sin cubrir. Las actividades a realizar son:

    1.1. Limpiar en profundidad y eliminar las causas de la suciedad.

    1.2. Verificar y eventualmente ajustar elementos de fijación flojos.

    1.3. Lubricar donde se necesite cambiando aquellos lubricantes degradados y verificar el funcionamiento los sistemas.

    1.4. Preparar los estándares de limpieza, lubricación y chequeo.

2) Operar el equipo de acuerdo a las especificaciones

Las condiciones en las que el equipo se opera tiene una gran incidencia en la fiabilidad. Estas abarcan tanto la puesta a punto y el manejo por parte del operador como las características de la materia prima empleada. El exceso de velocidades de rotación, de cargas, de esfuerzos, de temperaturas, de viscosidad, las obstrucciones, los tiempos de proceso por encima de los valores especificados aceleran el deterioro y conducen a fallos de proceso y calidad.

Las tareas a desarrollar en esta etapa son:

1.5. Establecer las condiciones conducción de los equipos determinando los valores de régimen y los máximos admitidos de los parámetros de operación.

1.6. Elaborar estándares y procedimientos para las distintas etapas de funcionamiento del proceso: arranque, puesta a punto, régimen, emergencia y parada.

1.7. Confeccionar manuales para la operación y difundir los métodos de operación al personal mediante la capacitación.

1.8. Proveer los métodos y la logística para los cambios de modelo o de producto.

3) Restaurar el equipo hasta sus condición óptima eliminando el deterioro.

Los equipos sufren un deterioro acelerado si las condiciones de uso no se respetan o si no se cumplen los cuidados básicos, pero aun observando estas etapas existe una degradación natural propia del uso y está ligada al tipo de proceso y concepción de diseño. Este deterioro se manifiesta a través de fallas en los componentes mas débiles y por lo general empieza con señales sutiles, luego siguen problemas de calidad o micro paradas y finalmente roturas y paradas de magnitud.

Para contrarrestar el deterioro es necesario, conociendo los puntos críticos del equipo, cambiar o reparar los componentes desgastados o debilitados apenas den señales de anomalías. Es muy importante aquí la participación activa del operador del equipo porque conoce su funcionamiento y percibe cuando algo no anda bien. Se lo debe conducir mediante estándares de chequeo que barran todos los puntos críticos de la máquina. Entonces en esta etapa se deben realizar:

1.9. Preparar estándares de chequeo periódico.

1.10. Preparar y difundir técnicas de detección de anomalías utilizando los sentidos.

1.11. Capacitar a los operarios en estas técnicas.

1.12. Realizar un "overhaul" del equipo

4) Restaurar las instalaciones que favorecen el deterioro acelerado.

Aun en el caso en que se hayan realizado las acciones de limpieza, lubricación y ajuste, que se respeten las condiciones de uso y se cumplan las inspecciones de rutina si los equipos están instalados en ambientes contaminantes no se verificará la eliminación del deterioro. Cuando hay en el ambiente hollín, polvo, humedad, vapores, pérdidas de lubricante y exceso de temperaturas estos impactarán sin duda en el desempeño de los equipos y reducirán la capacidad de detección de anomalías. Por lo tanto para complementar y consolidar las acciones anteriores es necesario que se eliminen las condiciones propias de un ambiente hostil. Sin duda que las acciones de mayor peso requieren ingeniería y un determinado presupuesto, pero los operadores de producción también aportar con su participación al cuidado y la detección de fuentes de contaminación. Las principales medidas a tomar están orientadas a:

1.13. Preparar rutinas de detección de contaminación por generación fugas de líquidos, vapores, humos y gases.

1.14. Mejorar las zonas de difícil acceso para las inspecciones.

1.15. Realizar un ordenamiento general de los elementos asociados a la producción, sobre todo los de uso diferido.

1.16. Elaborar registros de los relevamientos de las fuentes de contaminación.

1.17. Estimular la realización de micro intervenciones de mantenimiento autónomo para la eliminación de focos de contaminación.

5) Alargar la vida de los equipos corrigiendo las debilidades de proyecto

Operar los equipos de acuerdo a las condiciones de diseño no basta para evitar la ocurrencia de fallas. Siempre es posible mediante la modificación del diseño o de los materiales prolongar la vida útil tanto en la configuración actual de servicio o mediante una simplificación del funcionamiento.

Esto es particularmente válido si los equipos son específicos o prototipos. Igualmente si el fabricante no ha acumulado suficiente experiencia en desarrollo o bien si las especificaciones no han sido suficientemente elaboradas, cabe la posibilidad de mejoras efectivas en el diseño. Los principales puntos a trabajar son:

1.18. Eliminar las debilidades propias del proyecto y construcción de los equipos en cuanto a las dimensiones, materiales, forma y durabilidad de sus componentes comenzando por los más críticos.

1.19. Mejorar los accesos a puntos escondidos y modificar el diseño para facilitar el desmontaje.

1.20. Realizar adaptaciones para mejorar la intercambiabilidad de aquellas que no son estándares.

1.21. Mejorar las protecciones de los equipos contra agresiones del medio circundante.

6) Consolidar las etapas anteriores:

A esta altura del proceso de mejoramiento y a pesar de que se han realizado acciones para aumentar la fiabilidad y la mantenibilidad siempre hay probabilidades de fallas inesperadas. Las acciones conjuntas de los operadores de producción, a través del mantenimiento autónomo, y los equipos de mantenimiento, mediante el mantenimiento periódico y predictivo, deben ser mejoradas permanentemente en un ciclo PDCA realimentando el proceso de mejora con la experiencia adquirida. La capacitación y el compromiso deben ser factores que permitan a los operadores de producción detectar señales anómalas, mantener y mejorar las condiciones de uso de los equipos. Por el lado de mantenimiento el cumplimiento de los estándares de chequeo preventivos, el constante perfeccionamiento de las técnicas de detección por instrumentos y el desarrollo de las capacidades para realizar correctos diagnósticos de fallas hacen que se consolide lo logrado hasta el momento por las etapas anteriores. Las principales tareas para cumplir con esta etapa son:

1.22. Evitar los errores de operación y puesta a punto de los equipos

1.23. Desarrollar y estimular la detección de los principios de fallas.

1.24. Capacitar en las técnicas de diagnóstico y predicción de fallas.

1.25. Fomentar el trabajo en equipos interdisciplinarios.

1.26. Crear un entorno seguro de trabajo.

5.5 Técnicas de análisis de averías

La evolución de la Calidad Total trajo consigo la utilización sistemática de numerosas herramientas de solución de problemas y que hoy son de amplia difusión en otros ámbitos fuera de la gestión de la calidad. La resolución de un problema requiere dos pasos, la identificación y luego el análisis. Existen diversas herramientas que se adaptan para cada caso pero el factor común de todas ellas es el trabajo en equipos de personas de distintas áreas vinculadas al proceso. No importan en estos equipos el grado de profesionalismo de sus integrantes sino que las opiniones y los puntos de vista de todos se tienen en cuenta y se analizan. Del intercambio de ideas todos se enriquecen. Quien no comprenda esto no puede participar en el desarrollo de estas técnicas.

5.5.1. Análisis fenómeno físico / variables de proceso (análisis P-M)

Esta técnica permite analizar las fallas de los equipos partiendo del conocimiento de los *fenómenos físicos* involucrados en los mecanismos observados y de la interacción con las *variables del proceso* (medios tecnológicos, mano de obra, métodos, materiales y medio ambiente). Se utiliza para tratar la fallas crónicas que otras técnicas no alcanzan a eliminar. Sin embargo de ser necesario se puede servir de otras herramientas de análisis de problemas . De hecho para aplicar este análisis es necesario que la frecuencia de fallas debe estar por debajo del 0,5%. Si la tasa de fallas está por encima de estos valores se debe recurrir a otros métodos convencionales (diagrama causa – efecto, brainstorming, 5W2H, diagrama de Pareto, etc.). En la Tabla 6.6.1 se observa este esquema de análisis.

Este método consta de ocho pasos:

1) Expresar claramente cuál es el fenómeno que se produce.

Es necesario exponer de manera clara qué problema manifiesta el equipo sin elaborar suposiciones. Se debe buscar evidencia objetiva. Talvez sea necesario una estratificación de los hechos utilizando otra herramienta del análisis de fallas como el 5W – 2H o sea haciendo las preguntas elementales de qué, cuándo, cómo, dónde, cuánto y quien. El problema debe ser enunciado de manera sintética y objetiva pero exhaustiva, no dejando datos sin expresar dando por supuesto que los demás tienen toda la información. Por ejemplo un proceso de rectificado el enunciado de un problema podría ser: *"Las piezas elaboradas en la rectificadora 003256 son rechazadas"*. Lo que inmediatamente salta a la vista es la falta de información más específica, porque por ejemplo no está claro que pieza se trata y si es la única que allí se elabora.

Tabla 6.6.1 – Análisis PM

1. Descripción del problema	2. Principio físico interviniente	3. Condiciones que generan el fenómeno	4. Vínculo con las variables del proceso	5. Determinar condiciones optimas	6. Determinar capacidad métodos de medición	7. Establecer las diferencias	8. Plan de mejoramiento
El 100% de los árboles receptores que se realizan en la rectificadora 1190 presenta un facetado uniforme en su diámetro 25.35+-0,05	Distancia entre eje pieza-piedra no cambia uniformemente de acuerdo al avance	Juego del cabezal por desgaste del buje- Falta de buena lubricación	Aceite en malas condiciones (baja viscosidad, presencia de contaminantes sólidos)	Propiedades del lubricante: Aceite lubricante ISO VG: 68, Visc 40°C:70 cSt, Visc 100°C:8,51 cSt, I.V.: 90, Flash point: 205 °C, Pto. de escurrim.: -9°C, Ind. Neutral.: 0,6 mgKOH/mg	NO se dispone de métodos propios se deberá enviar a laboratorio certificado		1.-Determinar el origen de las partículas sólidas extrañas y metálicas. 2.-Realizar el cambio del lubricante 3.-Realizar muestreos con una frecuencia semanal durante los dos primeros meses
		La pieza al girar oscila alrededor de su eje	Conductos lubricación con suciedad				
			Falla gestión lubricación				
			Falla bomba de circuito				
		Juego del plato	Presión inadecuada				
		Juego de la contrapunta	Huelgo inadecuado				
		La piedra no tiene un avance uniforme	rozamiento en la bancada				
		La piedra no gira uniformemente	Juego del husillo de la piedra				
	Hay pequeñas variaciones de velocidad tangencial relativa						

Tampoco se aclara que cota o característica es la objetada ni cual es el defecto en cuestión. Un segundo intento puede ser: *"La rectificadora número 003256, que solamente elabora árboles receptores, produce el rechazo de estos porque el diámetro de los mismos tiene una mala terminación su-*

perficial". El enunciado anterior si bien parece completo en su planteo sin embargo no es exhaustivo. Da por sobreentendido que el 100% de las piezas sufre el defecto pero podría no ser así. No aclara que tipo de defecto superficial aparece y ni tampoco dice a qué diámetro se refiere suponiendo el caso que tenga mas de uno. Pero lo más notable que dicho enunciado induce a pensar que la que produce el defecto es la máquina al expresar: *"La rectificadora número 003256,....., produce el rechazo de estos ...".* Intentemos una vez más: *"El 100% de los árboles receptores, que solamente se elaboran en la rectificadora 003256, presentan en el diámetro 25,32 +/- 0,05 defectos de facetados en la superficie".* El planteo es muy importante en la búsqueda de las causas que producen una falla y esta etapa es válida tanto para este método como para cualquier otro.

2)Analizar los principios físicos que intervienen en el problema.

Sobre el enunciado del problema se deben investigar los fenómenos físicos y las características geométricas o mecánicas involucradas en el hecho. Para realizar esta etapa se requiere la participación de personal con ciertos conocimientos técnicos. En este ejemplo el facetado es la formación de caras planas sobre la circunferencia de la pieza. En el rectificado la pieza gira sobre su eje y el diámetro es mecanizado por la diferencia de velocidad tangencial de una piedra esmeril que también gira y va avanzando radialmente hacia el centro de la pieza. Si el giro relativo entre la pieza y la piedra o si el avance de la piedra cambia se producen pequeños planitos sobre la superficie de la pieza lo que le da un aspecto de polígono de muchísimos lados. Entonces el principio físico o geométrico que aquí ocurre es que por instantes muy pequeños el movimiento de entre pieza y piedra sufre variaciones de velocidad tangencial o la distancia entre el eje de rotación de la pieza y el eje de la piedra no varía uniformemente con el avance.

3) Establecer las condiciones que generan el fenómeno.

Se debe determinar cuales hechos que deben ocurrir para que se produzca la falla. En este caso habría las siguientes circunstancias:

   a.   La pieza, al girar, oscila alrededor de su eje.

   b.   La piedra no tiene un avance uniforme.

   c.   La piedra no gira de manera equilibrada

4) Determinar la incidencia de las variables de proceso

Ahora se debe determinar la incidencia que cada variable, mano de obra, método, material, medio ambiente y medios tecnológicos tiene en cada condición anterior. Es decir se busca la causalidad de cada factor en cada una de las condiciones que generan el fenómeno. Para esto se puede utilizar el diagrama de Causa Efecto o diagrama de Ishikawa. Para el caso a) del punto anterior, la oscilación de la pieza alrededor puede ser causada por:

   a.1- juego de la contrapunta donde gira la pieza,

   a.2- juego del plato donde va alojada la contrapunta

   a.3- juego del husillo donde va montado el plato dentro del buje de bronce

(en este caso hemos supuesto que husillo está guiado por buje de bronce, en otros casos está guiado por rodamientos)

Ahora supongamos el punto a.3. Recordemos que en este caso el rozamiento del eje dentro del buje está reducido por una película de lubricante. Como el husillo de la pieza gira a muy pocas r.p.m. la lubricación no es hidrodinámica, sino hidrostática cuyo suministro de aceite está generado por una bomba de un circuito de lubricación. Sin duda que la oscilación se produce por desgaste del buje de bronce lo que nos lleva a pensar que le ha faltado lubricación o partículas sólidas extrañas dentro del aceite han dañado la superficie del buje. Ahora en este caso la lubricación falló porque: el aceite no estaba en condiciones (material), el conducto estaba tapado con suciedad (medio ambiente), la persona encargada de controlar la lubricación no verificó el nivel de la cuba de aceite y si el sistema pese a que le falte lubricante funciona igual, por falla de las seguridades (MO) o bien porque falló la bomba y fallaron las seguridades de la máquina (medio tecnológico).

5) Determinar cuales son las condiciones óptimas

Es necesario a continuación determinar cuáles son las condiciones óptimas que deben estar presentes para que la falla no se produzca. Estos valores corresponden a los estándares de diseño y a referencias establecidas en normas o a gestión. En el ejemplo tenemos que responder a las preguntas,

- -¿Cuánto es el huelgo adecuado entre el husillo y el buje?
- -¿Cuál es la presión hidrostática que tiene que tener el sistema?
- -¿En qué condiciones físico químicas se encuentra el aceite lubricante?
- -¿Cómo se realiza el ciclo de lubricación?¿Es el que corresponde y es suficiente?
- -¿Cómo se desarrollan las rutinas del TBM?¿Qué se ha observado?

6) Determinar la capacidad de los métodos de medición

En algunos procesos las condiciones que se investigan se comprueban mediante determinados métodos de medición y con instrumentos que deben estar perfectamente calibrados. Por lo tanto si los procedimientos y los instrumentos no son idóneos se cometen errores en la apreciación de las desviaciones respecto a los valores óptimos. En nuestro caso, si necesitamos por ejemplo medir la presión del sistema, el manómetro que usemos debe estar calibrado. Igualmente si se realizan muestras del aceite con un laboratorio portátil, este deberá estar certificado.

7) Establecer diferencias entre las condiciones encontradas respecto a las óptimas

Mediante las mediciones realizadas en el punto anterior se deben establecer en cada condición las diferencias entre los valores encontrados y los requeridos por el diseño.

8) Implementar un plan de mejoramiento

A partir de la identificación de las desviaciones realizadas en el punto anterior se deben corregir todas las causas de anomalías ordenando las acciones mediante la combinación de factores tales como la urgencia, la gravedad y la tendencia (método GUT).

El objeto de este método es analizar las causas de las pérdidas crónicas que persistentemente se han ignorado talvez por desconocimiento de los factores físicos o técnicos y de las complejas interrelaciones entre estos y las variables del proceso. Normalmente las herramientas de análisis de problemas son instrumentos que requieren de la participación de todos los involucrados, pero a veces el personal de producción no tiene la suficiente preparación técnica para abordarlas. No obstante no se debe despreciar ninguna opinión por ilógica que parezca. Otro punto importante de este procedimiento es la determinación de los valores requeridos por el diseño en los puntos con anomalías y finalmente la utilización de instrumentos de medición apropiados. Como se ve es una técnica que se fundamenta mas en valores objetivos que por relación de apreciaciones subjetivas. Para el desarrollo del análisis es necesario información técnica, planos, esquemas, tablas, catálogos de cada condición, como así también la visita a la planta para comprender como es la realidad operativa del equipo.

5.5.2. Análisis de los modos de fallas y sus efectos (AMFE)

Este es una técnica participativa que se aplica para identificar los probables problemas de un sistema, determinar sus posibles causas y evaluar el impacto que estos tendrán si llegaran a ocurrir. También se lo conoce por sus siglas en inglés: FMEA o sea *Failure mode and effects analysis*. Fue desarrollado por la industria aeroespacial de los Estados Unidos en la década del 60 y posteriormente se lo utilizó en la industria automotriz, aunque en la actualidad se ha extendido aun más su uso. Es importante destacar que la aplicación de este método tiene una orientación claramente predictiva porque se analizan potenciales modos de fallas y como van a afectar. Antes de diseñar, construir, poner en funcionamiento un equipo se le debe realizar un AMFE para evitar que ocurran desperfectos por errores no contemplados en el diseño, fabricación o montaje. Naturalmente cuanto mas cerca de la etapa del diseño se realiza mas posibilidades de corrección existen.

El desarrollo del AMFE se basa en la valoración del riesgo de un ítem dado a través del producto de tres factores: la probabilidad de que la falla se manifieste, la gravedad de las consecuencias que produce si aparece y la capacidad de que sea detectada a tiempo. Este se valor se llama Índice de Prioridad de Riesgo, IPR:

$$IPR = P \times G \times D$$

El método necesita como input un esquema que describa las partes constitutivas del sistema, sus funciones y las interrelaciones entre si y entre éstas y el exterior. Este esquema ayuda a la comprensión de la secuencia causa efecto de las partes y se debe realizar aunque los participantes conozcan a fondo el sistema en estudio. También se deben aportar todas las informaciones y requerimientos propias del proceso y del producto como asimismo los requisitos legales, de calidad, de seguridad y ambientales que estén vinculados al proceso. Como output el método brinda una categorización de las eventuales fallas y cómo estas pueden disminuir su IPR mediante acciones de mejoras propuestas.

El esquema consiste en la representación de las partes principales del sistema como bloques conectados entre si por flechas cuya orientación indica la secuencia de acción. Las interacciones que se consideran son: la operación manual, la acción mecánica y fluídica, las señales eléctricas y electrónicas y los datos o informaciones. Todo este sistema tiene un límite y la conexión hacia fuera y hacia adentro se realiza mediante interfases. Los elementos que interactúan con el sistema pero no son parte del mismo se consideran externos y se dibujan fuera del límite.

Los modos en que un sistema o componente puede fallar están relacionados con la función que cumplen y por lo tanto la manera en que esta se realiza:

1) La función no se ejecuta.

2) La función se ejecuta parcialmente o no se completa.

3) La función se realiza de manera irregular o intermitente.

4) La función está disminuida.

5) La función está sobre desarrollada.

El método se divide conceptualmente en tres partes: análisis, control y acción correctiva. La valoración de la probabilidad está ligada a la posibilidad que la causa que genera el modo de falla se manifieste, en tanto que la valoración de la gravedad se refiere al impacto producido por el modo de falla y con la valoración del grado de control se pretende expresar la eficacia de la detección la falla.

Tabla 6.6.2 – esquema de planilla AMFE

Análisis					Control		Correcciones
Modos de falla	Causa	Probabilidad (P)	Efecto	Gravedad (G)	Controles	Grado de Control (D)	Acciones de mejora
Descripción de la función del elemento	1. Función no se ejecuta 2. Función ejecutada parcialmente 3. Función ejecutada irregularmente 4. Función disminuida 5. Función sobre desarrollada	Descripción de las causas probables de cada modo de falla	Valoración de la probabilidad en función de la frecuencia	Descripción de los efectos de los modos de fallas	Valoración de la gravedad de los efectos	Descripción de los métodos de control actuales	Valoración del grado de control y de la capacidad de detección	Acciones de mejora propuestas para cada modo de falla en función de la valoración IPR

La valoraciones se escogen de manera arbitraria pero su magnitud debe ser coherente con lo que se quiere significar para ello se deben elaborar tres tablas con los valores para la probabilidad P, la gravedad G y la capacidad de detección D. No es conveniente tener demasiados valores en cada uno. Un número recomendable es una escala de cinco puntos. Tomemos como ejemplo las siguientes tabulaciones como referencia pero cada organización adopta la escala que mas le convenga.

Tabla 6.6.3 - Ponderación de Gravedad

Gravedad del efecto	G	Descripción
Muy Crítico	4	La falla afecta a: la producción bloqueando el flujo productivo y parando la planta, la calidad con defectos que atentan contra la seguridad del cliente, la seguridad laboral con riesgos de muerte o lesiones graves al operario o terceros, al ambiente con contaminación severa. Una vez producida la falla, sus efectos no tienen atenuantes ni alternativas de contención.
Crítico	3	La falla afecta a: la producción reduciendo el flujo productivo, a la calidad generando defectos que irritan al cliente, a la seguridad exponiendo al operario y a terceros a lesiones permanentes, al ambiente con contaminación seria. Una vez ocurrida su efecto puede ser controlado o hay alternativas para minimizar el impacto
Importante	2	La falla afecta a: la producción pero se mantiene el flujo productivo, a la calidad generando rechazos definitivos, a la seguridad exponiendo al operario o a terceros a lesiones temporales o al ambiente generando contaminación leve. Una vez ocurrida al falla tiene un impacto de menor significación.
Secundario	1	La falla afecta a: la producción ocasionando demoras en el flujo productivo, a la calidad generando recirculación, a la seguridad exponiendo al operario a molestias que dificultan su desempeño o al ambiente con contaminación de poca significación.

Tabla 6.6.4- Ponderación de probabilidad

Probabilidad de ocurrencia	P	Frecuencia (reciproca de hs.)	Descripción
Muy alta	5	> 1/10	Frecuencia demasiado alta, una falla o mas por turno de 8 hs.
Alta	4	De 1/1000 a 1/10	1 falla entre un turno de 8 hs. y 40 días de 24 hs.
Moderada	3	De 1/4500 a 1/ 1000	Aprox. 1 falla entre 40 días y 6 meses
Baja	2	De 1/9000 a 1/4500	Aprox. 1 falla entre 6 meses y 1 año
Muy baja	1	<1 / 9000	1 falla después de 1 año

Una vez obtenido el IPR se debe establecer cual es el objetivo admisible, que estará en función de la capacidad de la empresa para realizar las acciones de mejora. Se debe enfocar la atención en la eliminación de los modos de falla y sus causas pero si no se puede se deben minimizar los efectos o mejorar el grado de control.

Tabla 6.6.5 –Ponderación de la capacidad de detección

Detección	D	Descripción
Remota	5	Es casi imposible la detección de la falla con los métodos actuales.
Escasa	4	La falla se detecta mediante el desarme del equipo o puede ocurrir en lugares de difícil acceso o el método de control no es confiable.
Probable	3	El método de control requiere de permanente inspección y no es lo suficientemente confiable.
Moderada	2	El método de inspección puede detectar la falla cuando se produce y es confiable.
Segura	1	El método de control es muy confiable, detectará seguramente la falla con anticipación a su aparición.

En una columna se exponen las acciones de corrección con plazos y responsables y a continuación en otra columna se debe recalcular el IPR que se obtiene con la mejora realizada. A continuación se plantea un ejemplo de un sistema de calentamiento de uin horno de tratamiento térmico. Primero se establecen los distintos elementos que intervienen y sus vínculos.

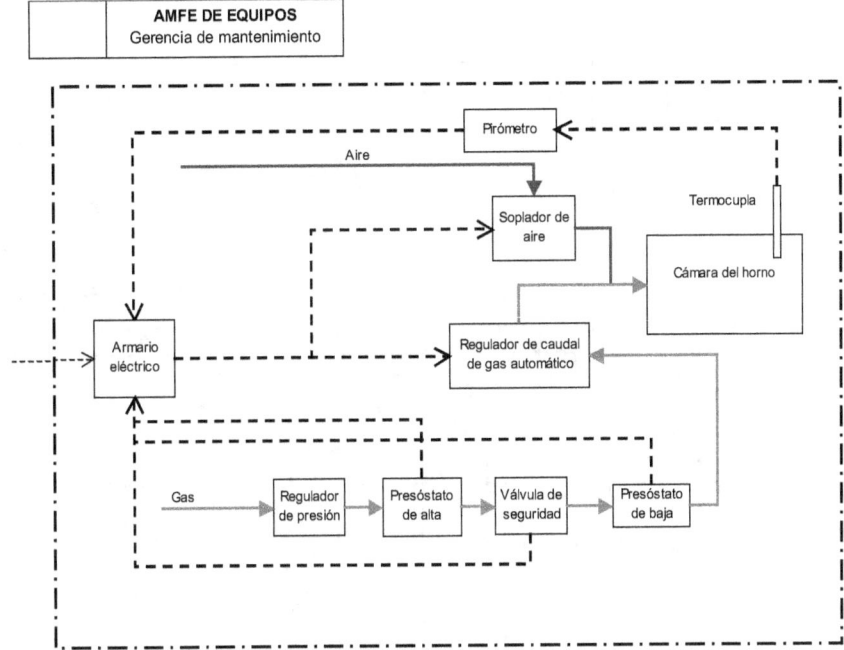

AMFE DE EQUIPOS
Gerencia de mantenimiento

Figura 6.6.6 – Esquema de sistema

AMFE DE EQUIPOS
Gerencia de mantenimiento

AMFE N°: 9168-03
Preparado el: 10/06/2002

Responsable: Zurita

Participantes: Capelli / Monjes / Figueroa

Planta: Cajas de velocidades
Línea: Tratamientos térmicos
Equipo: 9168
Descripción: Horno Humbert

Item	Función	Análisis					Control			Corrección			Nueva evaluación			
		Modo de falla potencial	Causa posible	P	Efecto potencial	G	Controles	D	IPR	Acciones de mejora	Fecha Implem.	Resp.	P2	G2	D2	IPR2
Sistema de calentamiento o por radiante	Elevar la temperatura de la cámara del horno a 900°C para el tratamiento acero cementado SAE 8620 con una generación de 100000 Cal/hora en atmósfera controlada	El quemador no enciende	Quemador sucio o mal calibrado	4	No se realiza el tratamiento térmico	4	Revisión semestral del quemador	3	48	Incrementar la frecuencia a control mensual	25-6-02	Bistocco	4	4	1	16
			Falta de suministro gas por baja presión de gas	2	No se alcanza la temperatura de trabajo	2	Control de mensual de presostato de baja	2	8							0
		El quemador se apaga	Falta de suministro gas por alta presión de gas por falla regulador	2	Piezas con defectos		Control de mensual de presostato de alta	2	8							0
			Falta de suministro aire por parada de soplador	4	Riesgo de explosión	4	Alarma de soplador parado	3	48	Sistema doble de alarma de parada de soplador en paralelo (taquímetro / flujómetro)	20-6-02	Capelli	4	4	1	16
			Falla en el controlador de caudal de gas	4			Revisión mensual de controlador	2	16							0
		El quemador no produce las calorías necesarias	Fallas en el pirómetro	4	Rechazo de piezas por tratamiento mal realizado	2	Revisión mensual de pirómetro	2	16							0
			Falla en la termocupla	4			Control mensual de termocuplas	3	24	Colocar termoculpas de mejor calidad Realizar control diario de termocuplas y contrastarla con patrón	15-9-02	Figueroa	3	2	3	18
		El quemador con consumo irregular de gas	Pérdidas en cañerías	1	Variaciones en la temperatura del proceso	2	Control annual de pérdidas o posterior a reparaciones	2	4							0
			Termocupla con problemas en conexiones	4	Piezas con defectos		Control mensual de termocuplas	3	24	Cambiar conexión de termocupla	6-8-02	Figueroa	2	2	3	12

Figura 6.6.7 – Planilla AMFE

5.5.3. Otras técnicas

Diagrama de Pareto

Es una técnica que se basa en el principio de que pocos elementos de un conjunto tienen mayor significación que los restantes elementos. Este concepto se debe al italiano Vilfredo Pareto quien decía que el 80% de las riquezas se concentra en pocas personas y el 20% en el resto de la población. Es un método que permite *establecer el grado de importancia de una serie de fenómenos* en una determinada situación y por lo tanto las prioridades de intervención. Sirve para clasificar los datos según diversas tipologías como por ejemplo por clase de problema, por proceso, por maquinaria, por turno de trabajo. Para su ejecución se debe proceder según los siguientes pasos:

1) Definir el intervalo tiempo de observación y reunir los datos respetando la tipología de la muestra. El intervalo de tiempo se debe escoger teniendo en cuenta la cantidad de valores que se generan en ese período. Cargar esos datos en una planilla ordenada de manera arbitraria.

2) Se ordena de manera decreciente el listado en función de la cantidad.

3) Se calcula los valores acumulados de ese ordenamiento, los porcentajes y los porcentajes acumulados. Si los ítems observados son numerosos explicitar los primero seis u ocho y el resto se los agrupa en un ítem "otros".

4) Se trazan dos o tres ordenadas simultáneamente en el mismo gráfico. En el primer eje, generalmente a la izquierda, se usa para las cantidades; en el segundo eje se colocan los porcentajes y en el tercer eje por lo general se colocan los costos. Las abscisas se dividen en tantos espacios como elementos en estudio.

5) Se distribuyen los ítems en los espacios a lo largo de las abscisas en orden decrecientes en cantidad o porcentaje de izquierda a derecha. Los valores se graficarán en columnas.

6) Se trazan los valores acumulados de los porcentajes partiendo desde el origen hasta el vértice opuesto de la primera columna, que representa el ítem mas significativo de igual forma se continua con el segundo elemento, se traza el valor acumulado hasta el segundo ítem mediante una diagonal y así hasta llegar al 100%. Ejemplo:

Si se desea disminuir el 60% de los costos mensuales por consumo de material de mantenimiento cuyos particulares y cantidades se detallan a continuación.

Cuadro 6.6.8

Item	Repuesto	Cantidad consumida	Precio unitario	Costo total
A	Placa contoladora eje x CNC	1	$ 900.00	$ 900.00
B	Placa contoladora eje z CNC	3	$ 1,000.00	$ 3,000.00
C	Sensor óptico	1	$ 100.00	$ 100.00
D	Rodamiento NN	6	$ 360.00	$ 2,160.00
E	Sello	2	$ 100.00	$ 200.00
F	Electrodos	20	$ 30.00	$ 600.00
G	Juntas cilindro	3	$ 40.00	$ 120.00
H	Placa control husillo	2	$ 650.00	$ 1,300.00
I	Electrovalvula	4	$ 150.00	$ 600.00
J	Plaqueta de fuente	4	$ 500.00	$ 2,000.00

Luego se calcula el costo total o sea costo del ítem por su precio, el costo total acumulado, el porcentaje, el porcentaje acumulado y de ordena de manera decreciente por costo total.

Cuadro 6.6.9

Item	Repuesto	Cantidad consumida	Precio unitario	Costo total	Costo total acumulado	% Costo total	% Costo total acumulado
B	Placa contoladora eje z CNC	3	$ 1,000.00	$ 3,000.00	$ 3,000.00	27.32%	27.32%
D	Rodamiento NN	6	$ 360.00	$ 2,160.00	$ 5,160.00	19.67%	46.99%
J	Plaqueta de fuente	4	$ 500.00	$ 2,000.00	$ 7,160.00	18.21%	65.21%
H	Placa control husillo	2	$ 650.00	$ 1,300.00	$ 8,460.00	11.84%	77.05%
A	Placa contoladora eje x CNC	1	$ 900.00	$ 900.00	$ 9,360.00	8.20%	85.25%
F	Electrodos	20	$ 30.00	$ 600.00	$ 9,960.00	5.46%	90.71%
I	Electrovalvula	4	$ 150.00	$ 600.00	$ 10,560.00	5.46%	96.17%
E	Sello	2	$ 100.00	$ 200.00	$ 10,760.00	1.82%	98.00%
G	Juntas cilindro	3	$ 40.00	$ 120.00	$ 10,880.00	1.09%	99.09%
C	Sensor óptico	1	$ 100.00	$ 100.00	$ 10,980.00	0.91%	100.00%

Se realiza el gráfico 6.6.10.

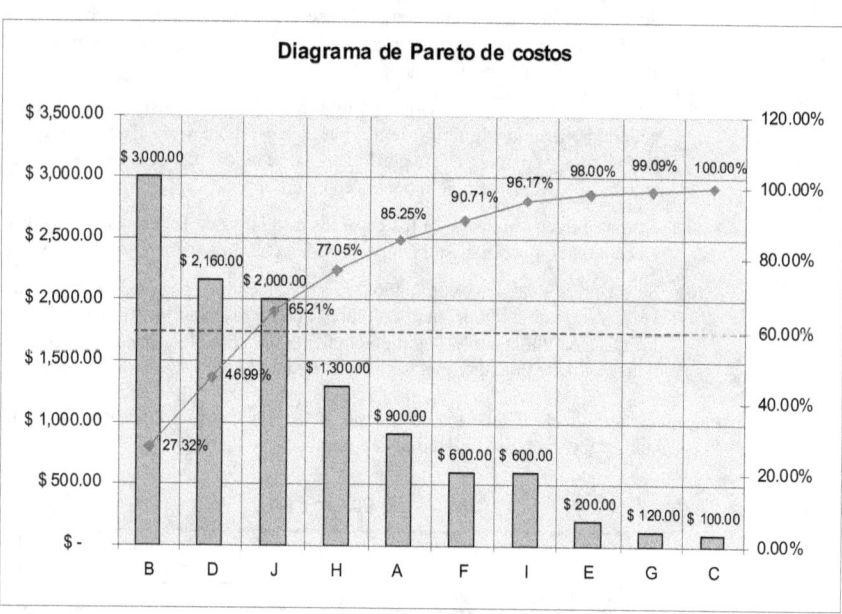

Si se quiere reducir el costo del consumo se debe operar sobre los ítems b, d y j por lo tanto las fallas asociadas a estos elementos debe ser evitadas. Los demás elementos no tienen incidencia. Los elementos que mas se consumieron, ítem g, no inciden porque su costo unitario es bajo. Es decir que esta técnica simple sirve para establecer las prioridades de las acciones en función de la ponderación de los ítems. También se puede aplicar la técnica para el caso de la tipología de fallas, la cantidad ocurrida y la duración de cada tipo.

Diagrama Causa - Efecto

Es un diagrama con aspecto semejante al esqueleto de un pez por lo que se también se llama, obviamente, Diagrama Espina de Pez y sirve para representar la relación entre el efecto o resultado de un fenómeno y las posibles causas atribuidas a la acción de los distintos factores concurrentes al efecto. También se lo conoce como diagrama de Ishikawa quien fue el que lo ideo y lo puso en práctica. Como herramienta metodológica, esta funciona perfectamente para organizar las opiniones que cada integrante del grupo de análisis realiza.

Lo primero que se debe realizar es una acabada descripción del efecto que en nuestro caso es el resultado de la falla. Aquí valen las consideraciones hechas en el primer paso del método análisis el fenómeno físico y variables del proceso expresado en el párrafo 5.6.1. En efecto si no está bien definido el efecto o se lo define de manera incompleta, es el primer paso en una cadena de imprecisiones que conducirán a establecer causas equivocadas.

Establecido con claridad el efecto se procede a dibujar el diagrama. Para ello en el lado derecho de una hoja o pizarra se escribe el efecto enunciado anteriormente y desde el lado izquierdo se traza una fecha en dirección al efecto. Esta es la rama principal o nivel 1 y a ella concurren las ramas auxiliares o nivel 2 y así sucesivamente los demás niveles. La distribución de las ramas debe ser parecida a la que se muestra en la figura de abajo

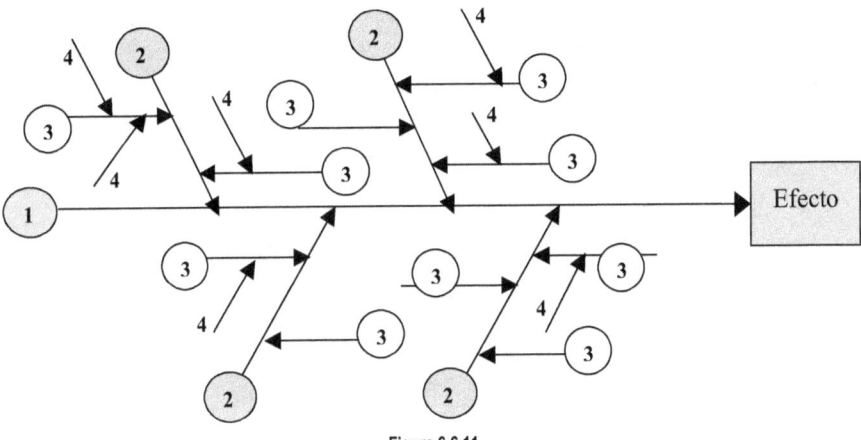

Figura 6.6.11

En cada rama escriben las causas de manera reducida, pero no se colocan juicio o suposiciones, tales como "el repuesto es inadecuado" o " el material no sirve" hay que colocar evidencia objetiva. Si las ramas de nivel 2 son muchas es conveniente desdoblar el diagrama porque se complica el análisis al estar demasiado cargado el esquema. Para descender de nivel buscando las causas últimas se usa la técnica de los cinco ¿porqué?. Es decir ¿Porqué ocurre el hecho A? Se produce por el hecho B; ¿Porqué ocurre el hecho B? Se produce por el hecho C; ¿Porqué ocurre el hecho C? Se produce por ... así se continua hasta que no haya más repuestas. Se considera que con cinco niveles de preguntas se debe llegar hasta las causas últimas.

La búsqueda de las causas se puede hacer de acuerdo a tres criterios:

a) Criterio de los componentes del sistema

b) Criterio de la secuencia de los procesos

c) Criterio de las variables de un proceso

En el caso a. se utiliza como criterio colocar en cada rama de nivel 2 los elementos que componen el sistema que da como resultado el efecto estudiado. Por ejemplo una prensa hidráulica no trabaja.

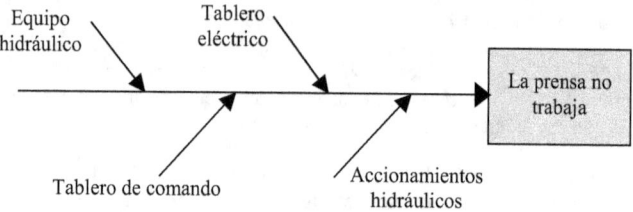

Figura 6.6.12

En caso b se considera que cada rama responde a un ordenamiento de proceso y se debe diagramar de acuerdo a esa secuencia sin olvidar ninguna etapa porque quizás en esa rama haya un componente causal. Cuando decimos proceso se entiende una secuencia de hechos o partes que interactúan sucesivamente por ejemplo la línea de transmisión de un auto es motor, caja, diferencial, palieres, extremos de dirección y ruedas. La diferencia con el anterior es que cada fase viene de la anterior. También se la puede aplicar a la sucesión de operaciones de un proceso productivo. En la figura inferior se aplica a un proceso de pretatamiento de una carrocería.

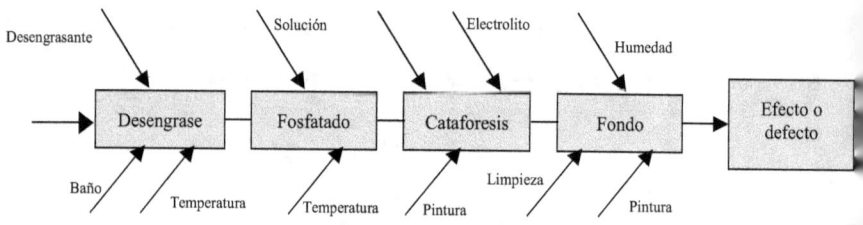

Figura 6.6.13

En cada fase se aplican los elementos que inciden en esa operación. Si el proceso es de una complejidad mayor se puede fragmentar cada operación y constituir en si misma un diagrama subsidiario del principal.

En el caso c se utiliza el criterio de considerar que un determinado efecto está producido por una falla ligada a alguna variable del proceso tal como lo venimos enunciando desde el comienzo. Ahora la clasificación de las ramas del nivel 2 corresponde a cada una de las 5M:

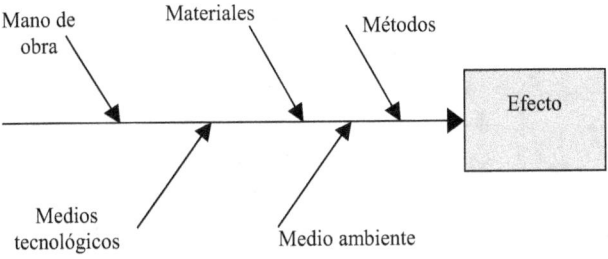

Figura 6.6.14

Existe otra forma de desarrollar el diagrama pero no es un criterio sino mas bien una manera de expresar las ideas y se trata de que cada uno diga las ideas de manera libre, lo que si bien facilita el clima de trabajo, complica la diagramación y confunde a todos si no se estratifican las opiniones. Para el desarrollo de estos diagramas, como en todas las herramientas participativas, la actividad de los grupos debe ser conducida por personal que además de conocer las tecnologías y los procesos debe realizar capacitación en conducción e grupos. Ello exige destreza en la motivación de los participantes. Una herramienta auxiliar que facilita la participación grupal es el "Brainstroming" o Tormentas de ideas que consiste en que el grupo expresa, dentro de un plazo establecido, las opiniones acerca de un determinado hecho por ejemplo las causas de una falla. Para ello cada integrante escribe de manera anónima en tarjetas que les distribuye el coordinador todos los hechos que cree que son las causas de las fallas que se estudian, pero por tarjeta solo debe escribir una sola opinión. Luego, cuando se agotan las ideas o el plazo, se retiran esas tarjetas, se agrupan por semejanza y estratifican quitando las que no corresponden o las repetidas y por mayoría se elige a la causa probable, pero para una mejor elección de las opiniones mas valederas se puede utilizar un gráfico de Pareto. Aquí no se emiten comentarios ni criticas por la emisión de una opinión por rara que parezca.

Una vez planteado el diagrama y expresadas sus posibles causas viene la fase de análisis. Para ello se necesita definir las causas mas probables y las mas importantes. La probabilidad de ocurrencia que cada causa tiene se basa en la experiencia o valoración de los participantes cuando no se disponen de datos estadísticos o informaciones específicas. En el diagrama se identifica con un círculo o una flecha cada causa mas probable. La importancia que estas tienen se determina evaluando la influencia sobre el efecto y se las califica con un número de prioridad. Esta priorización sirve para orientar el trabajo de verificación en el campo real. Es decir se trabaja sobre la causa 1 con acciones consensuadas y se observa si hay mejoras. Si el efecto persiste se debe continuar con otra causa.

5W2H

Esta es un técnica auxiliar que se basa en realizar preguntas que ayudan a la recolección y comprensión de informaciones. Son la típicas preguntas que haría un investigador policial. El nombre de la técnica responde a las siglas en inglés de siete palabras: What?, Who?, When?, Where?, Why?, How?, How much?. Si bien es una técnica elemental, aplicada en reuniones del equipo de trabajo ayuda a la definición de algunos fenómenos o problemas. Ya se vio en el párrafo 5.6.1 que las personas por lo general tienden a definir o explicar de manera incompleta un hecho lo que conduce a soluciones parciales o erradas. Estas preguntas ayudan a ordenar mentalmente la definición de un problema.

Cuadro 6.6.15

	Hecho	Descripción del hecho	
Objeto	¿QUÉ?	¿Cuál es el problema?	
		¿Qué se ha observado?	
Lugar	¿DÓNDE?	¿Dónde se origina?	
		¿Dónde incide?	
Tiempo	¿CUÁNDO?	¿Cuándo ocurre?	
		¿En qué momento?	
Persona	¿QUIÉN?	¿Quién detectó el hecho?	
		¿Quién interviene en el hecho?	
Modo	¿CÓMO?	¿Cómo ocurre?	
		¿Cómo es la sucesión de los hechos?	
Cantidad	¿CUÁNTO?	¿Cuán importante es?	
		¿Cuán grande es la frecuencia?	
		¿Cuán probable es el hecho?	
		¿Cuántos son los costos?	
Causa	¿POR QUÉ?	¿Por qué ocurre el hecho?	

6

T.P.M.

6.1 Origen y desarrollo del T.P.M.

Las industrias de proceso japonesas son las primeras que introdujeron el mantenimiento preventivo (PM), debido a que sus tasas de producción, calidad, seguridad y entorno dependían casi exclusivamente del estado de la planta y los equipos.

El PM se introdujo en los años 50 proveniente de U.S.A.

- Los sistemas de mantenimiento preventivo y productivo fueron desarrollados en Japón en los 60 y ha tenido una importancia crucial en el ámbito de Calidad de producto, productividad, mejora tecnológica, gestión de equipos, etc.

Las industrias de procesos han avanzado hacia el mantenimiento preventivo y productivo, mientras que la manufactureras o de ensamble hacia la automatización de la mano de obra.

En automatización, fue Japón el líder indiscutido por casi una década, la producción en J.I.T. de origen también Nipon, se desarrollo principalmente en las industrias de manufactura y ensamble. El T.P.M. es un enfoque casi exclusivamente japonés, y da forma así a un tipo de mantenimiento productivo que involucra a todos los empleados de la compañía, este es concepto o idea primordial que sostiene esta forma de hacer mantenimiento.

El T.P.M. se desarrolla primeramente en la industria del automóvil (Toyota, Nisan y Mazda). Luego a partir de sus proveedores y filiales.

Posteriormente otras industrias también lo tomaron como propio, tales como: electrodoméstica, microelectrónica, máquinas herramientas, plásticos, fotografía, etc.

En la última década del siglo pasado, fueron las industrias de procesos que también lo pusieron en práctica, ejemplo de ello, son: alimentación, caucho, refinería, químicas, farmacéuticas, gas, cemento, papeleras, siderúrgica, impresión, etc.

Luego, dentro de las empresas se desarrollo, primeramente en los departamentos de producción y ingeniería, para posteriormente extenderse a todos los ámbitos de la empresa: ventas, administración, desarrollos, etc.

Por último debemos decir que el T.P.M. también se ha extendido geográficamente, llegando primeramente a U.S.A. y Europa, y luego a todo el mundo.

6.2 ¿Porqué es tan popular el T.P.M. ?

Existen tres razones fundamentales que sostienen esta afirmación. Son las siguientes:

- Garantiza resultados tangibles significativos.
- Transforma visiblemente los lugares de trabajo y su entorno.
- Eleva el nivel de conocimiento y capacidad de los trabajadores de producción y mantenimiento.

Resultados Tangibles significativos:

Invariablemente logran resultados como:

- Reducción de las Averías de los equipos en general.
- Minimización de los tiempos en vacío y pequeños paradas, como consecuencia de lo señalado anteriormente.
- Disminución en los defectos y reclamos de calidad.
- Elevación de los índices de productividad.
- Reducción del costo de personal, inventarios y accidentes.
- Promoción del compromiso de los empleados.

Transformación del entorno de la planta:

Lo que implica esta expresión es:

- Pasar de una planta sucia, oxidada, cubierta de aceite y con grasa, a una planta de un ambiente de trabajo limpio, grato y seguro.
- Los clientes y visitantes se quedan gratamente impresionados, lo que aumenta la confianza en los productos y en la calidad de gestión de la planta.

Transformación de los trabajadores de la planta:

Esta transformación no es solo a nivel conocimiento y método, sino también de aptitudes y comportamientos del personal en general:

- Los trabajadores se motivan y aumentan su integración en el trabajo.
- Proliferan las sugerencias y mejoras. Conformen perciben las mejoras de los ambientes de trabajo, mejoras en la calidad, reducción de tiempos de paradas y minimización de los tiempos de averías.

- El T.P.M. ayuda a entrenar a nuevos operarios a los equipos de mantenimiento, adquirir nuevos conocimientos y disfrutar de nuevas experiencias.

- Refuerza la motivación, genera interés, atención por equipo, alimenta el deseo por mantener el equipo en condiciones óptimas de funcionamiento.

6.3 Características especiales de las industrias de procesos a considerar para el T.P.M.

Se distinguen de las de manufacturas por algunas características especiales, que tienen su efecto en la implantación del T.P.M.:

- Sistemas de producción diversos: Cubre una amplia gama (refinería, petróleo, petroquímica, química general, siderurgia, electricidad, gas, papelera, cemento, alimentación, farmacéutica y textil).

- Diversidad importante de procesos y equipos: generalmente contiene combinación de diferentes procesos tales como, pulverización, disolución, reacción, filtración, concentración, cristalización, separación, moldeado, calentamiento, cribado, secado, etc. Mientras que a nivel instalaciones pueden encontrar: intercambiadores de calor, calderas, hornos, máquinas rotativas, bombas, compresores, motores, turbinas, sistema eléctricos y instrumentación en su conjunto.

  - Uso de equipo estático: características particulares de las industrias de proceso. Las características especiales de los equipos requieren actividades para diagnosticar corrosión, fisuras, quemadura, obstrucciones, fugas, etc.

  - Controles centralizados y pocos operarios: en contrario de las industrias manufactureras y ensamble, esto es gama de amplios equipos controlados por pocos operarios desde una central general de monitoreo.

  - Diversos problemas relacionados con los equipos: ejemplo de ello, obstrucciones, fugas, fisuras, roturas, corrosión, agotamientos, fatigas, holguras, piezas que se desprenden, desgaste, distorsiones, quemaduras, cortocircuitos, falta de aislación, cables rotos, operación defectuosa, fugas corrientes, sobrecalentamiento, etc. Siendo lo más comunes corrosión, fugas y obstrucción.

  - Alto consumo de energía: muchos de los procesos que se nombraron anteriormente, como la reacción, cristalización, horneado, secado y disolución, consumen grandes cantidades de energía, gasoil y agua.

  - Conexiones de derivaciones y reservas: Para gestionar las averías, se instalan equipos de reservas y conexiones de bifurcaciones o derivaciones de los productos en elaboración.

  - Alto riesgo de accidente y polución: Debidos al tipo de sustancias que se manejan, las temperaturas y presiones de esas sustancias, existe un alto riesgo de explosiones y polución del ambiente. Es importante el estricto control de los reglamentos y las leyes.

  - Entornos deficientes de trabajo: Debidos a que los productos y subproductos que circulan usualmente, se consideran inevitable que el entorno de trabajo se presente deficiente, debido a la polución de partículas, derrames, fugas, etc. Condiciones que a su vez causan dificultades en los equipos.

- **Mantenimiento con parada de instalaciones**: Cuidadosamente planificada y sistemá-ticamente ejecutadas, donde el mantenimiento con planta parada se considera la for-ma más eficaz de evitar las averías. Sin embargo consume tiempo, dinero, mano de obra. La clave esta en encontrar la forma eficaz de hacerlo.

6.4 Definición de T.P.M.

T.P.M. originalmente se definió en el "Japan Institute of Plant Maintenance (JIPM)" incluyendo 5 estrategias:

- Maximizar la eficiencia global de planta que cubra la vida entera del equipo.
- Establecer un mantenimiento preventivo global que cubra la vida entera del equipo.
- Involucrar a todos los departamentos que planifiquen, usen y mantengan los equipos.
- Involucrar a todos los niveles de la organización desde la alta dirección a los operarios di-rectos.
- Promover el mantenimiento preventivo motivando a todo el personal, promoviendo las acti-vidades de los pequeños grupos autónomos.

Sin embargo. El T.P.M. se comenzó a aplicar en toda la empresa, abarcando departamentos de desa-rrollo, ventas y administrativos. Para reflejar esta tendencia se ha introducido desde 1989 una nueva definición del T.P.M.; con los siguientes componentes básicos:

- Crear una organización corporativa para maximizar la eficacia de los sistemas de producción.
- Gestionar la planta con una organización que evite todo tipo de pérdidas (asegurando los ceros accidentes, defectos y averías) en la vida entera del sistema de producción.
- Involucrar a todos los departamentos en la implantación del T.P.M. incluyendo desa-rrollo, ventas y administración.
- Involucrar a todos, desde la alta dirección a los operarios de planta, en el mismo pro-yecto.
- Orientarse decididamente los acciones hacia el "cero - pérdidas", apoyándose en las actividades de los pequeños grupos.

6.5 Desarrollo del T.P.M.

Se implanta en cuatro fases (preparación, introducción, implantación y consolidación), que a su vez se pueden descomponer en doce pasos.

Fase de preparación (Paso 1-5):

Es vital elaborar cuidadosamente y prolijamente los fundamentos y programa T.P.M. Si se descuida esta etapa, requerirá repetidas correcciones y modificaciones durante la implantación. Comienza con el anuncio de la alta dirección y se completa formulando el plan maestro plurianual del T.P.M.

- Paso 1: La alta dirección debe anunciar su decisión de introducir el T.P.M.

    1) Todos los empleados deben comprender él porque la introducción del T.P.M. y estar convencido de ello.

    2) La alta dirección debe formular su compromiso, y que el programa llegará hasta el final.

    3) Deberá reafirmar el apoyo físico y organizacional con medios y recursos para hacer posible el cumplimiento de objetivos y el pasaje a las diferentes etapas.

- Paso 2: Educación introductoria del T.P.M.

    1) Para garantizar que todos comprendan las características del T.P.M, se planifican seminarios donde se explican los razones estratégicas de su implantación.

    2) Planes de formación para cada nivel.

- Paso 3: Crear una organización de promoción del T.P.M.

    1) Se promueven a partir de una estructura de pequeños grupos que se solapan.

    2) Los líderes de pequeños grupos son miembros de pequeños grupos del nivel subsiguiente.

    3) La alta dirección constituye un pequeño grupo que se maneja de la misma manera que los demás.

    4) Este sistema es extremadamente eficiente para desplegar el T.P.M.

    5) Se debe establecer una oficina de promoción que debe tener personal permanente, plena dedicación, ayudar a los comités y subcomités, realizar divulgación, dirigir las campañas, discriminar la información y campañas publicidad, gestión de mantenimiento autónomo y centrar las actividades de mejora.

- Paso 4: Establecer las políticas y objetivos de T.P.M. básicos.

    1) La política debe ser parte integral a la global de la empresa.

    2) Debe contener los objetivos y directrices a realizar.

    3) Debe relacionarse con la planificación estratégica de la empresa, con su negocio y su plan de mediano y largo plazo.

    4) Plenamente aceptada y apoyada por la dirección.

    5) El programa debe ser suficientemente largo para cumplir los objetivos.

    6) Los objetivos deben ser mensurables, tangibles, numéricos y realizables.

    7) Deben establecerse bien cual es la base de referencia, para después de ahí plantear nuevos objetivos.

- Paso 5: Diseño del plan maestro.

No hay una única manera de hacerlo pero lo más aconsejable, es la compuesta por ocho pilares fundamentales o nucleares del T.P.M.

1) Mejora orientadas.

2) Mantenimiento autónomo.

3) Mantenimiento planificado.

4) Formación y adiestramiento.

5) Gestión temprana de los equipos.

6) Mantenimiento de la calidad.

7) Actividades de departamentos administrativos y de apoyos.

8) Gestión de seguridad y entorno.

Otras actividades particularmente importantes en plantas de proceso específicos incluyen:

9) Diagnósticos y mantenimiento predictivo.

10)Gestión del equipo.

11)Desarrollo de productos, diseño y construcción de equipos.

Estas actividades necesitan presupuestos y orientaciones con una supervisión adecuada. Programas con hitos claramente visibles para llegar a los diferentes pasos a cumplimentar.

Fase de introducción (Paso 6):

- Paso 6: Es lo que se conoce como el "Saque Inicial" del proyecto de T.P.M. (Introducción).

    1) Una vez realizado el Plan Maestro, se debe cultivar una atmósfera que eleva la moral e inspire a la dedicación.

    2) Realizar una reunión con todo el personal, clientes, filiales y subcontratistas. En esta reunión se reafirma el compromiso de implementar T.P.M., y se informa acerca de los planes de desarrollados y a desarrollar.

Fase de implantación (Paso 7-11):

Las empresas deben seleccionar actividades que logran de forma eficaz y eficiente los objetivos estratégicos de T.P.M. Los más comunes son las 8 primeras actividades nombradas anteriormente en el paso 5 dentro del diseño del plan maestro.

- Paso 7- 1: Mejora orientada.

    1) Grupos interfuncionales (ingenieros, operarios, personal de mantenimiento, etc.).

    2) En las industrias de proceso, la mejora se orienta a un proceso, un flujo de sistema, una unidad de la instalación o a un procedimiento operativo.

    3) El equipo de mejora utiliza sistemáticamente diferentes herramientas, para poder realizar el discernimiento, ejemplo de ello son análisis de causas, análisis PM, etc.

- Paso 7- 2: Mantenimiento autónomo.

Esta es una de las características más importante del T.P.M, es en la cual el operario de producción vuelve a intervenir con tareas de mantenimiento en la máquina. Dentro de las características que presenta este, se encuentran las siguientes:

1) Considerar como se puede realizar más eficientemente las acciones de mantenimiento autónomo en los diferentes tipos de equipos.

2) Investigar la importancia relativa de los diferentes tipos de equipos y determinar los enfoques de mantenimiento más apropiado.

3) Priorizar y organizar las tareas de mantenimiento.

4) Asignar apropiadamente las responsabilidades entre el personal de producción y mantenimiento especializado.

5) Controlar eficazmente cada uno de los pasos para ir evolucionando a diferentes etapas.

6) A fin de gestionar y de auditar, se crean grupos oficiales de auditoría (sino hay una limpieza profunda, difícilmente se puede encontrar y eliminar deterioros).

7) Es fundamental tener centrados los objetivos de cada paso, para que luego a partir de ellos controlar su evolución.

- Paso 7- 3: Mantenimiento Planificado.

La intervención fundamental en este caso es la eliminación de averías, pero siempre existen fallas inesperadas que se deben controlar y gestionar el tiempo medio entre fallas.

- Paso 7- 4: Formación y Adiestramiento

1) El personal es el activo más importante de una empresa.

2) Formación de operarios polivalentes.

3) Hay que identificar los conocimientos específicos, capacidades y habilidades, que es necesario desarrollar en el personal, y conociendo el nivel actual de formación que se posea cada uno de ellos, preparar un plan de formación que reduzca al mínimo estos "gap" o diferencias que existen.

4) Se deberán examinarán anualmente estas necesidades y fijar objetivos.

5) Se debe individualizar cada persona de forma de hacer más efectiva la formación.

- Paso 8: Gestión temprana de los equipos y productos.

La gestión temprana implica un concepto que busca que los productos sean fáciles de fabricar de acuerdo a sus posibilidades, y que los equipos que se utilizan para la producción sean fáciles de utilizar y/o relativamente sencillos para su reparación o mantenimiento. Sin embargo esto implica una serie de actividades de planificación a priori de cualquier tipo de lanzamiento productivo o de realización de un nuevo producto. Estas actividades son las siguientes:

1) Planificación del diseño de los equipos, teniendo en cuenta que tipo de producto se realizará.

2) Diseños de procesos en función del producto a realizar y las máquinas a intervenir en dicha producción.

3) Proyectos de equipos, su fabricación e instalaciones asociadas.

4) Someter a un test de operación.

5) Gestión de arranque o "Arranque vertical" estable de gran escala. Este último es aconsejable solo para proyecto de verdadera envergadura y con tiempo cortos de puesta en marcha.

- <u>Paso 9</u>: Mantenimiento de Calidad.

  1) Fabricar con calidad la primera vez y evitar los defectos a través de los procesos y los equipos.

  2) La variabilidad de las características de la calidad de un producto se controlan, controlando las condiciones de los componentes del equipo que lo afecta.

  3) Estos es una de los elementos que constituyen la calidad de producto. (equipos, materiales, acciones de las personas y métodos).

  4) El equipo es un medio para ejecutar el proceso.

- <u>Paso 10</u>: T.P.M. en departamentos Administrativos.

  1) No sólo es para el departamento de calidad.

  2) Fabrican información para la buena gestión del proceso.

  3) Deben ser eficaces y realizar las tareas con los menores costos administrativos.

  4) Para ayudar a su agilidad y versatilidad se informatizan los archivos y registros de uso corriente o más comunes.

- <u>Paso 11</u>: Gestión de la seguridad y el entorno.

  1) Los estudios de operabilidad combinados con la formación para prevenir accidentes.

  2) La seguridad se promueve como parte sistemática de la actividad de T.P.M.

  3) La incorporación de mecanismos a prueba error (POKA-YOKE)..

  4) Mantener los niveles de seguridad de las empresas contratadas para el mantenimiento anual de planta.

Fase de consolidación (Paso 12):

En esta fase las empresas deben sostener el sistema de T.P.M desarrollado a partir de las otras etapas. Se debe ver el tema de premios para los diferentes niveles alcanzados, elevación de objetivos para mejora continua constante, y la inserción de nuevos premios para lograr el desarrollo más allá T.P.M. básico o otras etapas más avanzadas conocidas como T.P.M. ampliado.

- <u>Paso 12</u>: Afianzar los niveles logrados y mejorar metas.

  1) El programa de T.P.M se termina cuando una empresa gana el Premio PM, el cual está establecido por estándares internacionales, dictaminados por los institutos nombrados al principio del capítulo. Sin embargo las actividades corporativas no terminan acá

  2) Una organización crece persiguiendo continuamente objetivos, cada vez más elevados, que reflejan la VISION de la corporación.

3) Recientemente, más corporaciones están concentradas debidos a las mejoras aportadas por el programa inicial. Tales organizaciones están introduciendo en una fase adicional, con la intención de ganar el premio PM especial.

6.6 Mantenimiento Autónomo.

6.6.1 Esquema

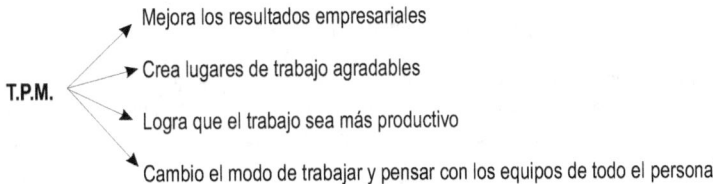

El mantenimiento autónomo es uno pilares más importante del T.P.M. por:

6.6.2 Objetivos generales del mantenimiento autónomo.

Dentro de los objetivos generales del mantenimiento se encuentran:

- Evitar el deterioro del algún equipo a través de una operación correcta y chequeos diarios.
- Llevar al equipo a su estado ideal a través de su restauración y gestión apropiada.
- Establecer las condiciones básicas necesarias para mantener el equipo en estado óptimo.
- Detectar con prontitud las anomalías en los equipos.
- Otro objetivo importante es utilizar el equipo como medios para la enseñanza de nuevos modos de pensar.
- Finalmente todo esto sirve para que la producción haga productos baratos y tan rápido como sea posible.

Visto los objetivos que mueven al mantenimiento, debemos decir que: al principio de siglo, cuando se comenzó con las tareas de mantenimiento, los operarios de planta pasaban gran parte del tiempo chequeando regularmente el equipo y su funcionamiento, desmontando y cambiando las partes deterioradas o con problemas.

A partir de la década del 50 y 60, la complejidad de las máquinas y el aumento de la tecnología en ellos, llevó a la especialización de ellos, por ende al del mantenimiento como consecuencia de esto, se disminuyo la cantidad de mano de obra, concentraran el personal de planta en producción y dejaron el mantenimiento para los especialistas del tema.

Luego el advenimiento del mantenimiento autónomo en décadas posteriores, se produjo una nueva rotación del concepto, con ello se logra eliminar las pérdidas, depreciación de los activos o maquinarias de la planta y maximizar la eficiencia del equipo.

¿Cómo se logro esto? La automatización de los equipos requiere de numerosos sensores de diferentes tipo de tecnología, los cuales necesitan gran cantidad de trabajo manual para tratar fugas, derrames, obstrucciones y limpieza en general, que no tiene mejor experto que el personal de producción que esta en íntimo contacto, todo el día con la máquina.

La producción y el mantenimiento son inseparables, y a menudo la relación entre ambos departamentos es conflictiva, algunas de actitudes que se presentan de uno y otro lado son las siguientes:

PRODUCCION	MANTENIMIENTO
- La gente de mantenimiento no hace el trabajo. - Tardan demasiado tiempo para realizar la tarea. - Este equipo es viejo y no sirve. - No tenemos como hacer controles	- Preparamos los estándares y no chequean. - No saben operar el equipo. - No lubrican las máquinas. - Tendríamos que aplicar preventivos y correctivos, pero no tenemos presupuestos.

Con las actitudes como anteriores no es posible alcanzar un objetivo de buen nivel de mantenimiento, por ende los que se debe buscar es:

PRODUCCION + MANTENIMIENTO
- Producción debe olvidar, "Yo opero tu reparas", para asumir la responsabilidad del equipo y evitar su deterioro.   - Mantenimiento debe aplicar, tareas de mantenimiento que realmente aseguren una actividad eficaz del equipo. Debe descartar que mantenimiento es solo una reparación.   - Definir sus funciones y derribar fronteras entre ambos.   - Intregrarse hacia un fin común y así direccionar esfuerzos de ambos.

Las actividades que deben realizar la producción y el mantenimiento para llegar a buen objetivo de nivel de mantenimiento son las siguientes:

PRODUCCION	MANTENIMIENTO
- Evitar el deterioro. - Medir el deterioro. - Predecir y restaurar el deterioro, realizando las siguientes actividades básicas: 1) Limpiando. 2) Lubricando. 3) Apretando pernos.	- Planificar el mantenimiento preventivo y correctivo. - Concentrarse en medir y reparar los deterioros. - Regresar los equipos a las condiciones originales: 1) Revisando cuales con las condiciones óptimas del equipo. 2) Esforzándose constantemente para aumentar el acervo técnico.

Las más importantes para apoyo al mantenimiento autónomo son:

TAREAS DE APOYO
- Facilitar instrucciones técnicas de inspección y ayuda a operarios.
- Técnicas de lubricación y estandarización.
- Tratar el deterioro rápidamente.
- Dar asistencia técnica a las actividades de mejora.
- Organizar tareas de rutina.
- Debe planificar y actuar correctamente.
- Investigación y desarrollo de nuevas técnicas de mantenimiento.
- Crear un sistema de registro de mantenimiento.
- Desarrollar y utilizar técnicas de análisis de fallas.
- Aconsejar a cerca el diseño y construcción de los equipos.
- Control de stock.

6.6.3. Establecimiento de las condiciones básicas del equipo.

El T.P.M. establece sobre un equipo de referencia, las condiciones de deterioro, además de las condiciones básicas del mismo.

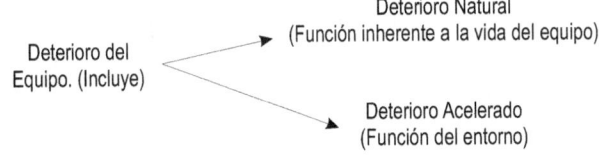

Lo que se busca con el T.P.M. es minimizar a su menor expresión el deterioro acelerado, esto lo hace a partir de las acciones concretas en búsqueda de las condiciones básicas del equipo.

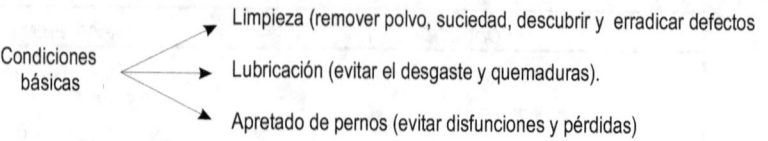

Condiciones básicas
- Limpieza (remover polvo, suciedad, descubrir y erradicar defectos
- Lubricación (evitar el desgaste y quemaduras).
- Apretado de pernos (evitar disfunciones y pérdidas)

¿Cuáles son las condiciones óptimas?

El llevar el equipo a su estado ideal se indica en T.P.M. como "establecer las condiciones óptimas básicas".

En japonés las falla o avería en un equipo implica daño intencional, ya que según su concepción dicha falla, se puede haber detectado o corregido a partir de un programa de mantenimiento preventivo, que nos estableciera una frecuencia mínima de control a fin de evitar esta falla.

La posición es algo extremista pero seguramente, una gran parte de razón tienen en dicha afirmación.

Cuanto más sean las concesiones y consideraciones que se hagan respecto la buen funcionamiento del equipo, más se aporta de su estado ideal y se minimiza su probabilidad de falla.

Como ejemplo las condiciones óptimas básicas para correa con:

- Sin fisura.
- Sin abultamiento
- Limpios.
- No desgastadas.
- No retorcidas.
- No dañadas
- No estiradas.

6.6.4. La importancia de la limpieza.

Consiste en remover todo el polvo la suciedad, grasas, aceites y otros contaminantes que se adhieran a los componentes y equipos, con la finalidad de descubrir los defectos, problemas o deterioros ocultos (lo que finalmente implica algo más que cosmética).

Los efectos derivados de la falta de limpieza pueden ser: fallas, defectos de calidad, deterioro acelerado, pérdidas de velocidad.

Dentro de los puntos clave de la limpieza figuran los siguientes.

- Limpiar el equipo diaria y regularmente.
- Limpiar profundamente (quitar adherencias acumuladas).
- Abrir las tapas anteriormente ignoradas.
- Limpiar las unidades auxiliares y accesorias como las principales.

- No dar por terminada la tarea si una pieza se ensucia inmediatamente después de limpiarla. Sino por lo contrario se observa de donde proviene el problema y su grado de severidad.

6.6.5. Puntos clave de la inspección.

"Limpieza de inspección": La clave es formarse un cuadro mental de la condición ideal del equipo y otras anormalidades y tenerlo presente mientras se limpia. Tiene una serie de sugerencias:

- Buscar defectos visibles e invisibles, vibraciones, rozamientos, holguras, cadenas sucias, filtro bloqueados y otros problemas de sobrecalentamiento y fricción.
- Buscar cuidadosamente poleas y correas desgastadas, etc.
- Observar si el equipo es fácil de limpiar, lubricar y inspeccionar, operar ajustar. Identificar los obstáculos posibles.
- Asegurar que todos los aparatos midan correctamente los valores especificadas en la información técnica anexa.
- Investigar problemas ocultos como corrosión interior, columnas, tanques y obstrucciones.

6.6.6. ¿Qué es la limpieza diaria?.

- Los chequeos son más formalidad y sirven para identificar anormalidades y tratarlo lo más pronto posible.
- La verdadera limpieza:
- Identificar cualquier cosa fuera de lo ordinario.
- Tener alto grado de capacidad y sensibilidad.
- La compresión de los estándares y lista de chequeos (potencialmente útiles).
- Operarios altamente calificados.
- Los check-list se deben utilizar de guía.

6.6.7. Implantación del mantenimiento autónomo paso a paso.

Para lograr la mentalidad del mantenimiento autónomo, lo primero que debe desaparecer es "yo lo hago funcionar y tú lo reparas", en referencia con las posiciones encontradas entre producción y mantenimiento.

La opción para superar lo anteriormente planteado, es el trabajo hecho paso a paso, para la implantación del mantenimiento autónomo, esto permite que las actividades evolucionen lentas pero profundamente.

En resumen los diferentes pasos para la implantación de mantenimiento autónomo:

- Va del 1 al 7, implica desde la etapa de limpieza inicial a la de autogestión del mantenimiento.
- 1al 3: Dan prioridad a suprimir los elementos deteriorados, establecer y mantener las "condiciones básicas del equipo".

- al 5: Los líderes enseñan procedimientos de inspección a sus miembros, y amplia la inspección del equipo individual al general.

- y 7: Para elevar y reforzar el nivel de mantenimiento autónomo u actividades de mejora, estandarización de sistemas y métodos y ampliando las esferas de acción de los equipos industriales a los equipos de almacén y distribución, etc.

El objetivo último es la autogestión del trabajo.

7

Importancia Económica del Mantenimiento

7.1. Gestión de los costos

Para desarrollar un informe de costos en referencia al mantenimiento debemos considerar unas series de variables que resultan fundamentales para elaborar el mismo, y estas son las siguientes:

Personal	Directos	Sueldos y Comisiones
	Indirectos	Cargas sociales y Beneficios.
	Administrativos	Prorrateo de gastos de las áreas de Recursos Humanos y Capacitación.
Material	Directos	Reposición Material
	Indirectos	Capital Inmovilizado, Vectores Energéticos y Personal.
	Administrativos	Prorrateo del área de compra y administración del material.
Contratación	Directos	Valor Contrato
	Indirectos	Servicios Utilizados por los terceros y pagado por la Empresa.
	Administrativos	Prorrateo de gastos de las diversas áreas involucradas con los contratos de mantenimiento.

Depreciación	Directos	Valor de reposición.
	Indirectos	Capital Inmovilizado.
	Administrativos	Prorrateo de las áreas involucradas en la gestión del activo de la empresa.
Pérdidas De Facturación	Directos	Pérdidas de Producción
	Indirectos	Pérdidas de Materia Prima
	Administrativos	Prorrateo de los gastos de las áreas involucradas en el control administrativo.

Los informes deben ser emitidos de forma adecuada a los niveles a los que se destinan, o sea, los Directores, que componen el nivel estratégico de la empresa deben recibir informaciones condensadas de las áreas bajo su responsabilidad, los jefes de Dependencia o Divisiones, que componen el táctico o ejecutivo, deben recibir informaciones específicas de los órganos bajo sus responsabilidades, y los supervisores y encargados de mantenimiento que represente el nivel operacional deben recibir informaciones condensadas relativas a esa área, pudiéndose desear tener acceso al detalle de esas informaciones, en cualquier de los niveles.

7.2. Indices de Costos

En este punto se nombraran una serie de índices que suelen aparecer en estos informes y que sirven para seguir una gestión de mantenimiento:

Costo de una hora de mantenimiento: Costo de una hora de mantenimiento: Relación entre el costo total del mantenimiento y las horas-hombres gastadas en órdenes de servicio.

$$C_{HM} = \frac{C_{TM}}{Hh} \qquad (7.1)$$

Esta relación es dimensional ($/Hh) y relativa a uno de los elementos que producen el costo del personal, sin tener en cuenta los demás (los materiales, los contrato de servicios, las depreciaciones, lucro cesante, etc.), considerando que las horas hombres contienen las horas hombres y contratadas.

Componente del costo de mantenimiento: Relación entre el costo total de mantenimiento y costo total de producción.

$$C_{CM} = \frac{C_{TM}}{C_{TP}} \qquad (7.2)$$

El costo total de la producción incluye los gastos directos e indirectos de ambas dependencia (operación y mantenimiento), inclusive los respecto a lucro cesante.

Costo de mantenimiento con respecto a facturación: Relación entre el costo total de mantenimiento y la facturación de la empresa en un período considerado.

$$C_{MF} = \frac{C_{TM}}{F} \qquad\qquad (7.3)$$

Reducción de costos

$$R_C = \frac{T_{BMP}}{C_{MF}} \qquad\qquad (7.4)$$

Este índice indica la influencia de mejoría o empeoramiento de las actividades de mantenimiento bajo control (El T_{BMP} es un índice de mano de obra de mantenimiento que definiremos más adelante) en relación con el costo de mantenimiento respecto a facturación de la empresa.

Costo de mano de obra externa: Relación entre los gastos totales de mano obra externa (contratación eventual y gastos de mano de obra proporcional a los servicios de contrato permanentes) y la mano de obra total empleada en los servicios (propia y contratada), durante el período considerado.

$$C_{MOE} = \frac{\sum C_{MOC}}{\sum (C_{MOC} + C_{MOP})} \qquad\qquad (7.5)$$

En este cálculo de ese índice pueden ser considerados todos los tipos de mano de obra externas o por especialización.

La incidencia constante de valores diferentes a cero para este índice puede indicar que le cuadro de personal de ejecución es insuficiente o mal preparado para algunas actividades.

Extension del mantenimiento correctivo: Relación costos directos de las reparaciones correctivas y los costos directos de mantenimiento.

$$E_{MC} = \frac{C_{DR}}{C_{DM}} \qquad\qquad (7.6)$$

Este índice se considera apenas los costos directos, ósea los gastos de mano obra excluidos los recargos, los gastos de material, los dispendios de almacenamiento, administración de la mano de obra, depreciación y los costos por pagos a terceros en el caso de utilización de utilización de mano de obra externa.

Costo de mantenimiento en relación con la producción: Relación del costo total de mantenimiento y la producción total en el período.

$$C_{MP} = \frac{C_{TM}}{P} \qquad\qquad (7.7)$$

Esta relación es dimensional, toda vez que el denominador es expresado en unidades de producción (toneladas, kW, Km recorridos, unidades, etc.).

Severidad de las reparaciones correctivas: Relación entre el costo directo e indirecto de las reparaciones por rotura y el total de intervenciones por avería.

$$S_R = \frac{C_R}{n} \qquad (7.8)$$

El numerador de esta expresión difiere del anterior por incluir los gastos indirectos de mantenimiento correctivo, lo que torna esta relación más apropiada para el seguimiento del índice bajo aspecto gerenciales.

Costo mantenimiento con respecto a la inversión: Relación entre el costo total del mantenimiento y la inversión total de la instalación.

$$C_{MI} = \frac{C_{TM}}{Inv} \qquad (7.9)$$

Esta relación debe tener el numerador multiplicado por un valor proporcional a la inversión de la instalación, esto en virtud de la discrepancia de valores entre el numerador y el denominador.

Costo de capacitación: Relación entre el costo de la capacitación del personal de mantenimiento y el costo total de mantenimiento.

$$C_C = \frac{\sum (C_{CM})}{C_{TM}} \qquad (7.10)$$

Este índice representa los elementos de gastos de mantenimiento invertido en el desarrollo del personal involucrado.

Costo per capita de capacitación: Relación entre el costo de capacitación del personal de mantenimiento y el número de personas capacitadas.

$$C_{CC} = \frac{\sum (C_{CM})}{N_{PE}} \qquad (7.11)$$

Este índice difiere del anterior por mostrar el valor medio invertido en cada entrenado.

Inmovilización en repuestos: Relación entre el capital inmovilizado en repuestos y el capital invertido en equipos.

$$I_R = \frac{\sum C_{IR}}{\sum C_{InvE}} \qquad (7.12)$$

Se debe tener cuidado en el cálculo de este índice para considerar los repuestos específicos y parte de los no específicos utilizados en los equipos bajo la responsabilidad del mantenimiento.

Repuestos por costo de mantenimiento: Relación entre el capital inmovilizado en repuestos y los costos totales de mantenimiento..

$$R_{CM} = \frac{\sum C_{IR}}{C_{TM}} \qquad (7.13)$$

Se debe tener cuidado en el cálculo de este índice la misma observación que se realizó en el anterior.

Generalmente estos tipos de índices son tabulados en valores relativos, o sea en relaciones porcentuales para cada tipo, especie o naturaleza de costos escogidos, con relación a un valor básico de referencia. Ese valor básico de referencia debe ser el más global posible, para cada nivel gerencial abordado para permitir la comparación de tipos de costos diferentes.

Una vez escogido el valor básico de referencia, los índices deberán ser estandarizados para todas las áreas de mantenimiento para ser calculados periódicamente y presentados en forma de tablas o gráficos comparativo buscando de propiciar el análisis y observaciones en cuanto a las distorsiones. Para facilitar el análisis, podrán ser determinados los valores medios de los índices escogidos y estableciendo desviaciones patrones de forma que se obtengan fajas aceptables de variación de cada uno. Por esa razón, las áreas afectadas deberán participar de las fases de Planeamiento del Sistema, cuando se definan los índices a ser calculados y sistema de recolección de datos para uno de los índices, del Análisis de Resultados, para evaluación del método y presentación de justificaciones, y la Selección de Alternativas, buscando convertir la inversión en el desarrollo del proceso compensador.

Habiendo consenso en los órganos involucrados en el análisis en cuanto al establecimiento de rangos de tolerancia para índices calculados, solamente los valores que se encuentran fuera de la banda de tolerancia deberán ser justificados por el área que le corresponda.

Además luego pueden ser establecidas las metas de reducción de las medias o rangos, con participación directa de las áreas de ejecución del mantenimiento. Una vez establecida las metas, se deberán contemplar la viabilidad de su realización con los recursos disponibles. Aquellas áreas que consiguieran los mejores comportamiento índices, deberán divulgar los mecanismos utilizados para que las demás áreas, siendo ésta una razón más para la utilización del valor básico de referencia común a todas las áreas. Mientras tanto, la búsqueda de la reducción de los valores no debe tener como tributo el desgaste de los ejecutantes del mantenimiento, la reducción del desempeño del equipo, o la introducción de peligros a la seguridad del trabajo.

Para la uniformidad de periodicidad de emisión de los informes gerenciales (que se recomienda mensual), deben ser gratificados los valores obtenidos en un período, tanto bajo la forma de valor (unidad monetaria o múltiplo de ella: dólares o millones de dólares) tanta cuanto la forma de porcentaje con relación al valor básico de referencia. Sería importante además que la tabla contenga valores y índices relativos al período anterior, la variación entre los períodos, el objetivo y el rango de tolerancia (las dos últimas sí existieran).

En la siguiente figura se ve en gráfico con una frecuencia mensual de los gastos de mantenimiento respecto con relación a los gastos totales de cada período y donde son indicados además los mismos gastos excluidos los gastos de personal que es equivalente a la diferencia de los dos gráficos.

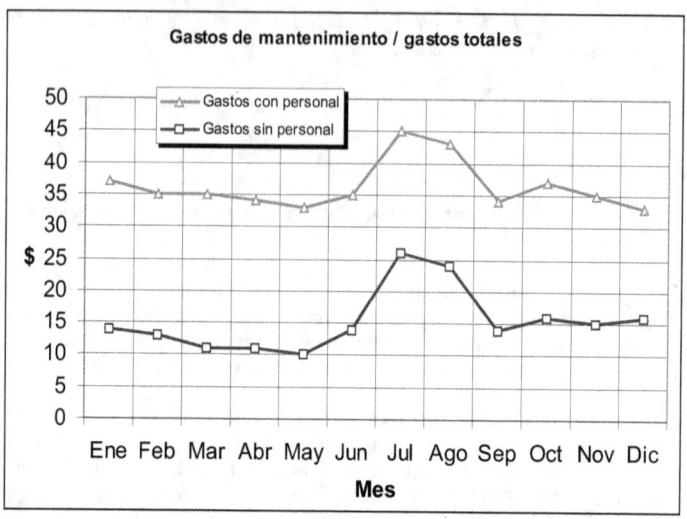

Para permitir la comparación gráfica de gastos de la misma naturaleza es conveniente la utilización de ya denominados "índices relativos", esto es, que cada uno sea relacionado porcentualmente al total de la suma de todos. En éste caso, la suma de esos índices será siempre menor de 100% y cada elemento indicará en cuanto contribuyó a la suma total.

Es recomendable que, además de los cálculos periódicos mensuales, sean hechos los cálculos acumulados para períodos anuales, que darán al gerente la idea global de desempeño financiero del área bajo su responsabilidad.

Los índices además, pueden tener diferentes categorías de como "permanentes", "periódicos" o "eventuales", de acuerdo a la siguiente definiciones:

Permanentes: son aquellos que serán siempre calculados, relacionados, graficados y analizados para permitir un acompañamiento evolutivo del nivel gerencial al cual se destina.

Periódicos: son aquellos que serán calculados, relacionados, graficados y analizados durante un período pré-establecidos de antemano (un semestre, un año o en el máximo dos años, pues arriba de éste horizonte, el índice puede considerarse permanente.

Esporádicos: aquellos que serán calculados, relacionados, graficados y analizados eventualmente, o cuando motivo que justifique su cálculo.

7.3 Indices de Mano de Obra

Estos índices son los que permiten efectuar el control y distribución optimizada de la mano de obra propia y contratada, el control y reducción de las horas de espera, la detección de necesidades de capacitación, las restricciones de programación, la coordinación de vacaciones y indisponibilidades de mano de obra, el tránsito de personal, etc.

Todos los mecanismos de control de la mano de obra suelen ser orientados en el sentido de obtener un mayor aprovechamiento de los recursos humanos como un todo, por ejemplo propiciar el personal a trabajar con un nivel de seguridad mayor y satisfacción en el desempeño de las atribuciones. Se debe tener en cuenta que la individualización de los reportes de este tipo puede generar malestar, rechazo, indisciplina entre los empleados, y en algunos casos más serios hasta el sabotaje de las informaciones para alimentación del sistema de control.

Entre las técnicas utilizadas para acompañamiento de la utilización de la mano de obra aplicada al mantenimiento, se destacan entre los índices mano de obra, el tiempo necesario para la ejecución de los trabajos pendiente (Backlog), las grandes reparaciones y las horas de tiempo de espera. Además, en los sistemas que utilizan un ordenador en el proceso, pueden ser utilizadas técnicas de corrección y ajuste de programación, que son llamados "Sistema Inteligente" o "Sistema Expertos" de reprogramación de mantenimiento y de control dinámico de grandes reparaciones.

Pasaremos a nombrar una serie de índices que pueden llegar a ser de utilidad en la gestión de la mano de obra abocada al mantenimiento.

Trabajo en mantenimiento preventivo: Relación entre los horas-hombres gastadas en trabajos programados y las horas hombres disponibles, entendiéndose por "horas-hombres disponible" aquellos presentes en la instalación y físicamente posibilitados de desempeñar los trabajos requeridos.

$$T_{BMP} = \frac{\sum H_{HIP}}{\sum H_{HD}} \qquad (7.14)$$

Cuanto mayor fuere este índice mejor, desde ya que los valores del mantenimiento de averías medidos en el índice siguiente deberían disminuir.

Trabajo de mantenimiento de averías: Relación entre los horas-hombres gastadas en reparaciones de fallas y las horas hombres disponibles.

$$T_{MR} = \frac{\sum H_{HR}}{\sum H_{HD}} \qquad (7.15)$$

Otras actividades del personal de mantenimiento: Relación entre los horas-hombres gastadas en actividades no ligadas al mantenimiento de equipos de la unidad de producción, que generalmente se llaman "trabajo de Apoyo o servicios generales" y las horas hombres disponibles requeridos.

$$O_{APM} = \frac{\sum H_{HSA}}{\sum H_{HD}} \qquad (7.16)$$

Ociosidad del personal de mantenimiento: Relación entre la diferencia las horas-hombres disponibles menos las horas hombres trabajadas sobre las horas-hombres disponible indicando por lo tanto, durante cuanto tiempo el personal no fue ocupado en ninguna actividad.

$$OC_{PM} = \frac{\sum [H_{HD} - (H_{HTP} + H_{HRC} + H_{HSA})]}{\sum H_{HD}} \qquad (7.17)$$

Exceso de trabajo del personal de mantenimiento: Relación entre la diferencia las horas-hombres trabajadas y disponibles y las horas hombres disponibles, indicando por lo tanto, cuanto del tiempo del personal fue ocupado arriba de la carga normal de trabajo.

$$E_{TPM} = \frac{\sum[(H_{HTP} + H_{HRC} + H_{HSA}) - H_{HD}]}{\sum H_{HD}} \qquad (7.18)$$

Este índice es simétrico al anterior, o sea, cuando el anterior es positivo, éste es negativo, y vicever-sa. Por lo tanto puede ser usada uno u otro para uno tabulación de índices, solo debe tenerse en cuenta que tendrán signos diferentes. Aunque la existencia de este índice indique la presencia de horas extras del grupo de ejecución de mantenimiento, su valor no refleja la relación contable entre horas normales trabajados y horas-extras.

Personal gastos en capacitación interna: Relación entre los horas-hombres gastos en capacitación interna, y las horas disponibles.

$$P_{GCI} = \frac{\sum H_{HCI}}{\sum H_{HD}} \qquad (7.19)$$

Este índice representa uno de los elementos del índice "otras actividades del personal de manteni-miento, calculado para indicar si el entrenamiento está mejorando la calidad del mantenimiento del mantenimiento, debiendo pues, ser comparado con el índice "Trabajo de Mantenimiento Correcti-vo".

Estructura-personal de control: Relación entre los horas-hombres involucrados en el control del mantenimiento y las horas hombres disponibles.

$$E_{PC} = \frac{\sum H_{HC}}{\sum H_{HD}} \qquad (7.20)$$

Estructura-personal de supervisión: Relación entre los horas-hombres supervisión y las horas hom-bres disponibles.

$$E_{PS} = \frac{\sum H_{HS}}{\sum H_{HD}} \qquad (7.21)$$

Uno de los inconvenientes del uso de éste índice, es el levantamiento preciso del dato de las "horas de supervisión", ya que algunos de los supervisores no dedican solo su tiempo a la supervisión del mantenimiento, sino que además realizan otro tipo de tareas generalmente.

Estructura-envejecimiento del personal-edad: Relación entre los horas-hombres del personal, con "N" años de para jubilación y las horas hombres disponibles.

$$E_{EPE} = \frac{\sum H_{HPE}}{\sum H_{HD}} \qquad (7.22)$$

Estructura-envejecimiento de personal- antigüedad: Relación entre los horas-hombres con más "X" de trabajo y las horas hombres disponibles.

$$E_{EPA} = \frac{\sum H_{HPA}}{\sum H_{HD}}$$

(7.23)

Clima social-movimiento de personal ("turn-over"): Relación entre el efectivo medio en los "M" meses precedentes y la suma de ese efectivo con el número de transferencias y renuncias voluntarias.

$$T_{BMC} = \frac{\sum E_{MMM}}{\sum (E_{MMM} + N_T + N_{RV})}$$

(7.24)

No en todas las empresas permite él calculo de este índice, debido a que demuestran insatisfacción en el personal. Siendo calculado, la disminución (debajo de uno) puede alertar a los gerentes que alguna cosa está afectando la motivación del personal (salario, tratamiento, riesgo, etc.), lo cual agotado y solucionado, puede traer mejores índices de producción.

Integración del personal-estabilidad: Relación entre los efectivos inscripto y el efectivo estable a "A" años (o meses).

$$I_{PET} = \frac{\sum E_I}{\sum E_{EA}}$$

(7.25)

Integración del personal-ausentismo: Relación entre los días perdidos por ausentismo y la suma de esos días con los trabajados.

$$I_{PA} = \frac{\sum D_{PA}}{\sum (D_{PA} + D_T)}$$

(7.26)

Efectivo real o efectivo promedio diario: Relación entre los horas-hombres apartados por accidentes, vacaciones, accidentes, enfermedades, salidas, permisos, con pago, entrenamiento externo, apoya a otras áreas y faltas no pagadas y los horas-hombres efectivos.

$$E_{MD} = \frac{\sum H_{HA}}{\sum H_{HE}}$$

(7.27)

El cálculo de este índice puede mostrar la necesidad de un estudio del plan de vacaciones (elemento que más influye en él calculo del numerador), o la incidencia de otro evento como accidente, faltas no pagadas, etc. Que requiera la atención del supervisor.

Movimiento de ordenes de trabajo: Relación entre las órdenes de trabajo ejecutadas y órdenes de trabajo pendientes.

$$M_{OT} = \frac{\sum OT_E}{\sum OT_P}$$

(7.28)

Este índice indica si existe deficiencia de recursos del área de ejecución de mantenimiento con relación a la carga de trabajo. Mientras tanto, según se verá posteriormente, existe un mecanismo más completo de análisis de esa relación llamado backlog que, en consecuencia, lo torna dispensable.

Personal necesario relacionado al mantenimiento: Relación entre el total de horas-hombres de mano del área de mantenimiento y total del área de producción.

$$P_{NM} = \frac{\sum H_{HM}}{\sum H_{HP}}$$

(7.29)

Eficiencia de la programación: Relación entre el número de horas programadas para la ejecución del mantenimiento y el número de horas efectivamente gastadas por trabajos.

$$E_P = \frac{\sum H_{HP}}{\sum H_{GT}}$$

(7.30)

Facilidad de la Operación: Relación entre el número de órdenes de trabajo pendiente por la falta de acilidades de la operación y el número total de órdenes de trabajo emitidas en el período.

$$F_O = \frac{\sum OT_{FFO}}{\sum OT_E}$$

(7.31)

Falta de mano de obra: Relación entre el número de órdenes de trabajo pendiente por la falta de mano de obra y el número total de órdenes de trabajo emitidas en el período.

$$F_{MO} = \frac{\sum OT_{FMO}}{\sum OT_E}$$

(7.32)

Falta de material: Relación entre el número de órdenes de trabajo pendiente por la falta de materiales y el número total de órdenes de trabajo emitidas en el período.

$$F_M = \frac{\sum OT_{FM}}{\sum OT_E}$$

(7.33)

Cuando se realiza el análisis de los índices no se deben presentar conclusiones definitivas. Las variaciones negativas o positivas, deben ser encaradas como síntomas que, discutidos en conjunto entre los órganos de controlar y ejecución, podrán indicar necesidad de modificación de métodos de trabajo.

Antes de emitir comentarios sobre los resultados del análisis de índices, el órgano de control debe verificar la confiabilidad de los datos.

En general los índices deben ser analizados en su conjunto y en forma comparativa, como es el caso de aquellos relativos a la mano de obra en actividades programadas y reparaciones correctivas para verificar si el aumento de uno (índices preventivos) acarrea la reducción del otro (índices correctivos).

7.4 Backlog

Backlog es el tiempo que el grupo de mantenimiento deberá trabajar para ejecutar los trabajos pendientes, suponiendo que no lleguen nuevos pedidos u órdenes de trabajo durante la ejecución de esos pendientes. Según el punto de vista de la teoría de las colas, es el tiempo que los pedidos de mantenimiento aguardan en la cola, para ser realizados, o sea, considerando al equipo de mantenimiento como una estación de trabajo y las órdenes en la cola de espera, el backlog será obtenido a partir de la relación entre la estación de llegada y la estación de atención.

Según los patrones clásicos de ejecución de mantenimiento de acuerdo con el método de teoría de las colas, el criterio FIFO ("First in- First out") indica que la primera orden de trabajo en llegar es la primera en ser atendida. Esto es real siempre y cuando las órdenes tenga las misma prioridades que los demás restantes, y será atendida dentro de la cola de su grado de prioridad.

Para la aplicación de los conceptos backlog, es necesario que el órgano de planeamiento y control, o de ejecución estime la horas-hombres necesario para la ejecución del trabajo. Ese estimado puede ser hecha a través de la experiencia del personal de ejecución, de las recomendaciones de los fabricantes, del estudio de tiempos y movimientos, o de los valores medios obtenidos de trabajos anteriores. Además de eso deberá ser hecho un planeamiento cuidadoso con relación al material y piezas de repuestos retiradas, previamente, cuando sea posible, del almacén central y la separación de herramientas comunes y especiales a ser utilizadas en cada trabajo.

Algunas órdenes de trabajo no serán atendidas inmediatamente por el órgano de ejecución de mantenimiento y entrarán en la programación de una cola de espera, debido a algún impedimento por motivos interno (falta de mano de obra especializada o no especializada, falta de seguridad adecuada, etc.) por motivos externos (falta de repuestos, indisponibilidad del equipo por la operación, falta de condiciones adecuada de trabajo, como máquinas en caliente o presencia de gases en el ambiente, etc.), y serán básicamente esas órdenes de trabajo las que conforman el mayor volumen de las tablas backlog.

Al tratarse de trabajos pendiente por atender, se debe escoger una unidad de medición. No existe una unidad fijada como patrón a utilizar para el área bajo responsabilidad, mientras tanto las unidades más comunes encontradas son el "día" o la "semana". Raramente son usadas otras unidades como el "mes", "horas" u "horas de funcionamiento", y las unidades superiores a la semana son desaconsejadas por apartarse al propósito de la técnica que, como ya hemos mencionado anteriormente, tiene por objetivo la indicación del tiempo en el que trabajo pendiente sería realizado con el grupo disponible y si no hubiese nuevos ingresos de personal.

Para la construcción de una tabla de Backlog, se deben realizar los siguientes pasos:

- Relacionar los trabajos pendientes según un criterio que más se adecue a los procedimientos del órgano de ejecución del mantenimiento (por sector o turno de mantenimiento, por prioridad atención, por área, por unidad móvil, por tipo de mano de obra comprometida, etc.)

- Sumar los tiempos estimados (horas-hombres) para la ejecución de los trabajos, considerando la separación de esos tiempos por grupos de mantenimiento distintos que eventualmente trabajen en la actividad, pues son frecuentes trabajos que comprometen equipos de mecánicos, electricistas, soldadores, etc.

- Sumar los tiempos estimados de las órdenes de trabajo recibidas con los tiempos estimados de los trabajos pendientes.

- Restar el total tiempos estimados, los tiempos de las órdenes de trabajo ejecutadas en el período.

- Dividir el total de las horas-hombres restantes, por las horas-hombres productivos del grupo (considerando como horas-hombres productivos el de los horas-hombres disponibles multiplicado por un factor de ajuste o productividad, que será alrededor del 30% al 40%) El resultado obtenido (backlog) es el tiempo, en la unidad escogida en que probablemente el grupo considerado debería trabajar para ejecutar todo el trabajo pendiente, si no llegaran más pedidos.

- Realizar una tabla y trazar un gráfico para ver el acompañamiento de los valores de backlog.

En el siguiente cuadro y gráfico sucesivamente, se presenta un ejemplo de tabla de valores de backlog, montada para un mes y utilizando como unidad de tiempo el día, relativa a 12 mecánicos con una productividad diaria de unas 36 horas-hombres (96 horas-hombres de disponibilidad multiplicado por el factor de productividad del 37.5%), había un pendiente, en el mes anterior el valor 25.75 día, siempre y cuando no existiesen nuevas solicitudes de órdenes de trabajo, luego en el gráfico siguiente se encuentra la evolución de backlog en todo el mes.

TABLA DE BACKLOG DE 12 MECANICOS POR DIA

	36 H.h. Productivas por día, a lo largo del mes			
	MES ANTERIOR		927	25.75
DIA	ABIERTAS	EJECUTADAS	PENDIENTES	BACKLOG
1	32	43	916	25.44
2	11	32	895	24.86
3	13	54	824	23.72
4	10	49	815	22.64
5	12	48	739	21.64
6	13	36	656	21.00
7	19	35	660	20.56
8	13	33	600	20.00
9	13	32	581	19.47
10	17	33	515	19.03
11	15	41	509	18.31
12	19	37	501	17.81
13	11	38	504	17.06
14	15	35	514	16.50
15	22	39	517	16.03
Etc.	......	......	......	......

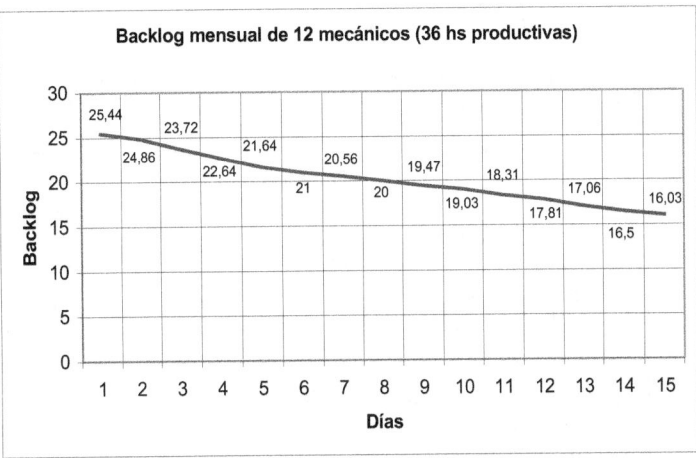

Cuando se realiza el calculo del Backlog, se considera que existen dos errores implícitamente, uno de ellos es el de considerar que todos los grupos tienen la misma productividad, cuando en realidad ese valor varia debido a característica personales, experiencia, y capacitación, el segundo cuando se asume que la persona que estima los tiempos para ejecución lo hace de forma precisa.

7.4.1. Backlog Estable

La mejor situación para un backlog de un grupo, es la que indica que los recursos existentes son suficientes para la atención de las necesidades. Si el valor estable fuere considerado elevado, puede ser bajado a través de la contratación de trabajos temporales para ejecución de los pendientes hasta que sea alcanzado un nuevo valor estable inferior, considerado adecuado. Otra alternativa es la autorización al grupo para que realice horas de extraordinarios, ambas alternativas resultan válidas para obtener la caída del backlog a valores inferiores y estables.

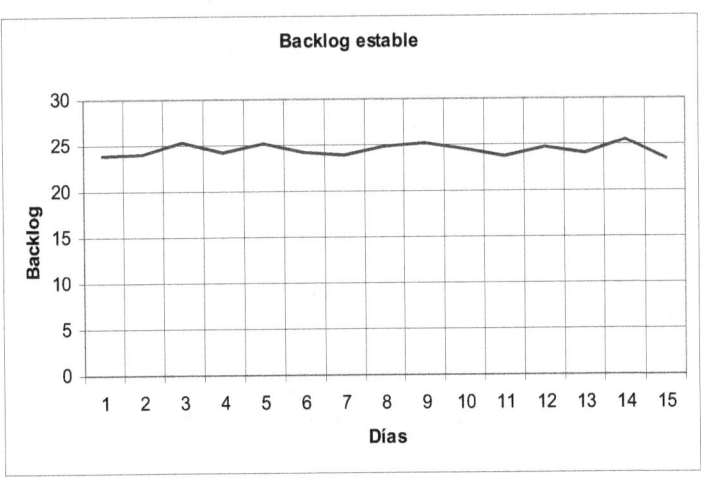

7.4.2 Backlog creciente

Se lo denomina así cuando los valores van aumentando progresivamente a lo largo del tiempo, conformando un gráfico como el ilustrado abajo

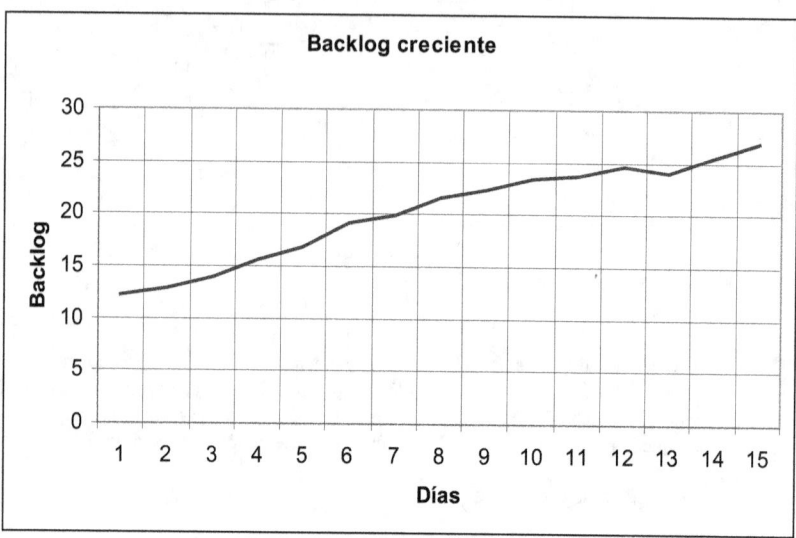

Este gráfico esta indicando que los recursos disponibles no son suficientes, o no están preparados, o no son adecuados para las tareas que realizan, en ese caso debe ser buscada la causa que esta originando este incremento. Si después de realizar la búsqueda se llegara a la conclusión que la causa deriva de la insuficiencia de personal, la alternativa más lógica sería el refuerzo de la plantilla, mientras que si no fuese posible, se puede intentar la contratación permanente de personal o la contratación para trabajos especializados, con empresa que se dediquen a ese tipo de actividad, y si aún no existe la alternativa no fuese viable, se deberá suprimir actividades programadas de diferentes niveles, y luego desviar la atención a los problemas de mayor prioridad.

Pueden además haber otros motivos para el crecimiento del backlog, como: Falta de preparación para realizar determinados trabajos, desconocimiento de la información técnicas de los equipos, maquinarias, instrumentos o herramientas modernas recién adquiridas, capacitación adecuada, falta de medios adecuados para realizar, las tareas, etc.

7.4.3. Backlog decreciente

Cuando se presentan valores que van disminuyendo progresivamente a lo largo del tiempo conformando un gráfico como el que sigue.

Este tipo de gráfico muestra un sobredimensionamiento para la atención de solicitudes de trabajo y que, si esta tendencia se mantiene y no hubiera providencias en este sentido de procurar estabilizarla, en el futuro habrá ociosidad en el grupo de ejecución de los trabajos.

Entre las causas que pueden estar acarreando el decrecimiento del Backlog durante un período, citamos: la desactivación de máquinas con consecuente reducción de trabajos necesarios; la modificación de equipos con apreciables mejoría de desempeño y necesitando en consecuencia, menos intervenciones, la subcontratación directa por el solicitante de algunos trabajos anteriormente ejecutados por el grupo de mantenimiento y el entrenamiento adecuado del propio grupo de ejecución de los trabajos que reduce el tiempo necesario para cada intervención.

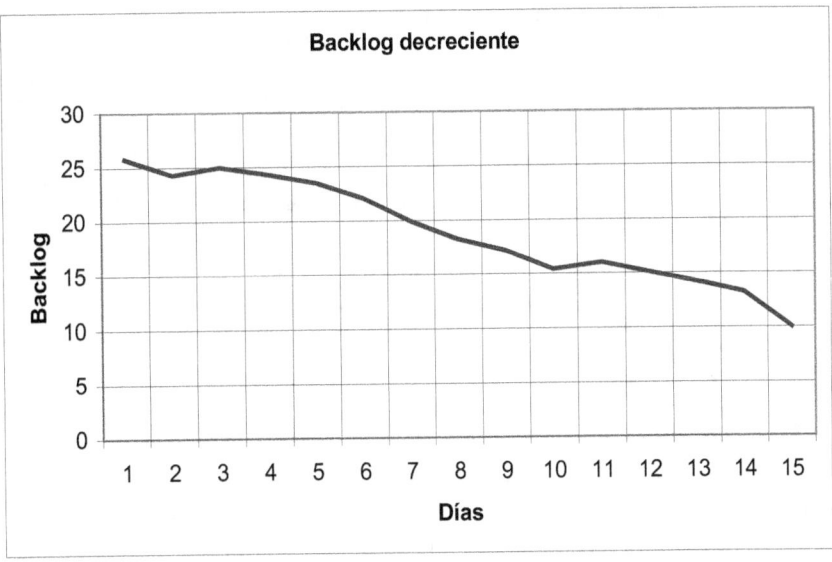

Las sugerencias para buscar medidas con el objeto de lograr obtener la estabilidad del gráfico de backlog, son las siguientes:

- Revisión de criterios de trabajos contratados externamente para absorción de parte de ellos o todos
- Transferencia de parte del personal para otros órganos, buscando adaptación o reclasificación en otros trabajos.
- Procurar absorber trabajos internos que no eran hechos anteriormente.
- Desarrollar formularios de recolección de datos buscando aplicación de técnicas de Mantenimiento Predictivo.
- Búsqueda de nuevos mercados para aplicación de mano de obra según las especialidades que ya existe en diferentes equipos.
- Estímulo para retiros voluntarios a personas que tengan cercana la posibilidad de jubilarse.
- Establecimiento de ciclos de capacitación interna, donde los más expertos en ciertas actividades transmitan la actividad al conjunto.
- Implementación del TPM y/o criterios da garantía de calidad.
- Recuperación rigurosa del catastro e historia de los equipos.

Entre las sugerencias presentadas se evita citar el despido de personal, que además, en algunos casos, es injusta pues muchas veces la tendencia decreciente del backlog es fruto del esfuerzo del personal, y esta acción podría traer recelos en las personas, que podrían llegar hasta el boicoteo de las tareas. Además un grupo de mantenimiento eficiente representa una inversión y un patrimonio de la empresa que no puede ser lapidado. Si fuese necesario deberá hacerse a partir de una búsqueda interna bajo el aspecto de la eficiencia del trabajo realizado por las personas del área.

7.4.4 Backlog con aumento brusco

Cuando presenta valores estables que eventualmente se elevan bajo una forma brusca conformando un gráfico como el ilustrado en la figura que sigue más abajo, se dice que el backlog contiene un aumento brusco

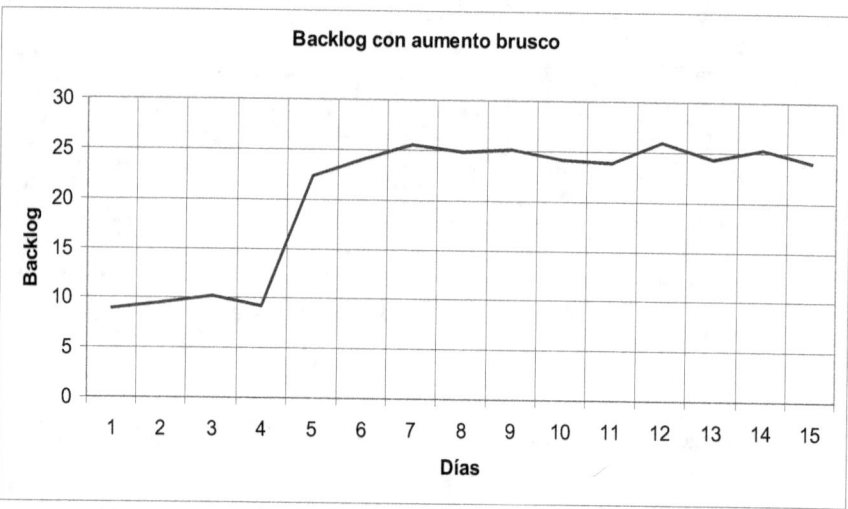

Entre los motivos que pueden ocasionar este comportamiento de la curva, indicamos: entrada de pedidos que consumen mucha mano de obra como modificaciones o instalaciones de nuevas maquinarias, cambios de estándares de calidad exigidos por el cliente, organismos público o de un nivel superior de la empresa, huelga, entrenamiento del personal interno o externo del personal, despido de personal, etc.

Generalmente ese tipo de comportamiento del backlog puede ser corregido a través de las mismas indicaciones hechas para bajar el nivel de backlog estable.

7.4.5 Backlog con reducciones bruscas.

Cuando presenta valores estables que eventualmente se reducen bajo una forma brusca conformando un gráfico como el ilustrado en la figura que sigue más abajo, se dice que el backlog contiene reducciones bruscas.

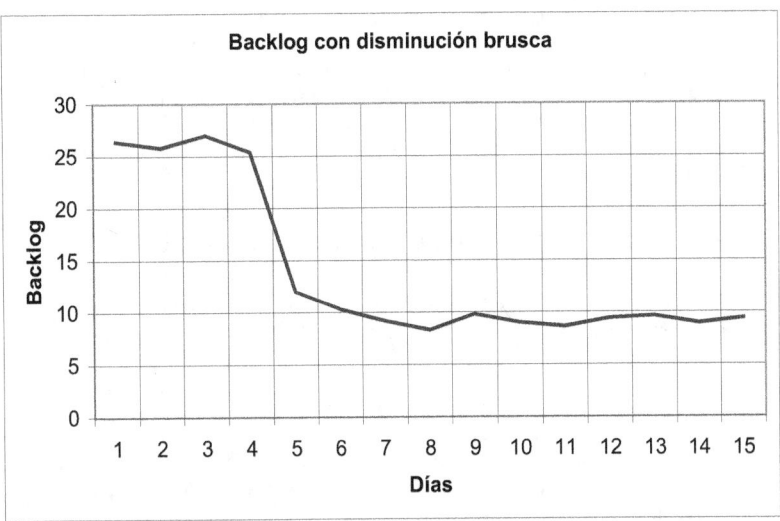

Entre los motivos que pueden que pueden ocasionar este comportamiento de la curva, indicamos: contratación de mano de obra externa o servicios externos; refuerzo de otra área; revisión del archivo de trabajos pendiente que no son más necesarios y horas extras del personal ejecutante en un período determinado.

7.4.6 Backlog con variaciones periódicas o cíclicas (Diente de sierra).

Cuando se presenta valores oscilantes en períodos cortos normalmente dentro de valores máximo y mínimo, conformando el gráfico que se presenta debajo, se conoce como un backlog con reducciones periódicas o cíclicas.

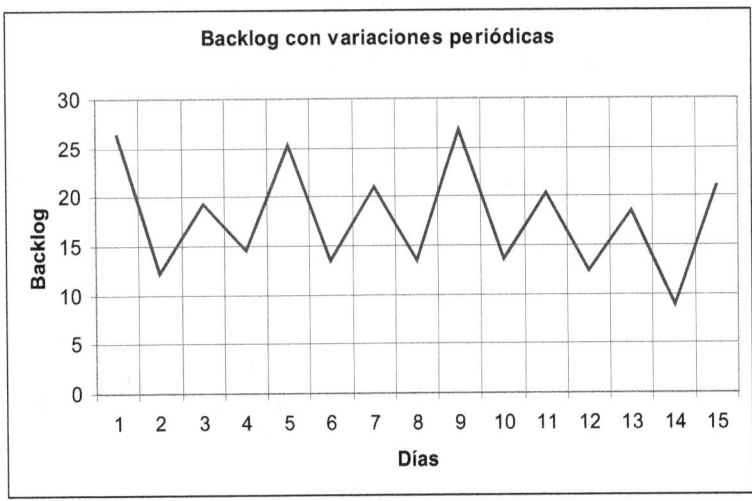

Una de las causas más comunes en la aparición de este tipo de gráfico son los problemas que se presentan durante un fin de semana en donde el turno de atención se encuentra generalmente disminuido y por ende se acumulan tareas durante el fin de semana, mientras tanto también puede ocurrir durante oscilaciones estacionales, o por variaciones cíclicas de producción, por la variación de las condiciones atmosféricas, etc. La incidencia de este tipo de gráfico puede sugerir la instalación de turnos de plantones en fines de semana, o que sean diferida o fragmentadas las vacaciones del personal.

7.5 Control Dinámico de las Grandes Reparaciones

Para grandes reparaciones deben estar establecidas algunas premisas básicas dentro de las cuales se destacan, el tiempo de ejecución y los recursos que serán aplicados, que sé interrelacionan según los siguientes criterios:

1) *Período fijo:* Acarreando necesidad de establecimiento de recursos para su cumplimiento. En este caso puede ocurrir que el período fijado no sea suficiente para la ejecución de los propios trabajos con los recursos propios y sea necesario alquilar o comprar máquinas y herramientas además de aumentar la carga de trabajo del personal o el apoyo de recursos de otra área o aún la contratación de recursos externos.

2) *Recursos fijos:* acarreando como consecuencia la determinación del período necesario para del desarrollo del trabajo.

Entre los recursos a aplicar en una gran reparación citamos:

A- Personal de Ejecución

   A.1- Mano de obra

   A.2- Refuerzo de otra área de la misma empresa.

   A.3- Refuerzo a través de la contratación de firma externa.

B- Máquinas y Herramientas

B.1- De la propia instalación

B.2- De otra instalación de la misma empresa

B.3- Compradas o alquiladas

C- Apoyo Logístico

   C.1- Herramientas

   C.2- Transporte

   C.3- Almacén

   C.4- Alimentación

Una vez definido los criterios de tiempo y recursos, las informaciones deberán ser procesadas para el establecimiento del cronograma de tareas, diagramas de indicación de varias etapas y establecimiento de la ruta crítica. Los trabajos que no son incluidos en la ruta crítica deberán ser procesados de forma que no sobrepasen el período total de disponibilidad de la gran reparación.

El cronograma de ejecución deberá ser verificado diariamente, a fin de poder corregir las desviaciones entre los servicios programados y los ejecutados. Es aconsejable que estos trabajos sean procesados en un sistema completo y para algunos equipos y componentes en los cuales habrá mayor concentración de tareas.

A fin de facilitar el acompañamiento, deberán ser procesadas programaciones diarias de trabajo con las respectivas tareas y duraciones. En caso de atraso en las actividades de la ruta crítica, deberá haber el reprocesamiento de las actividades, procurando evitar el atraso en la previsión preestablecida de ejecución de reparación. Además para evitar prejuicios en el tiempo es necesario que antes del inicio de la reparación sea hecha la evaluación de los recursos necesarios para realizar dicha actividad, así como completar el stock de herramientas, la lubricación y la limpieza de las mismas, el nivel de stock y materiales en los almacenes, refuerzo de personal en caso de ser necesario, organización de la información necesaria para realizar la tarea, la indumentaria especiales necesaria, la protección individual, etc.

El análisis del programa anterior, como ya se dijo anteriormente, a partir de una sistema informatizado, que además de reducir el gasto de personal, presenta mayor confiabilidad en caso de existencias de grandes registros. Obviamente la implementación de este sistema requiere de uno o más elementos de acompañamiento, control y levantamientos de datos, para hacer posible su funcionamiento y eficacia.

7.7 Horas de Espera

Las horas de espera son uno los motivos que recargan el tiempo de trabajo y el costo de mantenimiento, y en consecuencia generan periódicas pérdidas de facturación, que son unos de los puntos señalados al principio del capítulo como costos inherentes a la gestión de mantenimiento. Se conocen como tiempos ineficaces. Normalmente ese tiempo es debido a falla de programación de mantenimiento y de las actividades programadas, pueden ser fácilmente corregida, siempre y cuando sean correctamente identificados.

A continuación se nombran los tiempos de espera más comunes y sugerencia para minimizar o reducir al mínimo sus efectos.

- *Espera de repuestos:* Si esa espera es debido a la distancia del almacén central a la planta, procurar determinar las piezas que presentan mayor incidencia de cambio para las actividades diarias y efectuar el retiro de esas piezas para que permanezcan en un lugar cercano y seguro, como al lado de la línea donde se utilizan, ubicados un cofre con algún de cerrojo. Otra alternativa sería el establecimiento de un plan de inspecciones periódicas con el tratamiento de la información para el acompañamiento de desgaste de pieza, técnica bastante específica y quizás utilizada solo en algunas industrias. Puede ocurrir que el nivel de stock sea muy pequeño, o bien que la entrega a fabricación del repuesto este demorada, para este caso debe ser alertado el organismo compras y abastecimiento para que de alguna solución al problema.

- *Espera de mano de obra contratada:* Esto suele suceder cuando las empresas prestadoras del servicio, no tiene la atención suficiente sobre la mano que requiere el cumplimiento del contrato, o bien esta subdimencionando el personal necesario. Detectado este tipo de problema deberán ser adoptadas las alternativas de sustitución del contratista o refuerzo del efectivo contratado.

- *Espera de mano de obra especializada o no especializada:* Este tiempo de espera puede indicar subdimencionamiento de los grupos o un mal planeamiento en la distribución de actividades, siendo válidas aquí las recomendaciones hechas para el estudio de backlog creciente.

- *Esperas administrativas*: Ese tipo de espera puede demostrar exceso de burocracia en la emisión o encaminamiento de los pedidos de entrega de material de herramientas, debiéndose analizar cuales son las causas que generan este retraso y tratar de eliminarlo.

Otros tipos de espera que pueden ser codificados para el análisis y realizar correcciones son: espera de inspección del supervisor, espera de la entrega de herramientas, espera de mejorías en las condiciones atmosféricas, espera de dependencia de trabajo de otros sectores y la espera debido a las dificultades de comunicación.

7.8 Los contratistas

7.8.1 Generalidades

Se debe tener en cuenta que la tendencia a contratar la mayor cantidad de servicios, va acompañada de un aumento de los controles sobre dichos contratos, implica obviamente un costo adicional. Las empresas con este tipo de contrataciones buscan disminuir la plantilla fija de personal, y con ello los gastos que implica el descenso de costo y gestión que estos implican. Toda contratación de mano de obra, debe hacerse siguiendo pautas muy precisas que aseguren un buen resultado técnico, un claro control administrativo.

7.8.2 Objetivos y característica de las contrataciones

El área de mantenimiento debe plantearse objetivos claros en cuanto a las contrataciones mencionadas, el orden qué se desea lograr contratando mano de obra o trabajos de cualquier índole, que tareas se contratarán y cómo se hará el contrato en cada caso (unidades de medida, alcance del contrato, formas de medición, etc.).

La mano de obra se contrata cuando existen picos de trabajos, pues los planteles propios se dimensionan para la carga media de trabajo, con respecto a este tipo de contrato se debe tener especial cuidado en:

- Adecuar la calidad de dicha mano de obra a los requerimiento técnicos mediante pruebas, éxamenes, etc., para evitar provocar daños y atrasos;

- Evitar que la empresa adjudicataria de dicha mano de obra posea otro tipo de contrataciones dentro de la empresa, pues torna dificultosa el control del uso real de dicha mano de obra.

- Los jornales de la mano de obra contratada deben tener relación con lo que percibe el personal propio, con el fin de evitar conflicto.

La mano de obra y los materiales para una operación definida se contratan cuando en un trabajo, por razones de especialización, se lo debe parcializar. Ello exige delimitar perfectamente los alcance de la prestación , realizar por la parte comitente el programa completo de trabajo, definir el control de calidad que se usará, el método de trabajo a utilizar y el grado de dedicación.

Además se tener especial cuidado en los sistemas de control, que no se puedan generar "la fábrica del trabajo" o mal de Parkinson; pueden aparecer los "terrenos de nadie" que provocan más problemas que soluciones.

Otros consideraciones importantes tienen que ver: con que si la obra afecta a instalaciones de procesos fundamentales, es conveniente que la ingeniería básica y de detalle lo haga la empresa, en cambio si se tratare de instalaciones auxiliares, conviene solo hacer la ingeniería básica no sobrecargar o sobredimencionar a la propia ingeniería, y por último definir perfectamente los alcances de la contratación para evitar de los "adicionales de fábrica".

Se deberá tener en cuenta al momento de la contratación que la empresa que realizará el trabajo o servicio debería contar con una serie de características, entre las cuales figuran: la probada experiencia de la empresa del ámbito donde se desarrolla, fijar muy claramente los objetivos, fijar los límites de la prestación y especificar los resultados que se desean conocer.

7.8.3 Qué se contrata

El tipo de contrataciones que pueden tener lugar desde el mantenimiento es de características diferentes, y algunas de las más comunes son:

- La mano de obra de oficio, común o especializada con supervisión contratada o sin ella.
- Un trabajo completo, perfectamente definido.
- Mano de obra y materiales para una operación determinada.
- Una obra nueva total o parcialmente.
- Reparación y ajuste de conjuntos, subconjuntos o equipos, fuera de planta.
- El servicio de máquina excluida la supervisión del trabajo.
- Asesoramiento técnicos o administrativas, específicos de orden general.
- Compra de repuestos y reparaciones de conjuntos o subconjuntos.

Los tipos de contrataciones anteriores se pueden llevar a cabo con diferentes alternativa, en donde se puede contratar solamente el personal necesario y responder a la supervisión técnica y administrativa de la empresa contratante, o bien incluir la supervisión, o en caso de obras nuevas se puede contratar con la ingeniería de detalle incluida o no, o con la ingeniería básica o no. En caso de las reparaciones se pueden constatar con decisión del trabajo o sin ella, con repuesto o sin ella. Por último un servicio puede contratarse en forma integral o con la inspección excluida. Puede haber variante o combinaciones de las anteriores o ampliaciones de ellas, según los casos particulares que se presenten.

7.8.4 Etapas de las contrataciones

En términos generales las etapas que deben cubrirse son las siguientes:

1- *Previsión de las contrataciones en el presupuesto anual de la empresa:* Eso exige que con prudencial anticipación efectúe un análisis profundo y valorizado en primera instancia de lo que va contratar para permitir elaborar los distintos programas que tienen injerencia en las contrataciones en las áreas de Ingeniería, Control de Calidad, Inspección de Obras, de Finanzas y de Presupuesto.

2- *Selección de las firmas contratistas:* es una importante etapa, dado que una buena selección asegura en el algún grado el éxito del trabajo. Por ello se concursarán por antecedentes las firmas que prestan servicios en diferentes tipos de trabajos.

3- *Solicitudes de contratos y realización:* se debe hacer un "Pedido de Compras" o documento equivalente, consignando todo dato que clarifique el trabajo o servicio por contratar, especialmente: tipo de trabajo o servicio que se desea contratar, cantidad de horas hombre (por especialidad y categoría, generalmente se exige una garantía mínima mensual), precio unitario, suministro de materiales, plazo de ejecución, planes de trabajos para mayores costos, fórmulas de reajustes que regirán dentro del contrato, imposición de programas para poder tener controlados los solapamientos, normas de aplicación, forma y provisión de herramientas, forma y provisión de servicios auxiliares, especificaciones técnicas generales y particulares, forma y plazos de entrega de planos, forma de pago, constitución de garantía, unidades de medida, exactos alcances de la contratación, responsabilidades, referencia a los sistemas de contrataciones de bienes, obras o servicios vigentes de la Empresa y detalle de la prestación. La figura siguiente esquematiza cada uno de las etapas.

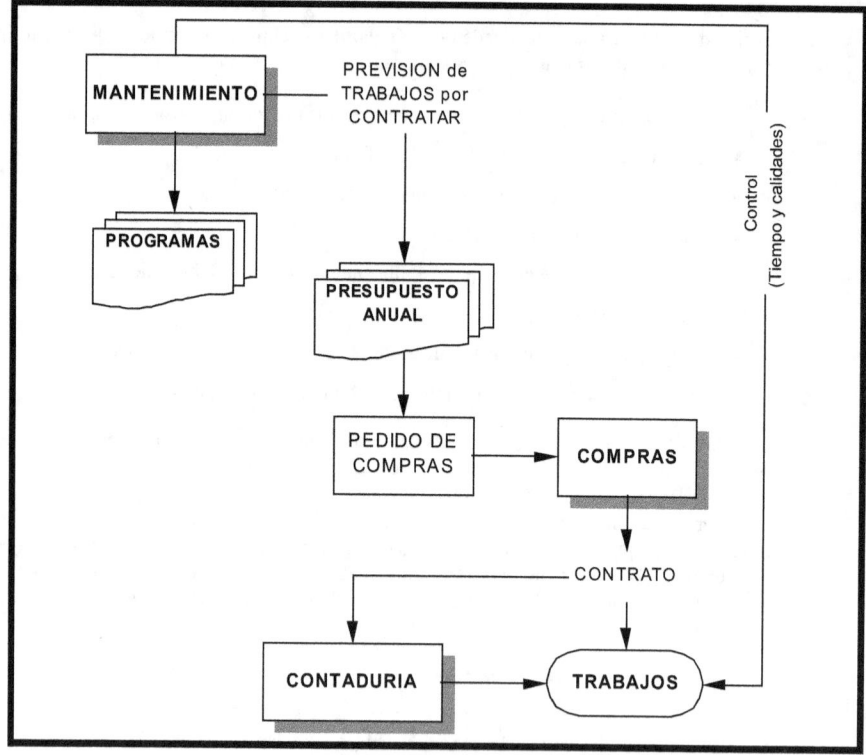

Al momento de realizar las contrataciones y los pliegos de la misma deben tenerse en cuenta una serie de consideraciones para contratar todo tipo trabajos, ellas son:

1) Estudiar el trabajo repetitivo, descomponiéndolo en actividades elementales.

2) Dar valor tiempo a cada actividad.

3) Hacer un plan de actividades con ordenamiento lógico. En muchos casos conviene proponer un simple diagrama de barras o camino crítico.

4) Asignar el tiempo de flexibilidad.

5) Preparar la documentación técnica necesaria.

6) Trabajos especiales (ajustes, calibraciones, cambios).

7) Trabajos con equipo parada (desenergizado).

8) Prioridad normal: es el trabajo hecho dentro del programa normal del contratista.

9) Prioridad emergencia: es el trabajo que debe hacer el contratista alterando ese programa.

Finalmente otras series de características importante al momento del control de las actividades de las empresas son:

- Las paradas programadas son aquellas que se registran en lapsos regulares de tiempo, y en donde las cuales los contratistas tendrían trabajo. Terminada cada jornada se producirá interrupción. Para salvar de alguna manera estas discontinuidades se puede establecer: máximo número personal, lapso mínimo de aviso, garantía de cantidad de horas por mes.

- Otra forma de compensar las discontinuidades entre las paradas programadas, es asegurar al contratista una cantidad de horas-hombres para realizar trabajos de reparación o construcción en su propio taller y que se cotizarán en $/horas-taller.

- Los trabajos adicionales no previstos deberán ser autorizados o solicitados por el responsable del trabajo.

- No se debe reconocer horas extras por trabajos hechos en turnos corridos en días comunes, laborables, y/o feriados.

- Se deben establecer la forma del control técnico administrativo de la marcha de trabajo (certificado de obra).

- Igualmente debe quedar establecido la forma de dar por cumplido un trabajo contratado (final de obra).

- En todo caso y como anexos al contrato se incluirán los listados de repuestos y suministro generales y especiales que deberán aportar comitentes y contratista.

- El comitente deberá suministrar al contratista él o los nombres de las personas que harán inspecciones o que serán responsables de cada contrato en particular.

- Facilitar la relación comercial entre comitente y el contratista.

- Lograr la suficiente confianza entre ambas partes.

- Establecer una fluida relación técnica, de manera que el contratista interprete y se ajuste a la idiosincracia técnica del comitente.

- Establecer una relación flexible que permita variar la cantidad, tiempo, calidad de trabajo y así obtener rápidas repuestas a los cambios de programación que sean necesarios introducir.

8

El Almacén de Mantenimiento. Los costos de las Amortizaciones

8.1 El almacén de mantenimiento

8.1.1 Generalidades

EL almacén de repuestos, suministros y artículos generales de ferretería destinados a Mantenimiento, constituye uno de los medios más importantes del área. Se considera importante, pues debe poder abastecer a la Planta con la menor demora posible, por otra parte, sus existencias deben mantenerse a un nivel económico. Luego, el almacén destinado a Mantenimiento, debe mantener sus existencias dentro de un equilibrio entre ambos límites. Entonces podría asegurarse: ¿habrá dos almacenes? Puede ser que sea conveniente tener separados el ALMACEN CENTRAL de aquel destinado a Mantenimiento.

Esta división podría presentar algunas ventajas, que son las siguientes:

- rápido acceso (cercanía) del personal de Mantenimiento y de los talleres;
- menos trámites administrativos.

En cambio se pueden citar estas desventajas:

- descentralización administrativa, lo que implica una duplicación de controles posteriores;

- quizá mayor espacio necesario destinado a almacenajes y duplicación de equipos de movimientos;
- mas personal.

Sin duda que es más conveniente tener un solo almacén pero la exigencia indica que los requerimientos de las obras nuevas, obras de mejoras, el mantenimiento diario y las grandes paradas de equipos e instalaciones operativas exigen tener un almacén ordenado y dispuesto administrativa y físicamente (en uno o varios lugares de la fábrica o planta) de tal forma de satisfacer eficientemente esos requerimientos del área de Mantenimiento. Por tal razón, en muchas firmas, el almacén general está separado del almacén destinado a los fines anteriormente citados, especialmente en los casos que existan varias plantas separadas entre sí por alguna distancia considerable.

En estos momentos, el almacén ha dejado de ser "un simple lugar para guardar cosas nuevas y usadas", sino que debe considerarse una verdadera área de gestión que debe manejarse como tal. Es decir, que puede llegar a constituirse, por una mala administración de las existencias, en un área que provoque serias pérdidas.

Y éstos serían los principales motivos de mala administración de los almacenes:

- *Existencias en exceso*: en este caso se produce una sobre inversión y la consecuente carga financiera, a lo que agregar la desvalorización de existencias por obsolescencia tecnológica y envejecimiento;
- *Existencias en defecto*: esto afecta a los programas de obras y de mantenimiento, provocando, muchas veces, altos montos por lucro cesante.

8.1.2 Las existencias

El nivel de existencias del almacén se compone de elementos que se queden agrupar en seis grandes conceptos:

a) *ferretería*: son todos los elementos de uso general, cuya aplicación no solo se dirige al trabajo en sí mismo, sino también en tareas auxiliares y complementarias (tornillos, sogas, alambres, clavo, pinturería, etc.);

b) *suministros:* se consideran, como tales, a todos aquellos elementos que se aplican en forma directa, pero generalizada, a todos los trabajos (combustibles, solventes, lubricantes, barras de ferrosos, caños y valvulería, bujes, chapas y planchas, etc.);

c) *repuestos universales*: son todos aquellos elementos de recambio que pueden aplicarse a todo tipo de maquinaria o equipo (rulemanes, sellos, juntas, crapodinas)

d) *repuestos específicos:* son elementos de diseño, tal que no pueden ser reemplazados por repuestos universales o suministros. Su provisión está a cargo del fabricante original o por determinados proveedores;

e) *repuestos comunes:* son repuestos específicos o suministros que pueden ser intercambiados entre equipos iguales o similares (motores eléctricos, reductores de velocidad, acoplamientos, etc.);

f) *conjuntos:* el almacén guarda también una serie de conjuntos armados, componentes de equipo. Estos conjuntos, para reponer, pueden ser nuevos o reacondicionados en los talleres propios o de terceros.

8.1.3 Clasificación selectiva de las existencias

Para efectos de planeamiento y control se considera conveniente clasificar selectivamente los artículos que se deben mantener en inventario, en dos grupos:

> *Clase "A": **Materiales de elevado precio unitario, alto valor de consumo y alto grado de criticidad***

En la categoría "A" se tendrá un número limitado de artículos que representan un alto porcentaje de inversión y consumo. El control sobre estos materiales será estricto en cuanto a la terminación de las existencias, actividades económicas de compras y / o fabricación y posibilidad de obsolescencia. Para cada uno de estos materiales se llevará una tarjeta de registro perpetuo de inventarios y su retiro de almacenes se hará mediante vales de pedido.

> *Clase "C": **Todos los demás materiales***

El inventario de los materiales, clase "C", estará formado por:

1) las existencias de consumo normal
2) existencia de reserva o inventario de punto de pedido, que será igual al consumo en el tiempo de compra o fabricación más una existencia de protección. Ambas existencias estarán físicamente separadas.

Una vez consumida la existencia normal se comenzará a utilizar el "inventario de punto de pedido". Con esta última cantidad habrá que originar una "requisición", que servirá para iniciar el proceso reposición del artículo. Al llegar el material al almacén, el primer paso será completar el inventario de punto de pedido y, posteriormente, las existencias de consumo normal.

8.1.4 Codificación de existencias

Es la aplicación de la codificación numérica sistemática, entre otros conceptos, a las existencias del almacén. Esto es necesario, además de las razones expuestas en el punto antes citado, dada la cantidad y variedad de elementos que se guardan y deben manejarse diariamente (ingresos, egresos, devaluaciones). La identificación en forma codificada, es una práctica ampliamente generalizada, siguiendo diversos criterios de reglas ordenadas.

Se sugiere, consecuentemente, un sistema para codificar las existencias, el cual se basa en leyes de formación definidas. En efecto, los elementos de ferretería, los suministros y los repuestos universales, siguen la siguiente ley de formación:

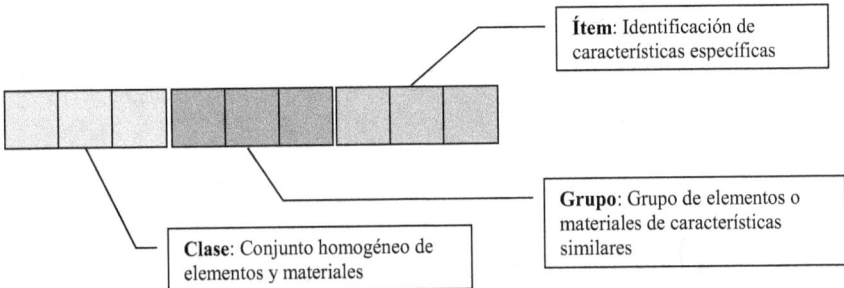

Por su parte, los repuestos comunes y los específicos siguen otra ley de formación:

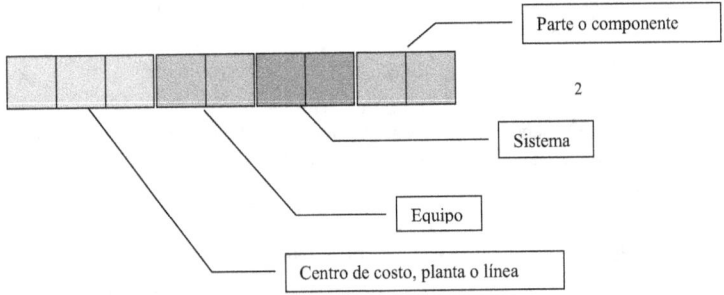

La *parte* es el componente unitario e indivisible de un conjunto, que en caso de la nomenclatura sugerida se denomina *sistema*.

A su vez, un conjunto de *sistemas*, homogéneos en si mismos, formaran un *equipo* o una parte importante de él o de una instalación. Tal el caso de un equipo que se denomina "tijera de corte longitudinal para chapas", puede estar compuesto de estos *sistemas*:

- de manejo y control;
- hidráulico;
- eléctrico;
- estructural
- mecánico, etc.

Por último, un equipo o un conjunto de ellos, pueden formar parte de los activos de un centro de costo, planta o línea que pueden estar destinados a producción o servicios.

8.1.5 Catálogo de repuestos

En este punto se muestra una descripción de una hoja de este CATALOGO; por cada SISTEMA componente de cada EQUIPO se debe hacer un CATALOGO de las partes o repuestos que lo componen. Cada una de las columnas de la hoja del CATÁLOGO se describen a continuación:

1. DESCRIPCIÓN:

   - Si se hace manualmente, se dará una abreviada descripción del repuesto, por parte o suministro, de manera tal que sean abreviaturas comprensibles; por ejemplo: "COJ. DOBL. HIL. AGUJ. C/JAULA"

   - Si se hace por computadora, habrá que ajustar la descripción a la cantidad de dígitos que el programa le asigne al campo que ocupa la DESCRIPCION.

2. MARCA: Se consignará la original o la adoptada.

3. N° de REPUESTO o SERIE: Se refiere al asignado por el fabricante a la unidad.

4. REEMPLAZADO POR: se consignará la marca y número que se haya adoptado definitivamente o la marca que se tiene por alternativa.

5. ESPECIFICACION N°: se refiere a la identificación de la hoja correspondiente de ESPECIFICACION DE COMPRA.

6. CRITICO: habrá que marcar con una (X) a aquellos repuestos que se consideran críticos, por cualquier razón.

7. PLANO: es necesario indicar el número del plano original, así como la marca del rótulo y en la columna siguiente el número del plano propio, si es que se ha hecho alguno que lo reemplace.

8. N° DE "BILL OF MATERIAL: se refiere al número con que originalmente se indicaba la parte o repuesto cuando el fabricante suministraba el equipo.

9. CANTIDAD INSTALADA: se indica cuántos repuestos iguales se encuentran instalados en el mismo SISTEMA DEL EQUIPO de ese determinado CENTRO DE COSTO.

10. 10STOCK MAXIMO-MINIMO: son las cantidades extremas necesarias para que COMPRAS reponga el ítem cuando llegue al MINIMO, comprando hasta que la existencia llegue al MAXIMO indicado.

El catálogo de repuestos de cada sistema, componente a su vez de un equipo determinado, debería completarse antes de aplicar el Mantenimiento Preventivo a ese equipo.

Esta es una tarea laboriosa, pero insoslayable, dado que el catálogo de repuestos es un elemento necesario para desarrollar las inspecciones y revisiones y una vez realizada esta acción, del mismo catálogo se sacan todos los datos identificatorios de cada pieza, a efectos de ser solicitada al Almacén o a Compras.

Pero, quizás, el aspecto más importante resultante de la tarea de la catalogación, es la suma de datos que reúne. Estos datos deben ser actualizados en forma continua.

Para llevar a cabo esta tarea, antes del arranque del sistema, se recurre a personal extra propio contratado. Para la actualización de datos, cuando la magnitud del servicio de Mantenimiento lo justifica, se cubre la función "catalogador".

8.1.6 Los movimientos del Almacén.

Un almacén eficiente es un sector de servicios, dinámico y con gestión económica, a lo que debe sumarse la velocidad de repuesta, como todo otro servicio.

En su funcionamiento se verifican una serie de movimientos de ingresos, salidas, eliminación y devolución de elementos. Por otra parte, el personal a cargo del almacén tiene importantes tareas administrativas, que hacen al control de existencias y tareas operativas.

Estos son los movimientos que se verifican:

1) REVISION DE NIVELES DE EXISTENCIAS

La revisión de los niveles de existencias de un artículo (clase de material, lote de pedido económico, inventario de seguridad, etc.) la efectúa un empleado del almacén; es aconsejable que las tareas de revisión de inventario las realice:

1) cada tres pedidos de reposición;

2) cada vez que se agoten las existencias del material;

3) anualmente para los artículos de poco movimiento.

Dicho empleado determinará, inicialmente, con la ayuda de los gráficos que se verán posteriormente, la conveniencia de mantener el material en inventarios. En cada caso, y siempre antes de tomar una decisión final, debe consultar con los usuarios de los artículos.

2) ELIMINACION DE MATERIALES DE INVENTARIO

Si después de revisar los niveles de existencias el empleado determina que no es conveniente mantener un artículo en Inventario, debe preparar un informe y enviarlo al responsable o jefe de la sección para que analice y apruebe o rechace la baja del material. Si el material es obsoleto, debería preparar un aviso de baja inmediata, con el fin que actualicen los registros y archivos.

3) INCLUSION DE UN NUEVO ARTICULO EN INVENTARIO

Cuando se requiere incluir un nuevo artículo en inventario, el interesado debería requerir un alta de bien al Almacén, junto con las especificaciones y planos disponibles del artículo. Se abrirá, entonces, la ficha del material. Compras determinarán los posibles proveedores, los anotará en la ficha del material y registrará en la "Solicitud de Inclusión" el tiempo de reposición, precio del artículo y otros datos necesarios.

Este último documento se enviará a Control de Inventarios para que se clasifique el artículo y se apruebe su inclusión en inventarios.

Posteriormente, la sección de "Estandarización de Materiales" determinará los posibles sustitutos de material y el código de imputación contable. El Almacén, a su vez, calculará el punto de pedido, el lote económico y el inventario de seguridad.

Asimismo, preparará la tarjeta de registro perpetuo de inventario (para materiales "A") y un pedido de Compras que se enviará a dicha dependencia, para que allí se inicie el trámite de adquisición del material.

4) RECEPCION DE MATERIALES EN ALMACEN

El empleado de almacén recibe los materiales y copias del "Informe de Recepción" y los coteja con el fin de verificar que el material recibido coincide con lo indicado en el Informe.

Posteriormente, y en caso de que tenga pedidos pendientes de cumplimiento, avisará al usuario la llegada de dichos artículos.

Si el material recibido es clase "A", el encargado de almacén los depositará en el sitio más adecuado, y enviará copia del "Informe de recepción" al empleado de Control de Inventario, para que actualice las de registro perpetuo de inventarios.

En caso de que el material sea clase "C", el empleado completará primero el inventario de punto de pedido y, posteriormente, anotará las ubicaciones en la FICHA de locación del material.

5) RETIRO DE MATERIALES DE ALMACEN

Cuando se desee retirar artículos del almacén, el solicitante debe preparar un "Vale de Retiro de materiales" y obtener la aprobación de un supervisor con firma autorizada. El vale debe entregarse al encargado de almacén, quien verificará la disponibilidad de los artículos solicitados. En caso de que no haya suficiente cantidad de los materiales requeridos comprobará la existencia de posibles sustitutos por medio de la Tarjeta de Existencia del material. Los materiales se entregan al usuario y el vale se envía al empleado de Control de Inventarios para que actualice los registros perpetuos de inventario (en el caso de materiales "A") y para que solicite, cuando sea necesario, la compra o la fabricación de dichos artículos. Cuando se agoten las existencias de materiales "C" y se empiece a utilizar las existencias en punto pedido, debe enviarse a Compras la orden correspondiente, para que se ordene la compra de los artículos en cuestión, para su reposición.

6) DEVOLUCION DE MATERIALES A ALMACEN

El solicitante debe llenar un "Vale de Devolución de Material" y presentarlo al encargado de almacén, quien verificará si está preparado correctamente. En caso de que exista duda sobre el buen estado de artículo, debe pedirse la intervención de un empleado de Control de Calidad, quien comprobara si el material satisface las normas de calidad de la compañía. Debe enviarse copia del "Vale de Devolución" al empleado encargado de inventarios, quien después de realizar las imputaciones necesarias y actualizar los registros, una copia al Centro de Procesamiento de Datos para actualizar el archivo maestro, si es que éste se lleva.

Como toda tramitación que se efectúe dentro de Mantenimiento, es conveniente que se establezca un procedimiento para todo trámite que involucre un movimiento de existencia del Almacén destinado al área.

7) NORMAS MINIMAS DE ALMACENAJE

Para guardar un repuesto, pieza reparada o subconjunto se seguirán estas normas:

- *Identificación:* deberán ser perfectamente identificadas con el código de almacenes en la Tarjeta con escritura indeleble;

- *Protección:* las piezas almacenadas serán protegidas en parte (o totalidad) para evitar ser dañadas; se usarán grasas anticorrosivas, papel parafinado, encajonado, paletas, esqueletos, camas, etc.

- *Localización:* la determinación del lugar donde se encuentra cada pieza se podrá hacer topográficamente, es decir siguiendo un esquema, o bien literalmente, en forma escrita, por ejemplo:

La ubicación de los artículos se adaptará a las necesidades de almacenaje, es decir, el material podrá almacenarse en cualquier espacio o sitio libre con que cuente el almacén en un determinado momento, pero con el fin de poder identificar rápidamente los lugares en que se encuentran ubicados los diferentes artículos, se podrá llevar un archivo de Tarjetas de Locación; en él se indicarán las direcciones de almacenaje de los artículos y de sus posibles sustitutos. Los inventarios de punto de pedido de los materiales, clase "C", se mantendrán siempre en una locación fija y segura, estando separados físicamente del resto del inventario.

8.1.7 El nivel de existencias y las reposiciones

Por razones ya expuestas, el nivel de existencias no debe comprometer la eficiencia del servicio de Mantenimiento, pero no debe superar tampoco el punto económico de los *stocks* del almacén.

Para llegar a determinar dicho punto de economicidad, hay diferentes caminos:

- el cálculo teórico;
- uso de nomograma;
- la evolución histórica del stock de cada elemento;
- la determinación empírica de los niveles de máximo –mínimo *stock* y verificación de la evolución.

Se presentarán solo, el primero y el último, ya resultan lo más genéricos y no requieren de tablas adicionales para su calculo.

a) El cálculo teórico:

Existen diversas fórmulas que permiten determinar el nivel económico, pero en general todas las expresiones son similares.

Se plantea la siguiente fórmula para determinar el tamaño del lote económico:

$$Ce = \sqrt{\frac{2 \cdot D \cdot O}{U \cdot I}}$$

Donde: Ce: tamaño del lote económico;

D: demanda anual del artículo, estimada sobre la base de estimaciones históricas de Mantenimiento;

O: costo de colocación de un Pedido de Compras de Fabricación;

U: costo unitario del artículo, estimado teniendo en cuenta la posible variación en el período considerado para el cálculo del lote económico (uso de fórmulas L.I.F.O. o F.I.F.O.); el factor U puede tener la siguiente composición:

I: Carga financiera por tener el artículo en el almacén o en inventario

	% del valor anual del inventario
Intereses sobre la inversión	15.0
Desgҫastes, desechos	1.0
Obsolescencia	1.0
Seguros	1.0
Costos de espacios de almacenaje	2.0
Inversión en equipos de manipulación	1.0
Manipulación	1.0
Total	23.0

b) Stock máximo y stock mínimo.

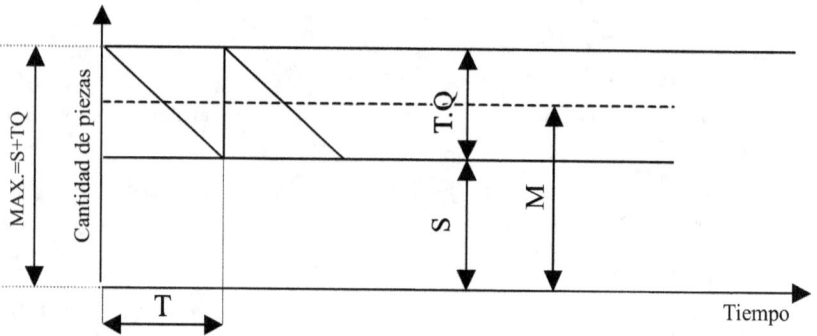

M: es la cantidad de piezas que podemos imaginar tener constantemente en el almacén.

Q. en este caso es la cantidad media de piezas consumidas por día.

T: tiempo en días entre la fecha de emisión de la orden de compra y la entrega de las piezas.

S: stock mínimo.

T.Q.: cantidad de piezas a ordenar, para cubrir la demanda normal media (Ver Figura más arriba)

$S + T . Q$ = máximo stock de piezas a mantener (Ver Figura más arriba)

Se debe tender a reducir M lo máximo posible.

Siendo $M = S + \frac{1}{2} T.Q$

La disminución de M se obtiene con la reducción del tiempo T.

8.2 Los costos de las Amortizaciones

8.2.1 Conceptos: depreciación y agotamiento. Sus causas

La depreciación es un término que se emplea para dar a entender que el activo de una empresa ha disminuido en su potencial de servicio.

Cuando el activo fijo se compone de recursos naturales como petróleo, madera, etc., se emplea el término de agotamiento.

En ambos casos nos encontramos ante una pérdida de valor del inmovilizado de la empresa, pérdida que repercutirá en el desarrollo de la contabilidad general y de la contabilidad analítica.

Las causas que pueden producir la depreciación en los bienes de activo fijo son las siguientes:

a) *la funcional*: que surge de la normal utilización del equipo en el proceso productivo;

b) *la física*: que se encuentra relacionada con el mero transcurrir del tiempo, con la independencia de que el inmovilizado sea o no utilizado;

c) *la obsolescencia*: que sobreviene a consecuencia del avance tecnológico que hace que los equipos con los que trabajamos queden desfasados y no alcancen la productividad deseable.

En realidad, en la depreciación coexisten las tres causas anteriormente mencionada, y resulta difícil considerarlas por separado.

Las causas que producen el agotamiento de los denominados "bienes agotables" son las siguientes:

a) el consumo de los recursos naturales;

b) la imposibilidad de reposición de los recursos si no es por medio de fenómenos naturales (ecológicos, sísmicos, etc.).

8.2.2 La valoración contable de la depreciación

La depreciación de un bien inmovilizado se reflejará contablemente por medio de las amortizaciones.

Mientras la depreciación es un concepto económico, la amortización es un concepto contable y se define como el reparto del costo histórico del inmovilizado a lo largo de los períodos contables de vida útil del mismo, una vez deducido su valor residual. Luego la amortización es un costo diferido que se imputa a los distintos ejercicios contables, y que incidirá como componente básico del costo industrial del producto.

La amortización, desde el punto de vista económico, es el costo que se incorpora al producto como consecuencia de la depreciación de un factor productivo; mientras que desde la óptica financiera supone la recuperación (a través de la venta de los productos) del dinero que se invirtió en el factor utilizado.

Los sistemas de amortización pueden subdividirse en dos grandes grupos:

- Sistemas de amortización en la contabilidad externa;
- Sistemas de amortización en la contabilidad analítica;
- En cualquier de los casos hay que contar con los siguientes datos:
- El valor a amortizar
- La unidad temporal o física elegida para imputar el coste de la amortización
- El horizonte temporal de la amortización

Resta solo elegir un método o procedimiento concreto para efectuar el reparto de la amortización.

Con los datos anteriores y con la aplicación de un procedimiento concreto de amortización, obtendremos la cuota anual de amortización, que se considera como gasto en la contabilidad general y como costo en la contabilidad analítica.

Los sistemas de amortización en la contabilidad externa son los siguientes:

1. Sistemas de amortización sobre datos históricos:

    1.a. amortización lineal o constante,

    1.b. amortización decreciente,

    1.c. amortización creciente.

2. Sistemas de amortización sobre el valor de los servicios futuros:

    2.a. cuotas de amortización proporcionales a los rendimientos netos

    2.b. cuotas de amortización proporcionales a otros servicios futuros

3. Sistemas de amortización sobre datos no históricos:

    3.a. amortización basada en los costos de retiro

    3.b. amortización basada en los costos de reposición

Los *sistemas de amortización sobre datos históricos* se basan en repartir de acuerdo con un procedimiento elegido la diferencia entre el costo histórico y el valor residual del activo. Los sistemas de amortización más usuales sobre la base de datos históricos son los siguientes:

a) *Amortización lineal o constante:* El método de amortización lineal o constante genera la misma cuota de amortización durante todos los años de vida útil del activo de acuerdo con la fórmula siguiente:

$$Ca = \frac{V_o - V_r}{n}$$

Donde

V_o el valor de costo histórico del inmovilizado,

V_r el valor residual estimado del activo fijo,

n el número de años de vida útil del activo.

Este método se basa en unos supuestos que en la práctica que no son realistas. Son los siguientes:

- que la utilidad económica del activo es la misma cada año;
- que los gastos por reparaciones y mantenimiento son iguales en cada período.

b) *Amortización decreciente*: Los métodos de amortización decreciente, denominados con frecuencia de *depreciación acelerada*, permiten dotar unas cuotas mas altas durante los primeros años y más bajas en los últimos períodos.

Este método basa su justificación al suponer, que el activo es más eficiente durante los primeros años de su vida útil, y que los gastos de reparación y mantenimiento son mas elevados durante sus últimos años de servicio.

Los métodos de amortización decrecientes más conocidos son el método de los dígitos y el de doble cuota sobre el valor en libros.

Con el método de los dígitos se calcula la cuota de amortización multiplicando el costo histórico del activo por una fracción de depreciación, cuyo numerador es el número de años de vida estimada que resta al comenzar, y cuyo denominador es la suma de los dígitos de todos los años de vida útil del activo.

Lo anteriormente dicho lo expresaremos en el cuadro siguiente:

Años	Coste Histórico	Vida restante	Fracción depreciación	Cuota amortización
1	100	3	3/6	50
2	100	2	2/6	33
3	100	1	1/6	17
6				

El método de la doble cuota sobre valor en los libros usa un porcentaje de amortización que viene a ser el doble del que se aplica en el método de amortización lineal.

A diferencia de otros métodos, no se considera el valor residual para el cálculo del valor a amortizar. El porcentaje de amortización de la doble cuota se multiplica por el valor en libros que el activo tiene al principio de cada período.

El valor en libros se reducirá en cada ejercicio contable en una cantidad igual al importe de amortización anual, lo que conllevará cada año un valor en libros sucesivamente más bajo.

Ejemplo: calcular el cuadro de amortización de un activo sabiendo que su costo histórico es 100, su valor residual es 10 y el número de años de vida útil estimada es 10.

$$\frac{\text{Costo Histórico}}{\text{Número de años}} = \frac{100}{5} = 20 \qquad \frac{20}{100} = 20\%$$

Porcentaje en el método de la doble cuota $20\% \times 2 = 40\%$

Años	Valor en libros al inicio del año [$]	Porcentaje	Amortización Anual [$]	Amortización Acumulada [$]	Valor en libros al final del año [$]
1	100	40%	40	40	60
2	60	40%	24	64	36
3	36	40%	14	78	22
4	22	40%	8	86	14
5	14	40%	4 *	90	10

* La cuota de amortización relativa al quinto año se limita a 4, ya que el valor en libros no puede ser inferior al valor de derecho del inmovilizado.

c) *Amortización creciente:* Este método basa su justificación en la suposición de que los activos alcancen una mayor eficiencia no en los primeros años de la vida del bien, sino en los ejercicios posteriores.

Los sistemas de amortizaciones sobre el valor de los servicios futuros son los siguientes:

1) *Cuotas de amortización proporcionales a los rendimientos netos.*

Este método consiste en hacer depender las cuotas de amortización de los beneficios generados por el activo en el futuro. Como se puede observar, este procedimiento de amortización tiene el inconveniente de la incertidumbre acerca de la cuantificación de los beneficios que puede generar un activo, pero sienta un criterio racional de amortización al asociar las cuotas de amortización con los beneficios generados por el activo.

2) *Cuotas de amortización proporcionales a otros servicios futuros.*

En este método, las cuotas de amortización de un inmovilizado dependen de las unidades físicas que se prevé pueda producir en el futuro. Este método, igual que el anterior, conlleva una gran dosis de incertidumbre.

Los *sistemas de amortización sobre datos no históricos* (costo de retiro o costes de reposición) se pueden usar en empresas de servicios públicos y ferrocarriles que poseen un gran número de unidades similares de escaso valor (postes, conductores, teléfonos, etc.).

La finalidad de estos procedimientos de amortización se centra en evitar los cuadros de amortización de los activos individuales. Los métodos son:

a) *Amortización basada en los costes de retiro*: Se considera el costo del activo retirado menos su valor residual como el coste de amortización.

b) *Amortización basada en los costes de reposición:* Se trata de valorar el activo por el precio que tenga en el mercado y computar, como cuantía de amortización, el valor perdido por el mismo desde el momento de su adquisición.

Una vez expuestos los procedimientos de amortización en el ámbito de la contabilidad externa, vamos a analizar los sistemas de amortización en el marco de la contabilidad analítica.

Los principales métodos de amortización usados en el ámbito interno se pueden dividir en dos grupos:

1. Sistemas basados en el costo histórico.
2. Sistemas basados en costos preestablecidos.

1. Los *sistemas basados en costo histórico* pueden clasificarse como sigue:

1.a. *Amortización según un criterio físico*: Con este sistema se amortiza en función de la Unidad física o técnica elegida (horas de utilización de la maquinaria, número de productos acabados durante el período, etc.).

1.b. *Amortización según un criterio temporal*: Este sistema de amortización considera el tiempo como unidad básica para el cálculo del costo de las amortizaciones.

1.c. *Amortización según un criterio mixto*: Este sistema de amortización es él mas utilizado de los dos anteriores, y procede a la medición de la depreciación global durante un periodo determinado, para repartir posteriormente la cuantía de la amortización anual entre las diferentes actividades realizadas en el seno de la empresa.

Ejemplo: Se ha instalado un equipo valorado en $ 100.000. Que sirve para fabricar productos A y B. Se sabe que las horas que ha estado en actividad para producir los artículos citados han sido 100 y que el tiempo que se invierte en fabricar una unidad de B es el doble del que se emplea en elaborar una unidad A. La producción del ejercicio ha sido 20 unidades de A y 15 de B.

Solución: El coste unitario será:

$$\frac{100000}{100} = 1000\,\frac{\$}{hr}$$

Siendo "h" las horas que se emplean para producir una unidad A, tendremos que:

$$20 \cdot h + (15 \times 2) \cdot h = 100$$

y despejando h

$$h = \frac{100}{50} = 2 \text{ hs.}$$

Con los anteriores datos podremos elaborar el cuadro de amortización de la tabla siguiente.

Productos	Horas por producto [hr/u]	Costo Hora [$/hr]	Producción [u]	Costo Unidad [$/u]	Amortización [$]
A	2	1.000	20	2.000	40.000
B	4	1.000	15	4.000	60.000
Amortización total del período					100.000

2. Los *sistemas de amortización basados en costos preestablecidos* son aquellos en los cuales la cuota de amortización se fija al comienzo del período, de tal manera que se pueda calcular las amortizaciones e imputarlas a los centros de coste sin esperar al cierre del ejercicio.

En la práctica, la predeterminación de las amortizaciones anuales se basa en una serie de cálculos técnicos efectuados a priori por el equipo humano de la propia empresa.

De manera análoga a los sistemas de amortización basados en el coste histórico, en los sistemas de costes de amortización preestablecidos se pueden elegir criterios físicos, temporales o mixtos para el cálculo de la cuantía de las amortizaciones.

Ejercicio: El coste histórico de una máquina ha sido de $ 1.000.000. Se le estima una vida útil de 5 años y un valor residual de $ 100.000. En la empresa se trabaja los relevos de tres turnos de ocho horas durante todos los días hábiles, que se cifran en 200, ya que, por la toxicidad del producto, la legislación laboral obliga a continuas revisiones médicas y tiempos de descanso.

Desde un punto de vista técnico se nos indica que la máquina perderá un 4% de los días por reparaciones durante el primer año, un 10% durante el segundo y tercer año, y un 20% durante el cuarto y quinto año. Asimismo perderá rendimiento de manera progresiva de tal forma que la producción obtenida en 60 minutos durante el primero y segundo año equivaldrá a la producida en 80 minutos durante el tercer año y a la elaborada en 100 minutos durante el cuarto y quinto año.

Solución: Los rendimientos equivalentes serán:

Años	Rendimiento
1	1
2	1
3	60 / 80 = 0,75
4	60 / 100 = 0,60
5	60 / 100 = 0,60

Con los datos del enunciado haremos el siguiente cuadro

Años	Días / años	%días perdidos	Días perdidos	Días trabajados [d]	Horas trabajadas (1) [hr.]	Rendimiento (2)	Unidades homogéneas (1x2) [hr.]
1	200	4	8	192	4.608	1	4.608
2	200	10	20	180	4.320	1	4.320
3	200	10	20	180	4.320	0,75	3.240
4	200	20	40	160	3.840	0,6	2.304
5	200	20	40	160	3.840	0,6	2.304
					20.928		16.776

El valor amortizable será:

$$ \$ 1.000.000 - \$ 100.000 = \$ 900.000 $$

El coste de amortización por cada hora homogénea será:

$$\frac{900000 \; \frac{\$}{hr}}{16776h} = 53,64 \, \frac{\$}{hr}$$

Las cuotas de amortización anual son las siguientes:

Años	Unidades homogéneas [hr.]	Amortización horaria [$/hr.]	Amortización anual [$]
1	4.608	53,64	247.173
2	4.320	53,64	231.724
3	3.240	53,64	173.793
4	2.304	53,64	123.586
5	2.304	53,64	123.724

8.2.3 La valoración del agotamiento

La valoración de los recursos naturales presenta problemas, que no son comunes con el resto de los activos. Podemos destacar los siguientes:

1. La dificultad que implica estimar las reservas naturales existentes.

2. Los problemas asociados al coste del descubrimiento.

La estimación de *los recursos naturales* tales como los depósitos petrolíferos, metales preciosos, etc., varía a medida que obtenemos nueva información, o bien porque los procesos de producción se hacen más eficientes, lo que nos indica la gran dificultad de medición de las reservas existentes.

En cuanto al *coste de descubrimiento* diremos que en ciertos recursos naturales como el petróleo se puede subdividir en los siguientes costes:

2.a. El coste de adquisición de depósito,

2.b. El coste de exploración,

2.c. El coste de desarrollo.

El coste de adquisición del depósito es el precio que tendremos que soportar para obtener el derecho a buscar y encontrar un recurso natural oculto o descubierto.

Tan pronto como la empresa obtiene el derecho a usar de la propiedad, se devengan unos costos de exploración, que se consideran necesarios para la localización del recurso natural.

El último componente del costo de descubrimiento viene medido por el valor de los factores empleados en el desarrollo del proyecto al proceder a la perforación de túneles, pozos, etc.

8.2.4 La contabilización de las amortizaciones

El control de las amortizaciones lo haremos a través de soportes documentarios diseñados de acuerdo con nuestras necesidades concretas y que acabaran con los datos siguientes:

1) *Aspectos técnicos:* la procedencia, el proveedor, la fecha de entrada, la ubicación del coste, etc.

2) *Aspectos económicos:* el número de identificación de la máquina, los años de vida útil estimada, posibles mejoras que se añadan, valor residual, amortización fiscal anual, etc.

3) *Aspectos internos:* la amortización técnica, el valor de reposición, etc.

Los aspectos técnicos son ajenos a la contabilidad. Los aspectos económicos sirven para cubrir aspectos informativos en la contabilidad general y los aspectos internos se desarrollan en el ámbito informativo de la contabilidad analítica.

En principio, la amortización fiscal calculada por la contabilidad general no tiene porqué coincidir con la amortización técnica calculada por la contabilidad interna. Además, los esquemas contables serán diferentes ya que la misión de ambas contabilidades es distinta.

9

Planificación Integral del Mantenimiento

9.1 Generalidades

La seguridad y el cuidado del ambiente en las industrias no son procesos accesorios por lo que en este curso desde un comienzo se consideraron actividades que deben ser gestionadas con el mismo rigor que la producción. Recordemos que en las evaluaciones de las criticidades siempre fueron analizados los impactos que una falla o desperfecto tienen sobre la higiene y seguridad y la ecología. Talvez en nuestro país no estén desarrolladas estas funciones como ocurre en los países industrializados porque quizás no exista conciencia de su importancia. Salvo algunas pocas grandes empresas han implantado sistemas de gestión ambientales y menos aun sistemas de seguridad y salud ocupacional, el resto de las pequeñas y medianas empresas no trabajan en ello. En el caso de la higiene y seguridad ocupacional tiene una mayor actividad en todos los niveles de empresas porque la SRT (Superintendencia de Riesgos del Trabajo de la Nación) tiene el poder de policía en este tema y exige a las empresas el cumplimiento de las leyes 24557,19587, sus decretos y las resoluciones. En el caso el cuidado ambiental existen una gran variedad de normas legales nacionales, provinciales y municipales y tratados internacionales. La actitud de la mayoría de los empresarios esta cambiando no porque sea una iniciativa motivada por la ética sino porque la gestión de la higiene y seguridad laboral y el cuidado del ambiente por un lado lo exigen las leyes pero por otro lado tienen un rédito económico que no siempre es valorado correctamente.

9.2 Entorno seguro y no contaminante

El grado de control sobre las condiciones ambientales y de seguridad laboral en el ámbito industrial incide sobre al actividad del personal de producción como usuario primario de la instalaciones y los productos que se elaboran, luego le sigue el personal de mantenimiento como usuario alternativo y por último terceros que pueden ser otras áreas de la empresa o bien el exterior de la planta. Los problemas de la degradación ambiental comienzan en el punto de origen de la contaminación. Así tenemos que, si los procesos dentro de la planta están controlados, las condiciones de higiene cumplen con las leyes y los procedimientos operativos, el impacto que se produce hacia el exterior de la planta se reduce a la gestión de los residuos y efluentes que son abordados por la gestión ambiental y por la ingeniería de planta.

El concepto de falla fue analizado considerándolo como una situación no deseada que produce una desviación de las actividades de su cometido principal y por lo tanto es algo que genera pérdidas. En este caso retomaremos el concepto de falla o desperfecto para referirnos a todos aquellos hechos o situaciones que predisponen o pueden generar incidentes o accidentes personales, ambientales o contaminación gradual. De esta manera es factible hablar de falla del equipo y falla humana.

9.2.1. Definiciones y conceptos generales de seguridad laboral

Existen en materia de definiciones de los distintos términos y conceptos vinculados a la seguridad una gran variedad por lo que tomaremos algunos que están enunciados en la norma UNE-EN V1070: 1994.

Maquina: Es un conjunto de piezas u órganos unidos entre si, de los cuales uno por lo menos habrá de ser móvil y según el caso, tendrá órganos y circuitos de accionamiento y de potencia, etc., asociados de forma solidaria para una aplicación determinada, en particular para la transformación, tratamiento, desplazamiento y acondicionamiento de un material

Seguridad de una máquina: Es la aptitud para desempeñar su función, para ser transportada, instalada, ajustada, mantenida, desmontada y retirada en las condiciones de uso previstas en el manual de instrucciones, sin causar lesiones o daños a la salud.

Peligro: Fuente de probable lesión, daño a la salud o pérdida de la calidad de vida individual o colectiva .

Situación peligrosa: Circunstancia en la que una o varias personas se encuentran expuestas a uno o mas peligros.

Riesgo: Combinación de la probabilidad de ocurrencia y de la gravedad de una posible lesión o daño para la salud en una situación peligrosa.

Evaluación del riesgo: Estimación conjunta, en una situación peligrosa, de la probabilidad y de la gravedad de una posible lesión o daño para la salud, con el fin de seleccionar las medidas de seguridad adecuadas.

Función peligrosa de una máquina: Cualquier función que genera peligro cuando la máquina está en funcionamiento.

Zona peligrosa: Cualquier zona dentro y / o alrededor de una máquina en el la cual una persona está sometida al riesgo de lesión o daño a la salud.

Operador: Persona encargada de instalar, poner en marcha, regular, mantener, reparar o transportar una máquina

Función de seguridad directa: Es aquella cuya falla eleva inmediatamente el riesgo de lesión o daño a la salud

Función de seguridad indirecta: Es aquella cuya falla no aumenta de forma inmediata el riesgo de lesión o daño a la salud, pero reduce el nivel de seguridad, lo que redispone en un futuro a situaciones peligrosas.

Seguridad positiva: Condición que se alcanza cuando la función de seguridad se garantiza aun en los casos de fallo del sistema de alimentación de energía o de cualquier componente que contribuya a lograr esa condición.

Accidente: Es la concreción o materialización de un riesgo que ocurre de manera imprevista, interrumpe o interfiere la continuidad del trabajo y supone un daño o lesión a las personas, propiedad o ambiente.

La definición anterior guarda estricta relación con el concepto de falla en el que el riesgo está vinculado al producto probabilidad – consecuencias del desperfecto y el daño al impacto de la pérdida. Por lo tanto se justifica la consideración del accidente como una falla que debe ser anticipada y evitada. Como se verá después mientras mas grande sea el universo de incidentes que resultan de funcionamientos anómalos mas probabilidades de accidentes hay. Es ahí donde de la actividad del mantenimiento toma fuerza detectando de las señales débiles que advierten sobre el advenimiento de una falla o accidente y realizando las acciones de mejoramiento.

En el siguiente diagrama 9.2.1 se muestra las derivaciones de un hecho no controlado

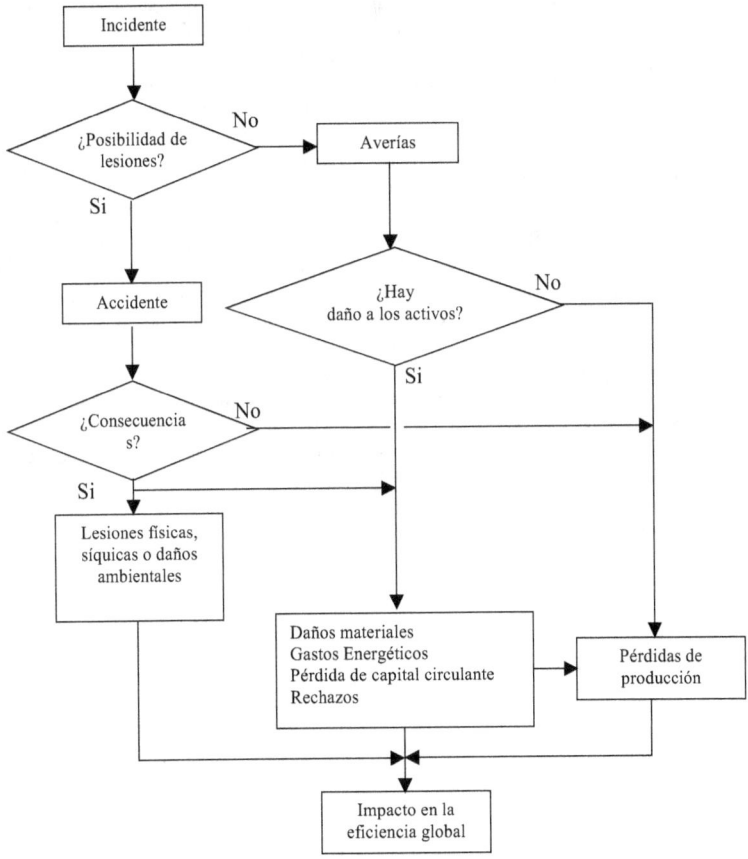

Figura 9.2.1

9.2.2. Las causas de los accidentes

Según la teoría de la causalidad en la mayoría de los accidentes no existe una única causa sino que concurren una serie de ellas que están interrelacionadas y conectadas entre sí. Esto es el motivo por lo que todos los accidentes son distintos y por lo tanto su prevención es difícil. Algunos autores consideran que un accidente se produce porque la relación entre causas que dan origen al mismo opera como si fuera un producto de aquellas, o sea en serie $A = C_1 \times C_2 \times ....C_n$. Heinrich en la década de 1930 consideró que la secuencia que desencadena el accidente es como un "efecto dominó", por lo tanto sacando una ficha (evento causa) se corta la serie y el accidente se anula. Esto es particularmente interesante porque permite trabajar en la eliminación de aquella causa mas sencilla o económica y al mismo tiempo eliminar la posibilidad de accidente. Hoy se acepta un modelo combinado de causas en serie y trayectos en paralelo. De manera sintética se puede decir que hay dos tipos de causas en los cuales se pueden considerar incluidas todas las innumerables causas que existen: *causas humanas* y *causas materiales*. A su vez existen en cada una de estas clases tipos de causas ligadas a dos etapas en la cadena secuencial que las *causas básicas* y *causas desencadenantes*. Dentro de las causas humanas se distinguen los *factores contribuyentes* que son causas básicas que cada individuo trae consigo tales como su constitución física, su personalidad, su educación y entorno social. Estos factores contribuyentes deben ser modificados o contenidos con educación, entrenamiento y conducción. Pero le siguen en orden secuencial los *actos inseguros* como causas desencadenantes que surgen de conductas contrarias a la formación y tienen un matiz de indisciplina. En la rama de las causas materiales encontramos como causa básica los *factores de trabajo*, que son propios de la organización de las actividades y de la administración de la empresa y esto seguramente dispara las *condiciones inseguras*. Los objetos o sustancias , llamados *agentes,* que son parte de los procesos son los que están vinculados directamente a la ocurrencia física del accidente. De esta manera se tiene el cuadro 9.2.2. En realidad de estudios realizados por expertos en seguridad establecen que el 85% de los accidentes ocurren por actos inseguros, el 1% por condiciones inseguras y el 14% restante de una combinación de ambos, de donde se concluye que el 99% de los accidentes tienen como origen el factor humano. En efecto, analizando cada accidente se observa que todos son atribuibles al hombre ya que el es responsable de la ocurrencia del hecho de manera directa o bien indirecta por mala administración, falta de cuidado, errores en el diseño o la gestión y genera condiciones inseguras en los procesos o en el ambiente no aptas para el trabajo seguro. Un punto importante en el desarrollo de la prevención de los accidentes es la conciencia que tienen los trabajadores respecto de las situaciones riesgosas y el primer paso en la conciencia es la percepción de la existencia de un peligro. A partir de allí comienza el proceso de lucha y corrección de las causas de los accidentes. La figura 9.2.3 muestra la secuencia que se necesita para la ocurrencia del accidente.

Cuadro 9.2.2 – Clasificación de las causas de los accidentes

	Causas humanas	Causas materiales
Causas básicas	Factores contribuyentes	Factores de trabajo
	Condiciones socio culturales	Métodos y procedimientos de trabajo inadecuados
	Falta de conocimiento y experiencia	Gestión operativa inadecuada
	Conductas inapropiadas:	Diseño y mantenimiento inadecuado
	- Ahorrar tiempo o esfuerzo	Procedimiento de provisión de repuestos
	- Llamar la atención	
	- Demostrar autonomía	
	- Buscar la aprobación de los otros	Falta de competencia técnica
	- Hostilidad	
	Limitaciones físicas o mentales	Falta de recursos
Causas desencadenantes	Actos inseguros	Condiciones inseguras (algunas)
	Trabajar sin autorización	Protecciones inseguras
	Trabajar a velocidades peligrosas	Señalizaciones y alarmas inadecuadas
	Neutralizar los dispositivos de seguridad	Riesgo de incendio o explosiones
	No usar elementos de protección personal	Componentes defectuosos o mal mantenidos
	Usar u operar a sabiendas equipos defectuosos.	Falta de ventilación o espacio
	No comunicar ni señalizar los peligros	Falta de iluminación o exceso de ruido
	Bromear o tener posturas inseguras	
	No respetar los procedimientos de seguridad.	Falta de orden y limpieza

Una vez comprendido como es el mecanismo con el que acontecen los accidentes las tareas para disminuir los riesgos, se comienza por la identificación y evaluación de los riesgos y luego se continúa con el control operativo.

Para la primera etapa existen una gran variedad de *técnicas analíticas* y participativas de identificación y evaluación de los riesgos, algunas son simples y cualitativas otras mas complejas, técnicas y cuantitativas. Existen dependiendo del tipo de industria y de los procesos requisitos legales y reglamentaciones industriales que deben ser atendidos pero si no hay una directiva en este sentido se puede realizar una evaluación general de los riesgos con herramientas muy parecidas a las ya estudiadas en el capítulo 5 tales como el AMFE o el análisis de los fenómenos físicos – variables de proceso PM. Es necesario homogenizar el método de análisis con el servicio de higiene y seguridad en el trabajo por lo que se deben conformar grupos de tareas para unificar criterios. Antes que nada se debe tener un enfoque de procesos es decir conocer perfectamente el producto, las secuencias de operaciones, los métodos de trabajo, las instalaciones involucradas, las herramientas utilizadas, las especificaciones del proceso o del producto, las sustancias que intervienen, los medios de control y la competencia del operador.

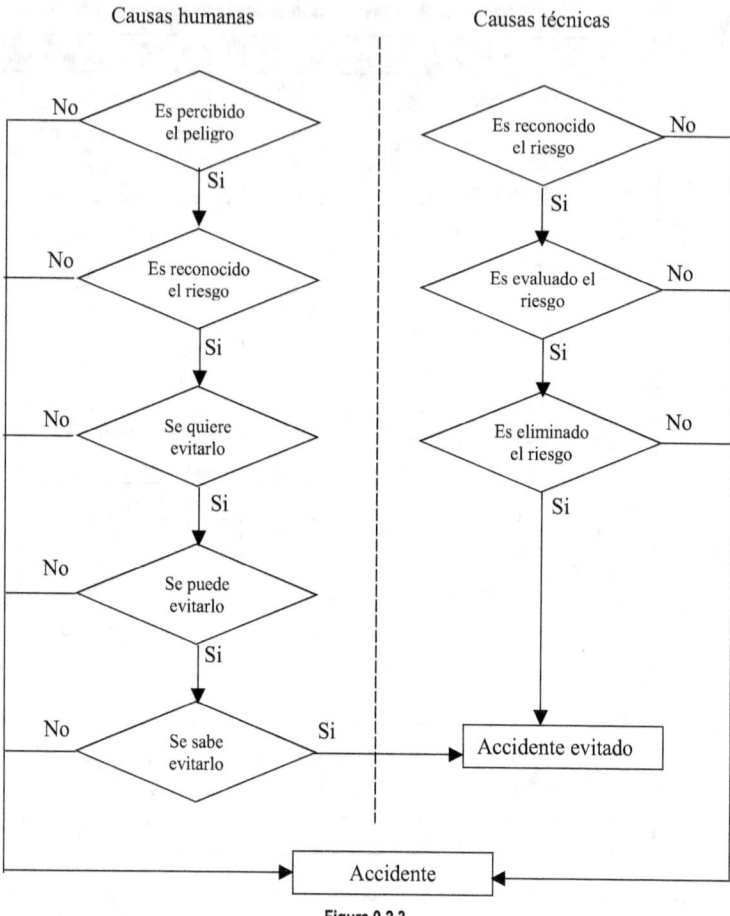

Figura 9.2.3

Como se dijo anteriormente el concepto de riesgo implica la probabilidad que ocurra un hecho y el impacto que genera si ocurre. Se podría considerar un tercer elemento tal como el grado de control que opera tanto en la probabilidad de ocurrencia y en la limitación de su impacto pero para simplificar su desarrollo no se explicita el valor del grado de control. Otro técnica es el método RMPP en inglés *Risk Management and Prevention Program* que consiste en la preparación de una matriz de riesgo donde se dan escalas de valoración elementales a los dos componentes antedichos según el cuadro:

Cuadro 9.2.4

	Probabilidad	Gravedad
Alta	Siempre o casi siempre	**Extremadamente dañino** (muerte, amputaciones, intoxicaciones, parálisis, enfermedades crónicas graves)
Media	Algunas veces	**Dañino** (quemaduras, fracturas leves, hipoacusia, lesiones temporales parciales)
Baja	Raras veces	**Levemente dañino** (golpes, cortes, molestias, irritaciones)

Por supuesto esta escalas se pueden mejorar en relación con la capacidad de gestionar que la empresa disponga o en función de la complejidad de los procesos. Todos las técnicas de evaluación del riesgo tienen matices reiterativos, sin embargo el éxito que cada una tiene está vinculado a la implementación por parte de la empresa y a la perseverancia con que se llevan a cabo los controles.

Cuadro 9.2.4

De nada sirve un método muy preciso si requiere mucha logística en su realización o es demasiado complejo para su cumplimiento. La evaluación general de riesgos exigen la determinación de los factores que intervienen en las operaciones y en dichos procesos evidenciar los peligros existentes (golpes, incendio, explosiones, derrames o fugas de sustancias tóxicas o contaminantes, vibraciones y ruidos, carga térmica, etc.) . La matriz de riesgo que el RMPP propone con la combinación de las alternativas del cuadro 9.2.6 es la de la figura 9.2.5 donde cada letra corresponde a la calificación referencia dada en este cuadro

Cuadro 9.2.6

	Nivel	Descripción
L	Leve	No se necesita acción específica
T	Tolerable	No se necesita mejorar la acción preventiva. Se deben procurar soluciones simples y económicas. Es necesario realizar monitoreos periódicos para verificar la eficacia de las intervenciones realizadas.
M	Moderado	Se debe reducir el riesgo en un plazo establecido y se asignan los recursos necesarios. Si el riesgo está asociado a una extrema gravedad deben realizarse nuevos estudios para determinar la probabilidad para fijar las acciones de control.
S	Significativo	No se debe comenzar a trabajar sin haber reducido el riesgo. Si el riesgo corresponde a trabajos en curso se deberá actuar en plazos breves.
I	Intolerable	No se puede comenzar ni continuar con el trabajo hasta que el riesgo se haya reducido. Si esto no se logra se prohíben las operaciones.

La matriz original no está coloreada como aquí, pero, a la luz de la simplicidad de su formulación, se podría pensar en realizar, como señalización práctica, un relevamiento por las operaciones o instalaciones e identificar cada puesto tanto en la documentación como en los equipos con una etiqueta autoadhesiva con la matriz de riesgo marcando en color solo el casillero que corresponde al riesgo evaluado. De esta manera se puede establecer un código de rápida interpretación. Así por ejemplo tendríamos:

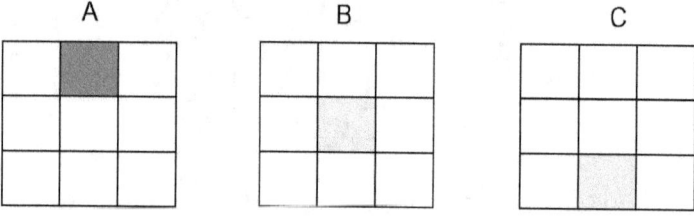

A   B   C

Figura 9.2.7

A: Riesgo significativo porque es altamente probable ocurran hechos con resultados dañinos. No comenzar a trabajar   hasta reducir los riesgos

B: Riesgo moderado: Trabajar con mucha precaución. Intervenir en breves plazos.

C: Riesgo tolerable: Trabajar con cuidado y verificar la evolución del riesgo.

Dado que se requiere una unificación de criterios en una primera aproximación y si el primer avance realizado por personal de higiene y seguridad o bien personal de producción en el relevamiento de riesgos utilizó el RMPP podemos trasladar la evaluación realizada en este método a la escala adoptada por el AMFE de manera que:

> *Intolerable* en el RMPP sea considerado como *Muy Crítico* en el AMFE
>
> *Significativo* en el RMPP sea considerado como *Crítico* en el AMFE
>
> *Moderado* en el RMPP sea considerado como I*mportante* en el AMFE
>
> *Tolerable* en el RMPP sea considerado como *Secundario* en el AMFE
>
> *Leve* en el RMPP no se lo considerará en el AMFE

En este caso el valor de los parámetros del RMPP contienen ya la evaluación de la probabilidad y lo que estamos haciendo es asimilarlos a valores de gravedad en el AMFE, pero esto no sería un inconveniente ya que solamente nos daría un criterio mas conservador. No tenemos que olvidar que el RMPP es una técnica cualitativa y que se desarrolla en base al criterio de los participantes por lo que solo estaríamos ajustando los valores. Hay otras técnicas parecidas al AMFE como por ejemplo el HAZOP de uso exclusivo de los profesionales de la seguridad.

9.2.3. Axiomas de la seguridad.

Del concepto de riesgo salen las líneas tendientes a disminuirlos: la *prevención* es un grupo de técnicas que trabajan en la eliminación del riesgo operando sobre la probabilidad de ocurrencia en tanto que la *protección* es el conjunto de técnicas destinadas a reducir la gravedad del impacto producido por el accidente. En seguridad se combinan ambos aspectos y dan como resultado los axiomas de la seguridad que son principios sobre los que se basan las políticas y los objetivos en seguridad. Se deben cumplir según la siguiente secuencia:

1. eliminar el foco de peligro
2. si no se puede eliminar el peligro, el operador debe ser alejado del mismo
3. cuando el riesgo no se puede eliminar y el operario debe estar presente por razones de operatividad del equipo, se debe encapsular la zona de peligro
4. cuando ninguna de las opciones anteriores es factible, se recurre como última instancia a la protección individual.

9.2.4. Técnicas operativas

Ahora es necesario realizar las acciones de corrección en función de la evaluación realizada pero teniendo en cuenta que se debe trabajar en las *causas técnicas* y en las *humanas*. En ese sentido se pueden enunciar las *técnicas operativas sobre causas materiales* siguientes:

Proyecto de los equipos e instalaciones: en esta etapa deben ser tenidos en cuenta los elementos y aspectos de los medios tecnológicos que pueden producir daño a las personas o al ambiente y los constructores deben obrar por propia iniciativa en este sentido aun en el caso que las especificaciones técnicas no lo mencionen. Antes era común que en los atributos exigidos a los equipo en la etapa de definiciones estaban comprendidos la fiabilidad, la capacidad productiva, el costo, la capacidad de producir productos de calidad, la mantenibilidad, la facilidad de operación, la logística de repuestos pero eran pocos los equipos en los que se tenían en cuenta las condiciones de seguridad y cuidado del ambiente.

Mejoras de los equipos: el mantenimiento correctivo derivado de los trabajos en equipo a fin de disminuir la degradación del equipo debe considerar las modificaciones de los mismos para eliminar los aspectos que pudieren derivar en un accidente o enfermedades profesionales.

Mejora en los métodos: se debe promover continuamente a la mejora en las formas de transformar los productos de manera que se desperdicie menos material, se consuma menos energía y se corran menos riesgos de accidentes personales y ambientales. En los casos de movimiento y tráfico de materiales deben tenerse en cuenta los criterio ergonómicos para el desarrollo de las tareas.

Mejora en las condiciones ambientales: es necesario que el entorno de trabajo cumpla los requisitos ambientales de operatividad. Un medio laboral sucio, desordenado, oscuro, ruidoso o húmedo es el ámbito propicio para la aparición de enfermedades profesionales o accidentes.

Sistemas de seguridad: son elementos que actúan eliminando o reduciendo los riesgos sin entorpecer las operaciones (robot de carga, enclavamientos mecánicos y eléctricos, etc.)

Protecciones y reparos: son barreras que impiden que las personas accedan a las zonas de peligro. Pueden ser estáticas, desmontables o móviles de manera automática.

Contenciones: son elementos pasivos que tienden a reducir el impacto de el escape de sustancias tóxicas o contaminantes.

Señalizaciones: son elementos que ponen en evidencia la presencia de un peligro o establecen la salida de la situación de peligro. Pueden ser visuales estáticas, lumínicas y sonoras. En este sentido también se deben tener en cuenta los códigos de colores estandarizados tanto en los recipientes a presión como en las tuberías.

Normalización: consiste en la adopción de modos de trabajo estándares tanto en el desarrollo normal como en el caso de emergencias. Es necesario tener soportes documentales y un elenco de procedimientos que guíen las actividades para reducir la incertidumbre y la improvisación.

Protección personal: cuando los riesgos no pueden ser eliminados se debe recurrir como última instancia a los elementos de protección personal pro deben ser los adecuados al riesgo del que se está protegiendo.

Instrumentación de control: permite detectar cuando un parámetro está variando de manera que puede ser causa de accidente. Es muy importante que los instrumentos estén periódicamente controlados y calibrados por entes o empresas que garanticen su idoneidad.

Mantenimiento periódico y predictivo: son de fundamental importancia en la prevención de fallas que pueden tener consecuencias de lesiones humanas o daño ambiental. En los estándares deben estar consideradas las medidas para la ejecución del las inspecciones o trabajos de manera segura.

Desde el punto de vista de las *técnicas operativas sobre las causas humanas* se pueden enumerar:

Reclutamiento: todos saben que cuando un individuo se incorpora a una empresa debe reunir requisitos necesarios de acuerdo a los procesos que esta opera. El nivel de educación y la características de su personalidad son dos elementos pilares sobre los que se basa la incorporación. Los comportamientos son fundamentales en el respeto de los procedimientos de operación en situaciones normales y en las repuestas ante emergencias.

Formación y adiestramiento: la formación de los individuos es un factor decisivo en el desempeño de la empresa. A través de sus distintas etapas desde el adiestramiento, pasando por la capacitación y llegando a la educación se pretende desarrollar destrezas, generar habilidades y enseñar conocimientos para que de esta manera se puedan modificar los comportamientos.

Comunicación y difusión: a través de campañas de prevención por medio de la comunicación masiva en publicaciones, carteles, informes y resúmenes de la gestión se fomenta el compromiso y la mejora de las condiciones de trabajo.

Trabajo en equipos: esta alternativa tiene dos dimensiones: es la mejor manera para lograr el compromiso de las personas con la prevención y la mejora a través de la participación y por otro lado se amplia el campo de detección y cuidado de las situaciones peligrosas al ser una tarea de todos.

Sistema de premios y sanciones: quizás sea la vía mas rígida en la gestión de los comportamientos pero es necesario que se establezcan los límites y que quienes adopten conductas positivas sean reconocidos.

9.2.5. La seguridad a través del mantenimiento autónomo

El desarrollo de un programa de reducción de pérdidas / fallas / accidentes requiere una maduración de la organización desde abajo realizando actividades prácticas en este sentido como parte integrada de su trabajo. De esta manera, con entrenamiento y la fijación del hábito aquellas no serán consideradas como tareas extras lo que asegura su cumplimiento de modo mecánico. Por otro lado para se necesita el apoyo y el incentivo de la dirección para que el programa tenga credibilidad y continuidad.

El mantenimiento autónomo es un camino eficaz para la maduración del programa de prevención de accidentes y mejoras del ambiente laboral. Por ello en cada uno de los siete pasos se deben incluir acciones y tareas para cumplir con el programa. De esta manera en cada uno de ellos, se tiene:

1. *Limpieza inicial*: aprovechar la limpieza inicial para inspeccionar y detectar condiciones inseguras. Sin duda que para acoplar al TPM las acciones tendientes a la reducción de riesgos antes de efectuar los primeros pasos, se deben realizar actividades de capacitación para entrenar a los participantes en la percepción de las condiciones materiales inseguras y para que, durante la limpieza inicial, no se corran riesgos.

2. *Eliminar las fuentes de contaminación y lugares inaccesibles*: en este paso se deben mejorar los accesos a puntos ocultos y detectar las fuentes de pérdidas, derrames o fugas de sustancias peligrosas o contaminantes. Al tiempo que se corrigen las fuentes de suciedad se profundiza el conocimiento del equipo. Se debe reducir el tiempo que demanda la rutina de limpieza, lubricación y ajuste, las protecciones deben ser fácilmente desmontables lo que obliga a tomar las precauciones para no sacrificar las seguridad por la simplicidad.

3. *Establecer los estándares de limpieza, lubricación y ajuste*: los estándares deben incluir los procedimientos de seguridad para su ejecución pero también deben comprender secuencias de chequeo de anomalías que deriven en condiciones inseguras. Si de las inspecciones diarias se detectan anomalías además de ser informadas y solicitada su reparación mediante OT, se debe señalizar la presencia de una condición insegura. En este caso para la señalización de riesgo se puede utilizar la matriz del RMPP con el código de colores como ya se dijo antes en la figura 9.2.7.

4. *Efectuar la inspección general del equipo*: para controlar integralmente el equipo es necesario que el operador tenga nociones generales de distintas disciplinas tales como hidráulica, neumática, electricidad, automatismo y esté capacitado en conocimientos básicos específicos del equipo. Es en este momento que se debe incluir en las lecciones de un punto temas de seguridad referidas a conceptos sobre los riesgos inherentes a los mecanismos del equipo. Se debe

facilitar el acceso a la inspección autónoma de mecanismos a través de la modificación de los reparos y protecciones pero como ya se dijo en el caso de los ciclos de limpieza esto no debe ir en desmedro de la seguridad. Cuando se realizan las inspecciones se deben recolectar los datos para la conformación de los estándares definitivos de inspección propios del puesto. No deben quedar excluidos los aspectos vinculados a los riesgos ambientales y personales

5. *Realizar la inspección general del proceso*: en esta etapa el personal debe estar capacitado para desarrollar la inspección autónoma y se deben fijar los estándares definitivos de chequeo y los procedimientos de operación en distintas circunstancias (arranque, parada, emergencia, puesta a punto) de manera que sea mejorada la gestión. En cada una de estas operaciones debe estar presente la prevención del riesgo. Los operarios deben comenzar a manejar los conceptos de fiabilidad y de disponibilidad como así también la gestión de las anomalías. Dado que estadísticamente se ha establecido la existencia de una relación entre hechos o incidentes anómalos y la ocurrencia de accidentes es importante que se elaboren registros sobre la marcha del equipo y se reduzcan los riesgos mejorando el control de las condiciones de los equipos de planta.

6. y 7. *Consolidación*: en esta etapa se busca el desempeño autónomo de los operarios en sus puestos trabajando en la auto gestión de los inputs y de los objetivos de gestión de su proceso. Los indicadores de gestión que establecen la relación entre la performance del equipo y la calidad, deben incluir también el desempeño ambiental y en seguridad.

Un factor importante en el desencadenamiento de los accidentes es el desorden. Cuando se realiza un relevamiento los participantes, por falta de conocimiento, no consideran al desorden como un factor de riesgo. Se pone atención talvez en el riesgo de incendio o en la falta de seguridad mecánica. Pero justamente porque el desorden no es percibido como un factor riesgoso es que una planta se acostumbra a el y en realidad como se verá a continuación es origen de accidentes. Y cuando hablamos de desorden nos referimos tanto a la falta de ubicación de los elementos como al incumplimiento de los procedimientos de gestión. En la figura 9.2.8 extraída de la obra "TPM en las industrias de proceso" el autor del capítulo Ikuo Setoyama muestra la cadena que va desde el desorden hacia el accidente en una planta de proceso continuo.

Fase 1: Operación normal procesos estables y controlados

Fase 2: Aparecen signos de desorden tanto de operativos como físicos. No se siguen los controles ni las intervenciones programadas. Hay materiales no acomodados. Algunos parámetros se desplazan de sus valores nominales. Se realizan los primeros ajustes automáticos y saltan las primeras alarmas. En la segunda fase de esta etapa se realizan ajustes manuales tratando de corregir las anomalías que continúan apareciendo

Fase 3: La planta tiene un funcionamiento anormal y se empiezan a disparar los mecanismos de seguridad con mayor frecuencia. Hay mucha dificultad para retomar el control de las variables. Hay situación peligrosas como resultado de las anomalías, las fugas, derrames o pérdidas pero todavía se las puede controlar o contener.

Fase 4: La situación se ha tornado peligrosa y ocurren accidentes porque no se ha sido capaz de controlar la situación. Las fugas dan origen a incendios o explosiones. Se procura contener los accidentes dentro del ámbito de la planta.

Fase 5: Hay gran impacto que excede el perímetro de la planta. Intervienen fuerzas externas para controlar el siniestro. Grandes daños en el establecimiento.

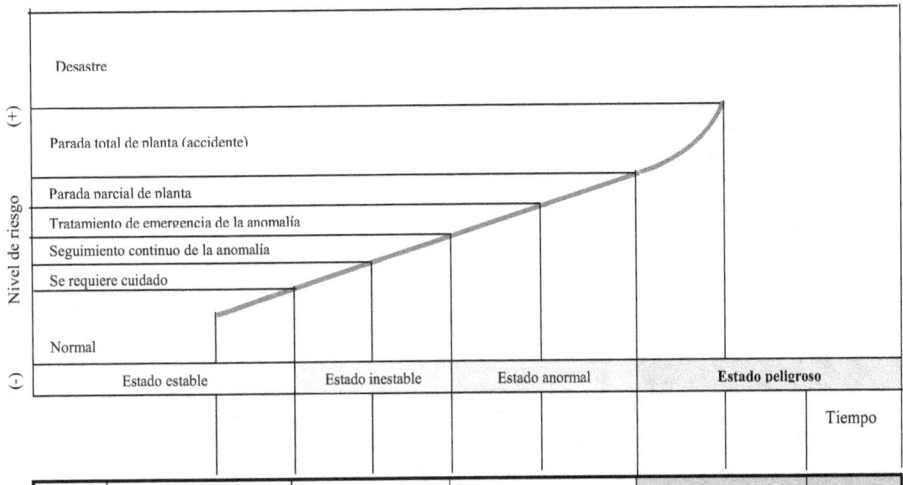

Figura 9.2.8

9.2.6. La seguridad en las máquinas

La seguridad en las máquinas debe estar, como se dijo anteriormente, incorporada a la misma desde su proyecto. Los diseñadores además de contemplar las necesidades del proceso deben tener en cuenta que durante la vida útil de la máquina, y a veces después también, las personas van a estar expuestas a peligros durante las inspecciones, periódicas, la rutina de lubricación, los ajustes, las reparaciones, las puestas a punto y la operación. Considerando los axiomas de la seguridad las partes móviles de la máquina deben ser diseñadas y construidas de manera que los movimientos no presenten peligro, de no ser así se tienen que aplicar protecciones o resguardos. Igual criterio deben tener los ingenieros y técnicos de la empresa cuando deben analizar las modificaciones a los equipos originales como respuesta a las solicitudes de la planta en el mantenimiento correctivo y a las mejoras pedidas por los grupos TPM. Los operarios, y a veces también los técnicos y supervisores, al no estar capacitados en las técnicas de protección no perciben que mejorando un aspecto del equipo pueden desmejorar las condiciones de seguridad.

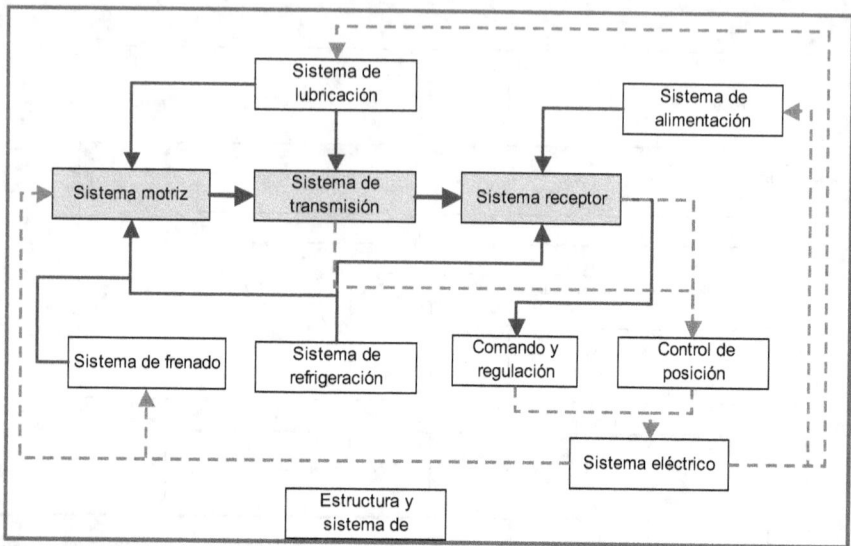

Para poder establecer las zonas de peligro de las máquinas se puede analizarlas bajo es siguiente esquema:

La clasificación de las zonas de peligro en las máquinas puede ser:

Zona	Elemento	Descripción
1-Punto de operación	-Herramienta de trabajo -Punto de contacto -Dispositivo de fijación pieza	Sistema receptor
2-Parte cinemática	-Motor -Transmisiones	Sistema motriz y transmisor
3-Producto a trabajar	-Pieza a trabajar -Residuos de la elaboración	Incide sobre el sistema receptor
4-Carga o alimentación	-Brazos cargadores -Conductos de cargas	Sistema receptor
5-Sistemas auxiliares	-Circuitos de lubricación -Circuito de refrigeración	Sistema de lubricación Sistema de refrigeración
6-Dispositivos de control	-Alimentación eléctrica de potencia -Control de posición -Consolas de comando -Armarios de control automático	Sistema eléctrico Comando y regulación Control de posición
7-Periferia y ambiente	-Bancadas de la máquina -Iluminación -Ruidos y vibraciones -Protecciones y resguardos -Distancias entre puntos	Estructura y sistema de sustentación

La seguridad aplicada a las máquinas comprenden las técnicas integradas en las máquinas que vienen incorporadas por diseño y las medidas de operación recomendadas por el fabricante y mejoradas por los usuarios. A su vez las técnicas integradas están compuestas por las técnicas de prevención intrínseca y las técnicas de protección.

Seguridad aplicada a máquinas	Integradas en máquina	Prevención intrínseca
		Protección
	No integradas	Medidas adoptadas por el usuario

La prevención intrínseca consiste en

1) *Eliminar los peligros* trabajando en las características de diseño es necesario:

   - -Trabajar en la geometría de la máquina y su entorno evitando formas peligrosas.
   - -Colocar las partes móviles de la máquina a distancias seguras y fuera del alcance de los miembros de las personas.
   - -Limitar las velocidades de desplazamiento o giro en función a la resistencia mecánica del equipo.
   - -Utilizar métodos de aislamiento de los circuitos con tensión por encima de la de seguridad.
   - -Dotar a los mandos de lógicas seguras evitando el accionamiento de la máquina de manera espontánea al restablecerse la energía después de un corte.
   - -Respetar las posturas y los movimientos ergonómicos.
   - -Diseñar el equipo teniendo en cuenta las cargas admisibles de todos sus partes sometidas a tensiones o esfuerzos.

2) *Limitar la exposición* de las personas a las zonas peligrosas se requiere:

   - -Aumentar la fiabilidad de las máquinas para evitar las micro paradas y las intervenciones reiteradas.
   - -Ubicar los dispositivos y elementos de puesta a punto fuera de las zonas de peligro
   - Incorporar medios robotizados o cargadores automáticos.

La protección consiste en

3) *Proveer de resguardos* a las zonas peligrosas siendo este una barrera material entre la persona y el equipo. Pueden ser:

   - -Fijos
   - Desmontables
   - Móviles
   - Regulables o telescópicos
   - -Con enclavamiento
   - -Solidario con el mando

4) *Colocar dispositivos de protección* que son elementos que inhiben el funcionamiento de la máquina. Estos puede ser

- -Dispositivo de enclavamiento: impiden el funcionamiento de la máquina cuando el resguardo está abierto.

- -Barreras sensibles: cortan el funcionamiento de la máquina cuando se traspasa un límite (células fotoeléctricas).

- -Limitadores: evitan que la máquina sobrepase determinados límites. (presostatos, topes mecánicos)

- -Retención mecánica: son elementos que traban o bloquean el desplazamiento de las partes móviles (cuñas, trabas, columnas pivotantes)

- -Dispositivo de validación: la secuencia de movimiento de la máquina está en serie con el operador de manera que si este no cierra el circuito lógico el equipos se detiene (mando a dos manos, mando sensitivo)

Finalmente cuando se necesiten realizar modificaciones a través del mantenimiento correctivo o por solicitud del TPM se deberán seguir la siguiente secuencia:

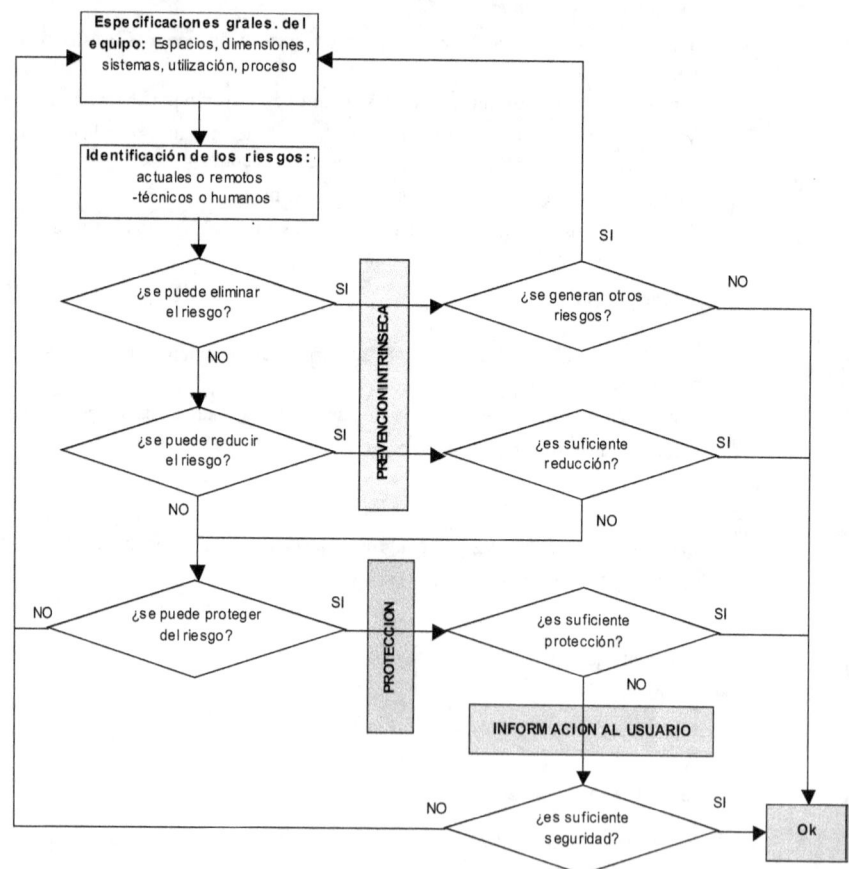

9.3 Mantenimiento de Calidad

9.3.1 Condiciones Generales

Conforme los equipos asumen el trabajo de la producción, la calidad depende crecientemente de las condiciones del equipo.

Además en las empresas van evolucionando y requieren cada vez menos intervención humana, el objetivo del mantenimiento de calidad es asegurar y mejorar constantemente la calidad mediante un mantenimiento eficaz del equipo.

La calidad siempre se ha creado a través del proceso. Sin embargo, se ha acelerado el ritmo de desarrollo de nuevos productos, y la mayor diversidad de materias primas y productos requiere ahora de reparaciones y cambios de utillaje cada vez más frecuentes. Para enfrentar esta situación cada vez son más los departamentos de producción que deben revisar sus sistemas de aseguramientos de la calidad con la intención de fabricar con calidad a través de una buena gestión de los equipos y una reducción constante de sus costos de funcionamiento.

La calidad se integra en el producto a través de los procesos que facilitan las condiciones necesarias para transformaciones tales como reacción, separación y purificación de los materiales. Tales procesos se desarrollan en sistemas interrelacionados de equipos verdaderamente complejos.

Para producir productos perfectos, es necesario establecer condiciones de procesos apropiadas (temperatura, presión, tasa de flujo, cantidad de catalizador, etc.) en función de las propiedades particulares, composiciones, y volúmenes de materias primas, reactivos y otras sustancias. Para lograr esto, las unidades del equipo y sus módulos componentes deben instalarse y mantenerse de modo que funcionen óptimamente y no generan defectos de calidad.

Por ejemplo en las plantas en donde se producen las reacciones químicas, el control deficiente de las condiciones de la instalación afecta no sólo la cantidad sino también es arriesgado para la contaminación del medio ambiente. Para crear plantas seguras que produzcan productos de calidad, una empresa debe analizar rigurosamente sus procesos y equipos para identificar y mantener las condiciones que no conduzcan un defecto ("condiciones libres de defectos"). Esta es la función principal del mantenimiento de calidad.

Un "defecto de calidad" es una propiedad que queda fuera del rango específico, de las condiciones normales de trabajo del equipo o instalación. Los principales defectos que se presentan son:

- *Desviación de la composición especificada, propiedades físicas. etc.:* Composición químicas, propiedades como la estabilidad térmica, impurezas, etc.

- *Contaminación:* Polvo, óxido, astillas, cabellos, bacterias, virutas, piezas de máquinas deterioradas, herramientas, pallets rotos, etc.

- *No conformidad y dispersión:* Variaciones de color, tamaño irregular de los granos, espesor desequilibrado, planeidad desigual, etc.

- *Defecto visuales:* Decoloración, oscurecimiento inapropiados, sacos rotos, humedad, descomposición, etiquetar erróneas, etc.

- *Defectos de empaquetados:* Bajo de peso, cierre o aislamiento inapropiado, sacos rotos, humedad, descomposición, etiquetas erróneas, etc.

9.3.2 El mantenimiento de calidad

El mantenimiento de calidad consiste en realizar sistemáticamente y paso a paso actividades que garanticen en los equipos las condiciones para que no se produzcan defectos de calidad. Hablamos de mantener el equipo en condiciones perfectas para producir productos perfectos. Los defectos de calidad se evitan chequeando y midiendo periódicamente las condiciones del equipo y verificando que los valores medidos están dentro del rango especificado. Los defectos de calidad potenciales se pronostican examinando tendencias en los valores medidos, y se evitan tomando medias por anticipado.

Por lo general se controlan los resultados inspeccionado en el producto y actuando contra los defectos producidos una vez que se hayan dado. Pues bien, el mantenimiento de calidad considera e intenta evitar enteramente los defectos de calidad antes de que se produzcan. Esto se logra identificando los puntos de chequeo para todas las condiciones del equipo y procesos que puedan afectar la calidad, midiéndolas periódicamente, y tomando acciones apropiadas.

El concepto de mantenimiento de calidad se basa en cuatro pilares fundamentales (equipos, materiales, métodos y personal) como las fuentes generadoras de defectos de calidad.

7Una vez generados lo que se conoce como " establecer condiciones" que no es más que fijar claramente el rango de condiciones para materiales, equipo, métodos de operación para garantizar un producto perfecto. Una vez establecidas que estas condiciones se mantienen, recién a partir de ese momento, se mantienen y controlan que los operarios sean "competentes" y extensamente formados en tecnología de producción en donde se desarrollan. De este modo, el establecimiento y control periódicos y sistemáticos de las condiciones de instalación elimina los posibles defectos el producto.

9.3.3 Condiciones previas para un mantenimiento de calidad eficiente

Son tres las condiciones previas para que tenga éxito un programa de mantenimiento de calidad:

Abolir el deterioro acelerado: Cuando el equipo sufre un deterioro acelerado, sus módulos y componentes suelen tener vida sumamente corta. El equipo es inestable y falla de manera inesperada. Cuando el equipo se avería continuamente, el proceso hacia el defecto cero de calidad es prácticamente nulo. Antes de poner en práctica el mantenimiento de calidad, debe abolirse el deterioro acelerado y minimizarse las fallas inesperadas a partir de todos los métodos alternativos de mantenimiento que ya se han visto o con aquel que resulte adecuado al caso en cuestión.

Eliminar problemas de procesos: Las industrias de proceso están plagadas de problemas tales como los bloques, obstrucciones, fugas, derrames, cambios de posición y otros enemigos de la operación estable. Las obstrucciones, fugas y paradas son la ruina de cualquier planta de proceso. Si realmente ocurre esto, hay que eliminarlas a través de los diferentes métodos de mantenimiento que ya hemos nombrado anteriormente realizado siempre por operarios capacitados e idóneos para realizar estas tareas; solamente entonces puede ser eficaz un mantenimiento de calidad.

Desarrollar operarios competentes: Debe formarse a los operarios para que sean capaces de identificar y corregir cualquier defecto o señal que presagien anomalías en el sistema. Se conceden gran importancia a lo que se llaman "tres realidades": localización real, objeto real y fenómeno real. Las tres realidades tienen una lógica directa: los defectos de la calidad surgen de lugares específicos del proceso, en objetos reales (productos o piezas del equipos defectuosos) y fenómeno o problemas de características específicas. Para identificar las fuentes de los defectos nada mejor que centrarse en estas tres realidades.

9.3.4 Elementos básicos de un programa de mantenimiento de calidad

Los elementos básicos para un programa de mantenimiento, son las siguientes:

- *Causas de los defectos de calidad:* El primer paso en la práctica del mantenimiento de calidad es clarificar las relaciones entre las características de calidad del producto y las cuatro posibles fuentes generadoras de defectos o variables es decir: equipos, materiales, métodos y personal, o bien el porcentaje o la incidencia de cada uno de las fuentes anteriores dentro del o los defectos propiamente dicho. En algunos casos suele añadirse un quinto elemento que es la medición de la característica de calidad. Véase a modo de ejemplo de aplicación la tabla que sigue.

Variables	Características de calidad				
	1...	2...	3...	4...	5...
Personal					
Equipo					
Materiales					
Métodos					

- *Relaciones entre los equipos y calidad:* En las industrias de proceso, el producto se fabrica mediante combinación de unidades de equipos. Cada unidad consiste en módulos, a su vez consistentes en componentes. Unidades, módulos y componentes condicionan diferentes niveles de calidad. Es esencial clarificar las relaciones entre todos estos elementos. Según tabla que sigue.

Planta	Unidad	Módulo	Componente	Características de calidad							
				1...	2...	3...	4...	5...	6...	7...	8...

- *Condiciones de control de los equipos:* El siguiente paso del mantenimiento de calidad es establecer las condiciones de control de los equipos. Para lograr esto se analizan las causas de los problemas pasados, a los componentes de los equipos que afectan a las características de la calidad de un producto se los llama "componentes de calidad". Los defectos se evitan manteniendo tales componentes dentro de las condiciones especificadas. Esta es la base del mantenimiento de calidad. Según la tabla siguiente.

Lista de chequeo de mantenimiento de calidad			
Componente de calidad	Control de condiciones		
	Condiciones	Método de chequeo	Estándar de chequeo
①			
②			
③			
④			

9.4 Los recursos humanos

9.4.1 Generalidades

No puede existir una organización que no esté integrada por personas, de allí la importancia de los recursos humanos, pues se puede contar tecnológicamente con el equipamiento más moderno o con las mejores instalaciones, pero si se carece de un grupo humano motivado y bien dirigido, el éxito de la organización será imposible.

Esta importancia de los recursos humanos involucra también a los del área de mantenimiento, ya que sin ellos ésta no podría funcionar.

Para que una organización alcance sus metas no basta con contar con los recursos necesarios, sino que también los debe utilizar con efectividad.

El departamento de Recursos Humanos es quien se encargada de mejorar el desempeño del personal, ayudando a estos a expandir sus potencialidades, para la consecución de sus fines, dentro de un entorno ético y socialmente responsable, encaminando las nuevas demandas de empleados y organizaciones ante los cambios de un mundo globalizado.

Los recursos humanos de una empresa se encargan de elaborar un determinado producto o brindar un servicio, incluyen a personas con conocimientos, capacidades y habilidades, de quienes se espera que sean capaces de lograr que la organización alcance sus metas.

Una expresión interesante es aquella que dice "Son las personas quienes concretan los aciertos o desaciertos de las organizaciones".

Es responsabilidad del área en cuestión, crear un ambiente claro, abierto, donde cada persona se sienta involucrada en hacer realidad los fines de la organización, participando activamente.

9.4.2 Objetivos

El objetivo principal de esta área consiste en mejorar o favorecer el desempeño del personal dentro de toda la empresa, y en el caso que nos ocupa concretamente en el área mantenimiento.

El objetivo fundamental de los recursos humanos es mejorar o favorecer el desempeño del personal dentro de la organización, no obstante se pueden distinguir en:

- *Objetivos personales:* se debe poner atención para que cada una de las personas que conforman la empresa alcancen sus metas personales, pues esto traerá aparejado un mejor desempeño y motivación dentro de la organización. La satisfacción personal de cada uno de los integrantes de la empresa redundará en beneficio de toda la corporación.

- *Objetivos funcionales:* es este el objetivo central de los recursos humanos de favorecer el desempeño del personal dentro de la empresa, en forma adecuada.

- *Objetivos corporativos:* recursos humanos debe dar los instrumentos o caminos a fin de que la organización pueda alcanzar sus propios fines.

- *Objetivos sociales:* toda empresa desarrolla su actividad dentro de una sociedad y por lo tanto, las actividades del área de recursos humanos deben fundamentarse en los principios éticos de la misma, un ejemplo claro de esto es cuando se discrimina a una persona por motivos de sexo, raza, etc.

En la Actualidad ha tomada importancia la actividad de recursos humanos, pues con la aplicación de sistemas informáticos, los avances tecnológicos, la automatización, los robots, etc., ha cambiado la tarea del trabajador, que pasó de una tarea de tipo manual, a realizar una tarea de tipo intelectual, hoy el trabajador decide sobre las acciones que deben realizar las máquinas.

Por lo tanto, es necesario definir y manejar los cambios culturales y de conducta indispensables para que una organización se desenvuelva en este nuevo ambiente. Adecuarse a los nuevos cambios implica la existencia de un proceso de aprendizaje permanente, y para esto es necesario evaluar continuamente el estado actual de las cosas, planeando las mejoras o el desarrollo, siendo de inestimable valor la utilización de mecanismos de retroalimentación en todos los niveles.

El mecanismo de retroalimentación se concreta cuando nos preguntamos ¿Cómo vamos?

El trabajo de la organización es el factor muy importante que debe cambiarse si se intenta mejorar la producción o para mantenerla en niveles óptimos.

La evolución de las relaciones laborales, trae aparejado un fortalecimiento en las relaciones interpersonales, lo que mejora la calidad y incrementa la productividad dentro de una organización.

Si los recursos humanos concreta su objetivo, que a la vez es su mayor desafío, la organización también hará realidad sus objetivos y desafíos.

9.4.3 Los Recursos Humanos en la actividad de Mantenimiento

Al estar compuestas por personas, las organizaciones se encuentran afectadas por su ambiente interno y por el ambiente externo en el que se desenvuelve.

El sistema organizacional lo conforman tanto la organización formal –la empresa- como aquellas partes del ambiente que la afectan constantemente, ejemplo de estos que decimos son los competidores, las nuevas tecnologías, etc. Históricamente las organizaciones eran responsables ante un grupo primario de accionistas de una empresa, hoy se debe pensar en función de gran cantidad de grupos, como sindicatos, asociaciones profesionales, gobierno, políticas, valores de la sociedad e innovaciones tecnológicas, etc. Por todo esto es que se necesita tener un estilo flexible para reaccionar con creatividad ante las presiones del medio en el que se desenvuelve toda organización.

El departamento de recursos humanos se ubica como un sistema dentro de un sistema mayor que es mantenimiento. Como todo sistema está compuesto por diferentes partes que colaboran en el hacer del todo. Lo mismo sucede con respecto a la empresa mayor en el que se encuentra inmerso, así cada área tiene su actividad que le compete, pero lo hace siempre interactuando con las restantes, de tal modo que, si mantenimiento tiene necesidad de cubrir un puesto, necesitará el apoyo de recursos humanos, para cubrir esa necesidad.

Toda el área de recursos humanos constituye un sistema abierto porque se ve afectado por el entorno tanto interno - el de la propia empresa -, como el externo - el de la sociedad -, del que no puede evadirse.

9.4.4 Funciones

Una amplia y variada gama de funciones son competencias del área de recursos humanos, la función esencial es el servicio que presta dentro de mantenimiento a los trabajadores, y a los directores, con miras a lograr sus objetivos.

Podemos observar diferentes tipos de funciones, que llevan aparejadas distintas implicancias, entonces tenemos:

- Funciones en las que el responsable de recursos humanos no tiene autoridad para dirigir a mantenimiento, pero sí tiene la posibilidad de asesorarlos, es lo que denominan autoridad de staff. Así por ejemplo el responsable de recursos humanos puede asesorar al responsable del área de mantenimiento, pero no puede dirigir las operaciones específicas de ésta área, pues esto es de competencia del responsable operativo. El asesoramiento brindado por recursos humanos no genera obligatoriedad a quien lo recibe, este tiene la opción de aceptarlo y llevarlo adelante o no, pero en este último caso se hace responsable de las consecuencias que su decisión traiga aparejada.

- Según la complejidad de la empresa, existen funciones en las se le concede autoridad de tipo funcional a recursos humanos, pero dicha autoridad está acotada a determinados aspectos, tal es el caso de los incentivos.

- Existen funciones que generan responsabilidades compartidas entre recursos humanos y los encargados de mantenimiento.

Recursos humanos debe ocuparse del desarrollo de la organización generando un ambiente interno propicio para la productividad, donde cada persona que forma parte de la ella se sienta satisfecho y conforme, ya que esto genera su proyección sobre la empresa, pero recae sobre los responsables de mantenimiento la responsabilidad del trabajo diario.

9.4.5 Actividades de los Recursos Humanos en Mantenimiento

Los recursos humanos tienen distintos tipos de actividades con miras a concretar su objetivo fundamental que es el de mejorar o favorecer el desempeño del personal, resulta obvio decir que enmarcará su accionar dentro del contexto general de mantenimiento, y respetando el nivel de empresa del que se trate, pues no es lo mismo una PYME, que una empresa de grandes dimensiones. Sin embargo, podemos detallar actividades que son propias de recursos humanos:

a) Sistema de información

b) Planeación

c) Desarrollo y capacitación

d) Evaluación

e) Sistema de compensaciones, premios e incentivos

f) Control

Cada una de las actividades que son consideradas como subsistemas de recursos humanos, presentan dos características:

- *interdependencia*, si bien están identificadas claramente las actividades de cada una, existe entre ellas una interdependencia, es decir la acción de una influye en la otra

- *retroalimentación*, la respuesta que se obtiene al evaluar cada actividad sirve de base para continuar en el camino emprendido si se estima una apreciación favorable, o para emprender una nueva acción, si la apreciación entiende que es necesaria una acción correctiva.

Estas dos cualidades aportan como beneficio el mejoramiento continuo de mantenimiento en su conjunto, como así también las relaciones interpersonales.

9.4.6. Sistema de Información de RRHH

Para un desenvolvimiento eficaz del personal se debe contar con una base de datos, lo más completa posible, que contenga información de las personas que conforman la organización. La tarea de recopilación de datos resulta eficiente si se efectúa mediante equipos de trabajo. Los equipos de trabajo están conformados por un conjunto de puestos que cumplen una función similar.

Mediante un análisis de la información es posible obtener una vista panorámica de mantenimiento y de la forma que desempeña su trabajo. Esta visión integral constituye el punto de partida para llegar a la obtención de datos más específicos sobre los empleos.

La recopilación de datos se concreta mediante distintas herramientas como cuestionarios, entrevistas, opiniones de expertos, observación directa, ya sea utilizándolas individualmente o en forma combinada.

Una buena información configura la base fundamental para el análisis y diseño de puestos, los puestos representan el nexo de unión de los individuos y la organización.

El diseño adecuado de los puestos trae aparejado un alto nivel de satisfacción, lo que enriquece el desempeño del conjunto, con miras a la materialización de los fines mantenimiento. De esto deriva la necesidad de contar con una base de datos, que nos proporcione información detallada, no sólo de las personas, sino también de los puestos y del perfil que los determine, esto nos ayudará en el diagrama de puestos, y todas las demás actividades como en el reclutamiento, en la selección de personal, en la capacitación de quienes ya integran la organización y para determinar las formas de compensación e incentivos que sean pertinentes. El análisis de los puestos consiste en la obtención y organización de información sobre los puestos de mantenimiento.

Para definir un puesto es indispensable obtener información precisa y puntual referida a la actividad específica de trabajo y de quien debe desempeñarla, de esta forma lo identificamos.

La identificación de puestos resulta sumamente esencial para la descripción de los puestos, la determinación de una vacante, y para determinar el nivel de desempeño.

9.4.7 Planeación

Planeación es tener en cuenta las necesidades de personal a corto, mediano y largo plazo. Así cuando mantenimiento detecta que se va a producir una vacante o que resulta insuficiente el personal con el que cuenta debe comunicar a recursos humanos, y proporcionar la información adecuada sobre el perfil del puesto a cubrir.

Luego se procederá al reclutamiento de personas, y luego efectuar la selección que puede ser interna cuando el postulante ya pertenece a la empresa o externa, en caso contrario. Esa selección debe ser realizada teniendo en cuenta el perfil del puesto ya definido previamente.

La planeación permite incorporar el personal adecuado en el momento oportuno. Los beneficios que aporta la planeación son entre otros:

- Un mejor aprovechamiento de los recursos humanos propios de mantenimiento
- Previene gastos evitando contrataciones innecesarias
- Colabora en el mejoramiento de la productividad de la empresa aportando el personal adecuado en el momento adecuado
- Ayuda a la concreción de las metas de mantenimiento.

Todo subsistema de una empresa se ve influido por el entorno tanto externo como interno de la organización, distintos factores como por ejemplo desafíos de carácter social, económicos, políticos, legales, cambios e innovaciones tecnológicas, la competencia, afectan la tarea que debe desempeñar, de allí la necesidad de la elaboración de planes estratégicos.

¿Qué es un plan estratégico?

Es la decisión más importante, mediante la cual mantenimiento fija determinadas metas a cumplir en determinado plazos, que pueden ser a corto, mediano y largo plazo. Y en virtud de la concreción de esas metas se determinan los puestos, la determinación y especificación de los puestos, las habilidades y capacidades que debe reunir la persona que lo ocupe, el número de trabajadores que se necesitará, etc.

Dentro de la actividad de planeación se realizan otras actividades, que son:

- el reclutamiento

- la selección de personal

9.4.8. El Reclutamiento

El reclutamiento tiene por tarea atraer e identificar a un número de personas idóneas que se presenten para cubrir determinadas vacantes, es necesario conocer el puesto, sus especificaciones, las capacidades y habilidades que requerirá del postulante como así también el entorno en que éste deba desempeñar sus tareas.

El reclutamiento puede ser interno cuando el personal proviene de la propia empresa, o externo cuando el personal reclutado no pertenece a la organización.

Si el reclutamiento es interno, revisten importancia los datos y toda la información que el área de recursos humanos disponga en su propia base de datos.

El registro de información que el sistema contenga cuanto más detallado y más actualizado se encuentre, más relevante será su aplicación. Si en cambio, el reclutamiento es externo, adquieren importancia las distintas formas de solicitud de empleo que tienen por finalidad obtener la mayor cantidad de datos referidos a habilidades y capacidades como, antecedentes laborales, académicos, profesionales, etc., de los postulantes.

La Selección de Personal

Es el proceso que debe seguirse para la toma de decisión sobre el postulante que va a contratarse. El desafío de la selección se puntualiza en proporcionar a la empresa el personal que resulte más idóneo para cubrir el puesto vacante.

Al decir que se trata de un proceso, estamos haciendo referencia a que la selección implica el cumplimiento de distintas etapas escalonadas, en las cuales se va evaluando la capacidad y habilidad de los distintos postulantes para cubrir la vacante. El número de pasos del proceso de selección y su secuencia varía no sólo de acuerdo a la gestión, sino también con el tipo de puesto que hay que cubrir.

Es una tarea que requiere por parte de quien la desempeñe tomar una actitud objetiva, y de gran responsabilidad, pues su decisión implica seleccionar una persona que se desempeñe eficazmente dentro de la organización aportando todas sus potencialidades, o no, con lo cual, la empresa se vería perjudicada.

9.4.9. Desarrollo de los Recursos Humanos

Consiste en la implementación de una capacitación permanente, brindar nuevas actividades y conocimientos a los empleados. Esto es así debido a que las necesidades de toda organización cambian permanentemente, y es menester adaptarse a los requerimientos del mundo globalizado.

Los responsables de recursos humanos necesitan manejar los cambios de tal manera, que las actividades de recursos humanos se fusionen en forma efectiva con las necesidades de la organización.

El desarrollo también tiene en cuenta el adiestramiento de los nuevos empleados, a través del acceso al conocimiento de los aspectos y funciones esenciales del puesto que ocupará dentro de la organización.

La característica más significativa del mundo que nos toca vivir, si de algo estamos seguros es que todo cambia, y debido a esto continuamente tanto las personas como las organizaciones debemos adecuarnos a él.

El desarrollo organizacional es una estrategia de aprendizaje con miras a la obtención de un cambio planeado de la organización.

El desarrollo organizacional es una respuesta al cambio, una compleja estrategia educativa cuya finalidad es cambiar creencias, actitudes, valores y estructura de las organizaciones, para que estas puedan adaptarse a los nuevos desafíos que el mundo nos presenta.

La orientación es una tarea que compete tanto a recursos humanos como así también al área que pertenezca el nuevo empleado, y su finalidad es la de ofrecerle mejores condiciones para su integración a la empresa, o bien en el caso de que un trabajador sea transferido a otra área posibilitarle una mejor integración en el nuevo puesto.

Capacitar es movilizar las posibilidades, habilidades y capacidades de un empleado mejorare su desempeño.

El desarrollo requiere adquisición e integración de habilidades, comportamientos y modos de pensar nuevos, para ello es fundamental determinar las necesidades de formación y de instrucción.

9.4.10. Evaluación del Desempeño

Toda actividad para que pueda ser completada con eficacia debe incluir esta etapa de evaluación.

"Evaluar es establecer una apreciación."

Evaluar es valorar el desempeño no sólo de las personas, sino de mantenimiento en su conjunto. La retroalimentación del sistema sólo puede darse si se concreta esta instancia de evaluación.

9.4.11 Especialidades Necesarias

Las especialidades básicas de mantenimiento son cuatro: automotores, mecánica, eléctrica y electrónica. Tenemos que analizar en el caso concreto, conforme al tipo de instalación, qué tipo de especialistas nos conviene tener.

Algunas veces puede ocurrir que por el tipo de trabajo no se justifique tener alguna de las especialidades, en este caso nos enfrentamos a dos opciones: capacitar a nuestro personal en la especialidad faltante o contratar la especialidad temporalmente utilizando las empresas de servicios.

Tiempo atrás se buscaba a operarios especializados en un único rubro o incluso en un único tipo de máquina. Actualmente las nuevas exigencias de flexibilidad y productividad han motivado la aparición del concepto de personal polivalente. Así, para una especialidad como por ejemplo la electricidad, no sólo buscaremos personal capacitado para reparar cualquier tipo de instalación eléctrica, sino que además disponga de conocimientos de otras especialidades como la mecánica o electrónica.

La polivalencia viene sostenida incluso desde las escuelas de formación técnica en las que las distintas especialidades es una realidad. Por ejemplo, un operario electromecánico será capaz no sólo de realizar las reparaciones mecánicas, sino también gran parte de las eléctricas y una parte de las electrónicas. De esta manera se simplifica el número de operarios en una reparación.

Con el personal que no se encuentra lo suficientemente capacitado conviene capacitarlo y hacerlo polivalente, esto demanda un gran esfuerzo en la formación, que deberá ir orientada a aspectos generales de las otras especialidades y posteriormente, a los detalles de las reparaciones típicas que deberán afrontar.

Con respecto al perfil y funciones que debe tener el personal de producción podemos mencionar que van evolucionando a medida que las empresas se van automatizando de la siguiente manera:

- las tareas de fabricar exigen cada vez mayor polivalencia en el proceso de producción y además colaborar con en el mantenimiento.

Los operarios de producción ven cada día cómo el trabajo va pasando de tareas de operación a supervisión, cambio de matrices, e incluso tareas de mantenimiento. La mayor disponibilidad de tiempo de estos operarios respecto a tiempos pasados, les permite asumir tareas también de control de calidad y de limpieza.

En épocas pasadas se observaba que la misión del operario de producción era fabricar el mayor número de unidades posibles por unidad de tiempo y que por lo tanto no realizaba tareas de control de calidad ni de mantenimiento. Así cuando se producía alguna anomalía, lo habitual era continuar mientras no afectara a la producción, sin tener en cuenta ni importar demasiado la calidad.

En la actualidad se tiene mayor conciencia de que la cantidad de producción y la calidad son importantes y dependen del estado de la máquina y la atención del operario.

- La tarea de mantenimiento demanda cada vez más de profesionales capacitados ante maquinaria sofisticada, con problemas que tiene mayor incidencia sobre la línea productiva.
- Por otra parte, el personal de mantenimiento es apoyado en las tareas de mantenimiento ligeras por el personal de producción. Las máquinas se encuentran sometidas a un riguroso control y cualquier pequeña anomalía se les comunica inmediatamente para su corrección.
- - Las tareas básicas de control y medición pasan a ser responsabilidad de cada personal la de producción que detecta y corrige las anomalías que se producen dentro de sus posibilidades.
- - Las tareas de controlar a través de una línea jerárquica llevan a desarrollar a un trabajo en equipo.

Todos estos cambios, tanto en el entorno como en las propias tareas conducen a responsabilizar al operario de fabricación no solo por el volumen de producción, sino también por su puesto de trabajo.

De esta manera, el correcto funcionamiento de las máquinas y equipos ya no sólo es responsabilidad exclusiva de mantenimiento, sino que se trata de una responsabilidad compartida con los operarios de producción. las ventajas que se obtienen involucrando al personal de producción en el mantenimiento de las instalaciones son varias:

- el personal de producción verá de no realizar ninguna maniobra con el equipo que pueda causarle avería
- procurará que al equipo que opera se le realice el mantenimiento preventivo necesario para evitar paradas innecesarias

- comunicará lo más pronto posible a mantenimiento cualquier problema que detecte para evitar una posible falla

- las tareas de mantenimiento preventivo se llevan a cabo en forma programada y son registradas por el operador de la máquina.

El área de mantenimiento traspasa una serie de tareas que no necesitan una especial preparación para ser ejecutadas. Además, el mayor contacto que se establece con el personal de producción conlleva una mayor compenetración con el equipo durante su funcionamiento, lo cual permite realizar un histórico de fallas y de esta forma poder predecir las averías con mayor facilidad.

Estos hechos implican que la organización de mantenimiento se adapte a las nuevas tendencias para poder dar el servicio correspondiente.

Podemos definir **el primer escalón** de mantenimiento como el correspondiente a los trabajos básicos y mínimos a realizar sobre las instalaciones. A este nivel pertenecerían entre otros:

- detección de ruidos
- sustitución de piezas desgastadas
- observar los niveles de grasa y aceite en los depósitos y agregarle si hiciera falta
- engrasar y aceitar los diferentes puntos indicados
- corregir las posible las perdidas que pudieran aparecer en los circuitos
- cambio de filtros
- purga de circuitos
- observar el estado de las juntas de estanqueidad
- reposición de lámparas de iluminación
- limpieza de los equipos

Estos trabajos, tras un período de capacitación pueden ser realizados por los operarios de producción. Junto con esta formación pueden crearse los correspondientes procedimientos de trabajo que especifiquen el alcance de cada una de estas actividades. Lógicamente ante cualquier problema que aparezca en la realización de estos trabajos mantenimiento debe apoyar desde su organización al personal de producción.

El segundo escalón de mantenimiento agruparía los trabajos que necesiten una mayor especialización. Los trabajos de mantenimiento reparativos y preventivos de mayor complejidad.

El tercer escalón es el de ingeniería de mantenimiento.

La parte de ingeniería sería la responsable de optimizar los diferentes mantenimientos empleados, al estudio de las modificaciones necesarias para las optimizaciones, formación del personal del primer y segundo escalón, la preparación de la documentación técnica, el análisis de averías, etc.

Para realizar el mantenimiento suele ser común que se recurra a empresas de servicios por lo que es importante analizar los distintos tipos de contratos que se pueden realizar, este es el motivo de que se estudia el siguiente tema.

9.4.12 Productividad del Personal de Mantenimiento

Si nos referimos a la productividad del personal de producción, la idea se asocia con un aumento de producción respecto al tiempo. Su control es bastante sencillo ya que nos encontramos con procesos definidos y repetitivos en la mayoría de los casos en donde las condiciones de trabajo se mantienen prácticamente constantes. En el caso de mantenimiento, la forma de medición no es tan sencilla.

Si tomamos como producto de mantenimiento las reparaciones que éste subsistema efectúa, entenderemos a la productividad como el número de reparaciones realizadas por unidad de tiempo.

Sin embargo, las condiciones de trabajo de producción y de mantenimiento son muy diferentes, así:

- El personal de producción tiene definido su trabajo con muy pocas variaciones en tanto que el personal de mantenimiento sólo tiene definida una especialidad y las tareas suelen ser muy variadas. El hecho de tener las tareas definidas en producción permite optimizarlas en un mayor grado que en mantenimiento donde estas tienen un gran espectro.

- El lugar de trabajo de los operarios de producción es siempre el mismo, por lo que le resulta familiar, en cambio para mantenimiento es siempre cambiante en función de donde tenga lugar la falla, esto trae aparejado un movimiento de herramientas y un proceso de conocimiento del lugar, análisis de la instalación, etc.

Es difícil en la actividad de mantenimiento tener parámetro de medida que nos permita comparar diferentes productividades, difícilmente podremos utilizar la relación entre trabajo realizado y horas empleadas. La exigencia sobre resultados a obtener para el caso del personal de fabricación, tras las horas trabajadas, será una determinada cantidad de producción con una mínima calidad. En mantenimiento, los parámetros de medición son distintos y no podemos comparar las horas trabajadas con las reparaciones realizadas.

En esta área debemos comparar las horas de trabajo con los resultados obtenidos y los aspectos para evaluar los resultados serán:

- disponibilidad de máquinas y equipos con respecto a las horas utilizadas para su mantenimiento

- costo total empleado en mantenimiento por horas trabajadas - número de accidentes y su gravedad, por horas trabajadas.

En este último punto tenemos en cuenta, además de la obtención de buenos resultados en la rapidez y la calidad en las tareas de mantenimiento, otro factor muy importante que es la seguridad de las personas que trabajan. Muchas veces, las prisas para terminar un trabajo dejan a un lado las medidas de seguridad necesarias, produciendo accidentes no sólo para las personas, sino también para las propias instalaciones.

9.4.13. Acciones para Motivar al Personal

Las acciones para motivar al personal deben realizarse a través de dos vías:

- la eliminación de los aspectos desmotivantes
- la potenciación de los motivantes.

Como elementos desmotivantes a superar podríamos citar:

- falta de organización en la empresa
- supervisión desgastante
- condiciones de trabajo no adecuadas
- salario no adecuado

Como elementos motivantes podemos destacar:

- el reconocimiento a la tarea bien realizada
- el trabajo en sí mismo
- el asumir responsabilidades
- la promoción

Aun así, la escala de valores de las distintas personas resulta muy particular como para que existan fórmulas exactas que permitan obtener logros importantes con solo su aplicación.

La capacitación del personal es otro de los aspectos a tener en cuenta para poder permitir que el personal realice sus trabajos con rapidez y calidad.

Cuanto mayor sea esta capacitación, más formado estará el personal para tomar decisiones ante pequeños problemas

10

Mantenimiento Centrado en la Confiabilidad (R.C.M)

10.1 Antecedentes del RCM

En el capítulo 1 vimos cómo el desarrollo del mantenimiento acompañó la evolución de la industria. En las primeras décadas del siglo XX, los equipos y los procesos no tenían un grado elevado de complejidad en razón de que los productos eran simples. La sencillez de los medios tecnológicos se manifiesta, no solo en su funcionamiento y en la manera en que estos fallan, sino que está presente en la simplicidad conceptual del diseño y en los modos de gestionar de la época. La pérdida de producción por fallas de los equipos estaba relativamente justificada. Pero pronto la necesidad de incrementar la productividad cambia esa visión, y la disponibilidad de los medios productivos cobra importancia. La obsolescencia tecnológica y el desgaste por el uso determinan una mayor probabilidad de falla y esto conduce a realizar acciones preventivas en el convencimiento que de este modo se evitarían las detenciones imprevistas. Así surgen indicadores que miden la relación entre las intervenciones planificadas y las asistencias por rotura. Esta perspectiva no toma en consideración, en principio, las características de las fallas asumiendo solo la necesidad de evitarlas a todas.

La industria aeronáutica de Estados Unidos en la década de 1950 comenzó a realizar esfuerzos tendientes a reducir las probabilidades de fallas en los componentes a instancias de los organismos de control. En ese entonces se consideraba que las roturas en los componentes eran consecuencia de acciones tardías. Por ello se decidió incrementar la frecuencia de las intervenciones preventivas, es decir aquellas que implican un recambio o reparación de los componentes a intervalos regulares sin importar el estado de los mismos. Esto subió notablemente los costos de mantenimiento.

Por otro lado, los datos que disponía la Federal Aviation Admistration (FAA), órgano estatal que regula la actividad aérea civil de EE.UU., mostraban que la confiabilidad de los motores de aviación no mejoraba con el incremento de la frecuencia de las intervenciones de Mantenimiento Preventivo. Incluso en ocasiones, la experiencia mostraba una pérdida de confiabilidad. La situación desconcertaba a los expertos ya que estaban frente a una contradicción: el mantenimiento era más costoso y menos fiable!. A raíz de esto se forma un comité con la participación de representantes de la FAA y de las líneas aéreas donde se concluyó que las intervenciones preventivas sobre componentes en sistemas complejos tienen poco efecto en la confiabilidad total del sistema, salvo que se actúe sobre un modo de falla significativo para el funcionamiento del mismo.

10.2 ¿Qué se entiende por RCM?

En razón a lo expuesto anteriormente surge la necesidad de replantear los objetivos del mantenimiento. Todos los sistemas actúan dentro o vinculados a procesos o sistemas de orden mayor. En general se pueden estudiar los efectos que podrían tener sobre estos últimos los distintos modos de fallas de los componentes del sistema analizado, en especial aquellos referidos a la seguridad, al medio ambiente, a la operatividad o a los costos. Es razonable pensar entonces que, si no existen modos de falla con efectos adversos sobre estos aspectos, no se deben realizar intervenciones. En ocasiones los modos de fallas no son evidentes, lo que no quiere decir que no existan, pues pueden ser procesos ocultos.

Los equipamientos instalados deben cumplir determinadas funciones establecidas en el diseño de los procesos. Parece lógico considerar que el mantenimiento se debe orientar a preservar esas funciones. Esto conlleva a conocer cómo trabajan los sistemas, qué es lo que deben lograr y cómo pueden no cumplir los objetivos de diseño.

A fin de evaluar el impacto que tiene una falla, debe considerarse el contexto del sistema en el que los componentes están instalados. No tiene el mismo efecto la rotura de una válvula de una tubería que conduce agua, que otra que transporta un producto tóxico o corrosivo. De esta manera se pueden orientar las tareas de mantenimiento sobre aquellos ítems que tienen la mayor significación, dejando en un segundo plano los que tienen poco o ningún efecto.

Por otra parte debemos reconocer que el Mantenimiento Preventivo, si bien reduce la probabilidad de ocurrencia de fallas, no puede evitar que sucedan. Bajo esta óptica, los planes de mantenimiento deben tender a preservar la función para la que los equipos fueron diseñados, es decir que estos sean confiables.

Recordando la definición de confiabilidad dada en el capítulo 5 como aquella probabilidad que tiene un sistema, equipo, máquina o producto de cumplir las funciones de diseño bajo determinadas condiciones y durante un tiempo dado, entendemos que trabajar para preservar las funciones es trabajar para mejorar la confiabilidad de los medios tecnológicos. De ahí el concepto de Mantenimiento Centrado en la Confiabilidad.

El RCM es un método de análisis surgido de la industria aeronáutica que pronto se difundió a otras áreas de desarrollo tales como la automotriz, la minera, la manufacturera en general ya que puede ser aplicado a cualquier tipo de instalación industrial. Permite el mejoramiento de los planes de mantenimiento mediante la comprensión de cada sistema, cómo puede fallar funcionalmente y qué consecuencias pueden derivarse de estas anomalías. Los efectos de cada modo de falla se clasifican de acuerdo al impacto en la seguridad, el medio ambiente, la operación y el costo. *El RCM sirve como metodología para determinar qué tipo de mantenimiento es el más adecuado para que un equipo siga cumpliendo con las funciones de diseño, tomando en consideración su contexto operacional actual.* En el cuadro siguiente se observan las diferencias más significativas que aporta el RCM a la gestión del mantenimiento.

Tabla 10.1.- Evolución de los criterios fundamentales de mantenimiento

Antes	Ahora (Con la filosofía del RCM)
Preservar el activo físico	Preservar la función de los activos
El mantenimiento rutinario tiene el objetivo de para prevenir fallas	El mantenimiento rutinario se realiza con el fin de evitar, reducir o eliminar las consecuencias de las fallas
El objetivo primario de la función mantenimiento es optimizar la disponibilidad de la planta al mínimo costo.	El mantenimiento abarca todos los aspectos del negocio: seguridad y ambiente laboral, medio ambiente, eficiencia energética, calidad del producto y servicio al cliente

10.3 Evolución de las estrategias de mantenimiento en función de la tecnología del equipamiento

Recordando el desarrollo que tuvo el mantenimiento a lo largo del siglo XX, los criterios que regían su gestión dependían del contexto histórico, de la complejidad y demanda de los productos que se fabricaban y del nivel de la tecnología disponible de los procesos. Es por ello que la evolución de las tecnologías de producción, que tiene un impacto más cercano a nuestros días, se puede resumir en tres grandes períodos:

10.3.1 Primera Generación

Esta generación abarca el período hasta la Segunda Guerra Mundial. En este tiempo los procesos de fabricación no estaban muy desarrollados ya que las operaciones tenían un alto contenido de trabajo manual. Esta era la causa por la cual las fallas que ocasionaban paradas en los equipos no eran valoradas como una gran pérdida. Las máquinas, al ser de concepción sencilla y robusta, eran fiables y fáciles de reparar, por lo que no se necesitaba equipamiento ni personal especializado. No era evidente la necesidad de contar con una gestión de mantenimiento sistematizada en rutinas preventivas, salvo las que pudieran dar lugar a la lubricación de máquinas.

Fig. 10.1 - Fabrica de maquinaria gráfica (años '30)

10.3.2 Segunda Generación

Durante la Segunda Guerra Mundial la industrialización tuvo un fuerte impulso debido a la necesidad de contar con grandes volúmenes de material bélico. El tiempo improductivo de una maquina se hizo más relevante y comenzó a aplicarse el mantenimiento preventivo basado en la revisión integral de un equipo a intervalos fijos. El costo de mantenimiento comenzó a elevarse respecto a los costos de funcionamiento.

Fig. 10.2 - Línea de mecanizado de block motor (años '60)

A raíz del crecimiento económico de la posguerra, surgió la necesidad de satisfacer la demanda de productos incrementando los volúmenes de fabricación. Esto derivó en una mayor dependencia productiva de la maquinaria que, por cierto, era de una complejidad creciente. El concepto de intervenciones preventivas periódicas y la exigencia por garantizar los niveles de producción consolidaron el desarrollo del mantenimiento planificado y preventivo. Las intervenciones programadas incluían revisiones completas de los equipos a intervalos fijos durante los años 60. Esto traía aparejado elevados gastos en mantenimiento respecto a otros ítems de la estructura de costos, lo que hizo necesario implementar sistemas de control y planificación del mantenimiento. Ya sobre el final de la década de 1960, el capital invertido en activos productivos era considerable y, lógicamente, las empresas comenzaron a buscar el modo de desarrollar el modo de aumentar la vida útil de los equipos y reducir los costos de operación y mantenimiento.

10.3.3 Tercera Generación

A partir de 1970 los cambios tecnológicos tomaron mayor velocidad y fueron impulsados por factores relevantes:

a) Nuevas expectativas: El crecimiento de la mecanización y automatización conducen a que los fallos de equipos afecten más fuertemente a la producción, a la calidad, a los costos y al servicio al cliente. Conforme se desarrolla la tecnología, crecen las expectativas sobre el desempeño de los activos productivos. Mientras que durante la Primera Generación, se interviene el equipo solo si este falla, en la Segunda Generación se busca lograr mayor disponibilidad y vida útil de los activos, como así también menores costos de operación. En la Tercera Generación por su lado, la mayor dependencia de los de los procesos respecto a los activos productivos, acentúa la exigencia de reducir los costos operativos, procurando que los equipos trabajen con la mayor eficiencia posible. Surgen adicionalmente a lo anterior, otras áreas de gestión que deben ser administradas adecuadamente, tal como la higiene y seguridad laboral y el cuidado ambiental. Resumiendo, las prestaciones que se espera de los equipos de la última generación son:

   o Mayores niveles de seguridad y cuidado ambiental acordes a los requisitos legales.

   o Mayor disponibilidad y confiabilidad de los equipos.

o Mejor calidad de producto obtenido.

o Mayor vida útil de los activos.

o Menores costos de operación.

Fig. 10.3 - Línea de soldadura por puntos robotizada (años '90)

b)   Nuevas Investigaciones: En base a los datos recogidos del desempeño de los equipos en servicio, se realizan estudios que inducen el cambio en algunos criterios y permiten determinar que:

o Existe una menor relación entre tiempo de funcionamiento de un equipo y su probabilidad de falla.

o No existe un solo modelo de comportamiento de la tasa de falla con el tiempo. La curva de Davis o de la bañera, que se analizó en el capítulo 5, es una evolución de otra curva propia de los equipos de la primera generación. Posteriormente, en la tercera generación, se pueden considerar seis modelos de fallo diferente a lo largo de la vida útil de un equipo como se ve en la Fig. 10.4.

Antiguamente se pensaba que la probabilidad de falla de un equipo aumentaba siempre con el envejecimiento como lo muestra la Figura 10.5. Este modelo era válido debido a la combinación de la tecnología utilizada con alta proporción de componentes que se desgastan. En el caso del hardware prácticamente no presenta fallas en el inicio de su vida, por lo que rápidamente la tasa de falla alcanza un valor constante. Posteriormente, como el hardware tiene componentes mecánicos, el final de su vida útil se produce por un tasa de fallas $\lambda(t)$ creciente, debido fundamentalmente al desgaste mecánico. Fig 10.6. a)

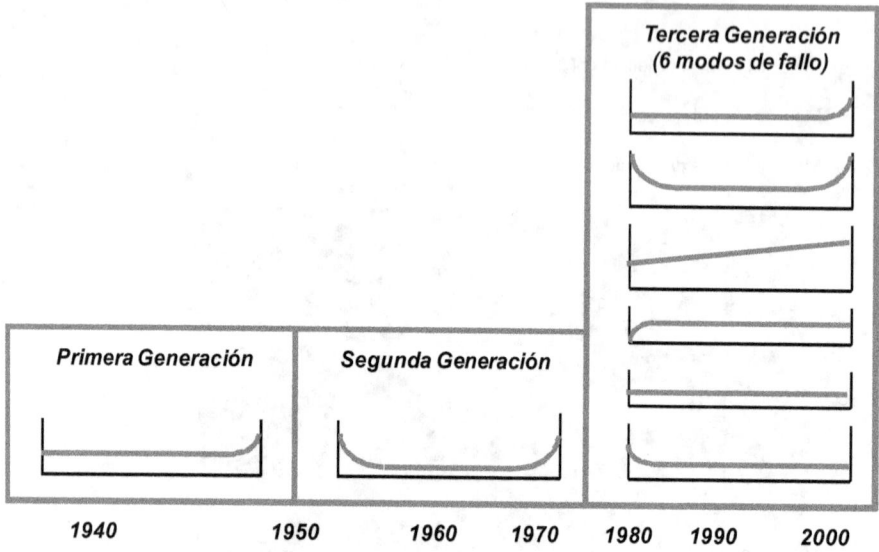

Fig. 10.4 – Evolución del modelo del comportamiento de λ = f (t)

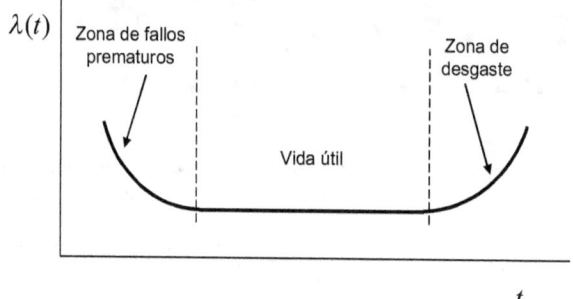

Fig. 10.5 - Modelo de tasa de falla en función del tiempo de los equipos de la segunda generación (Curva de Davis o de la bañera)

En contraste con esto, un software tiene una tasa de falla alta al comienzo de su vida debido a errores de programación, los que son eliminados en un proceso de ajuste llamado *debugging*. En realidad no sería apropiado incluir al software en el análisis de tasas de fallos ya que, desde el punto de vista del fabricante, no existe una distribución de fallas en el tiempo (fallas/hora), es decir cuando el software falla la probabilidad es del 100%, pero conceptualmente la semejanza puede darse considerando que una vez que se han realizado las correcciones en el programa, se alcanza la del estabilidad sistema y por lo tanto este no fallará (Fig. 10.6.b). Sin embargo, esto no es tan categórico, ya que se han dado casos en los que los programas presentan inestabilidades que las repercuten en servicio. Su vida útil está determinada por las prestaciones que el software brinda en función de las expectativas del usuario y puede ser superado por una versión más avanzada.

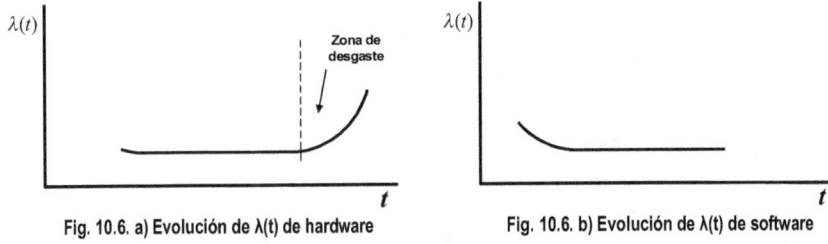

Fig. 10.6. a) Evolución de λ(t) de hardware   **Fig. 10.6. b) Evolución de λ(t) de software**

Las nuevas generaciones de equipos presentan una menor relación entre edad y probabilidad de falla por lo que un recambio preventivo inoportuno puede producir un exceso de mantenimiento que, además de adicionar costos de mano de obra y repuestos, genera una pérdida de confiabilidad del equipamiento como lo muestra la Fig 10.7

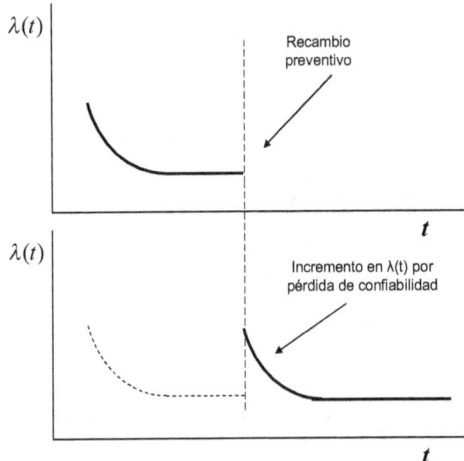

Fig. 10.7. Pérdida de confiabilidad debido al recambio preventivo de un componente

c)   Nuevas Técnicas de Mantenimiento: Como es lógico, a medida que se desarrollan nuevos requerimientos del mercado en cuanto a las características de los productos y a la calidad del servicio, las empresas respondieron con equipamientos y procesos más complejos. El mantenimiento debe responder a estas exigencias desarrollando técnicas y modo de administrar para que el servicio sea competente. Se pueden destacar algunas de las cuales ya se han abordado en capítulos anteriores:

o   *Nuevos métodos de mantenimiento*: Técnicas llamadas de "Condition Monitoring", o sea de mantenimiento basado en las condiciones (CBM) en las cuales se utilizan instrumental específico para determinar las desviaciones, de variables de diseño por fuera de los límites de especificación que preanuncien fallas inminentes.

o   *Nuevas herramientas para la toma de decisiones*: Orientadas al estudio de los modos de fallas y análisis de los efectos mediante sistemas expertos o utilizando técnicas de gestión de riesgos y herramientas participativas.

o   *Diseño y gestión de equipos con criterio probabilístico*: En este campo cabe mencionar los conceptos de Fiabilidad y Mantenibilidad.

o   *Cambio en el modo de pensar la organización*: Utilizando herramientas de trabajo en grupo, de manera participativa y con mayor flexibilidad. Quizás sea estas técnicas una de las últimas en incorporar como herramientas de gestión en el cuidado de los equipos. Quizás se deba a su carácter de disciplina "blandas" dentro del contexto tecnológico en el que se desempeña el mantenimiento.

10.4 Conceptos básicos del RCM.

El RCM plantea las siguientes preguntas para conocer las características de los activos que componen los procesos en una empresa y decidir cual debe someterse al procedimiento de revisión RCM. Previamente se deben haber identificado los procesos donde se encuentran instalados estos equipos además de tener inventariado los activos en alguna base de datos actualizada. Estas cuestiones son:

    a) ¿Cuáles son sus funciones y parámetros de funcionamiento?

    b) ¿De qué forma puede fallar?

    c) ¿Qué causa que falle?

    d) ¿Qué sucede cuando falla?

    e) ¿Qué importancia tiene la falla?

    f) ¿Qué se puede hacer para prevenir los fallos?

    g) ¿Qué sucede si no puede prevenirse el fallo?

Funciones y parámetros de funcionamiento

El primer paso del RCM es definir las funciones de cada activo en su contexto operacional actual junto con los parámetros de funcionamiento deseado. Es decir cuál es el objetivo para el cual fue diseñado el componente o equipo. En la definición de función, tal como se expresó en capítulos anteriores, es necesario determinar qué es lo que se espera que el elemento cumpla, es decir, no solo lo que éste debe realizar sino también la manera y el momento en que ejecuta la acción, teniendo en cuenta las condiciones que se deben respetar al ser un componente vinculado a otros. Esto significa que se deben analizar, además, otras prestaciones adicionales o secundarias que, si bien pueden no aportan valor agregado a la transformación del producto, son necesarias para la estabilidad el sistema en su conjunto o bien para cumplir con requisitos legales o normativos. Sintetizando se puede definir a las funciones del equipo a aquello que los usuarios esperan que los activos hagan y deben coincidir con las reales posibilidades del equipo.

Las funciones se clasifican en cuatro categorías:

    o Funciones primarias

    o Funciones secundarias

    o Dispositivos de seguridad

    o Funciones superfluas

o *Funciones primarias*: Son las funciones que deben cumplir con la finalidad para la que fue diseñado y construido el equipo, por lo que son fáciles de identificar y describir. Por ejemplo:

    • Para una bomba será impulsar fluido a una determinada presión y caudal.

- Una fresadora tendrá que mecanizar un plano de una pieza en con determinada precisión y eficiencia.

Si bien esta manera de definir la función parece obvia, no hay que olvidar que en la descripción no se deben omitir detalles que especifiquen las condiciones o los requisitos que se le solicita. En el caso de la bomba, un mayor nivel de detalle en la especificación de la función impone saber los parámetros de las curvas de la bomba, es decir cuánto caudal y que altura de presión se requiere, o si el fluido es agua, ácido acético o aceite, etc.

o *Funciones secundarias:* Suelen ser menos obvias que las primarias pero su fallo puede tener consecuencias graves. En este tipo de funciones se destacan aquellas que se desarrollan de manera periférica al punto de transformación primario por ejemplo:

- Contención: todo dispositivo que transporta materiales (Fluidos) debe tener contención.

- Soporte: muchos elementos tienen función estructural. Tal es el caso de las columnas o vigas de cargadores robotizados, además de brindar soporte a los componentes mecánicos, deben también proporcionar rigidez estructural al equipo.

- Aspecto: el aspecto de muchos elementos agrega una función secundaria. Una pintura además de proteger contra la corrosión, mejora la visibilidad y la seguridad del elemento.

- Higiene: en la industria alimenticia y farmacéutica los equipos no solo deben elaborar los productos de acuerdo a sus especificaciones, sino que es fundamental que no los contaminen.

- Calibración y control: los sistemas y componentes de medición indican valores de parámetros del proceso tales como presión, temperatura, velocidad, caudal, etc.

o *Función de seguridad*: Se desarrolla para eliminar o reducir la posibilidad de fallos con consecuencias graves para la seguridad de las personas. Es la función que está diseñada para evitar accidentes. La podemos considerar para un mayor conocimiento en

a. *Función de seguridad directa*: a aquella que al no ejecutarse predispone a la ocurrencia inminente de un accidente (falla del comando a dos manos, falla de los fines de carrera o las electro cerraduras en las puertas)

b. *Función de seguridad indirecta*: es la que ante una disfunción no induce a la ocurrencia inmediata de un accidente pero reduce el nivel de seguridad de un equipo o máquina.

Las acciones que comprenden la función de seguridad son:

- Aviso: Informa de un estado anormal al operador mediante alarmas visuales y auditivas, comandadas por sensores (nivel, sobrecarga, vibración, etc)

- Control: Interrumpe el funcionamiento del equipo en caso detectarse una avería. Utiliza también sensores y alarmas pero, en este caso, la acción controla uno o varios sistemas de la máquina.

- Detección: Esta función impide el acceso o aproximación del trabajador a la zona de peligro del equipo, mientras la máquina o sus elementos móviles trabajan deteniendo, o en ocasiones invirtiendo, el desplazamiento de estos órganos alejándolos del contacto con el trabajador e impidiendo el arranque de la máquina de modo accidental.

- Redundancia: Aumenta la confiabilidad de una función de un dispositivo de seguridad en caso de que este falle y evita la aparición de una situación peligrosa.

- Protección: Impide el acceso de personas a puntos de peligro mediante barreras (Defensas, resguardos)

Los componentes que desarrollan estas funciones, si bien no agregan valor en la transformación, exigen a menudo un nivel de mantenimiento superior a las partes que protegen, ya que las consecuencias son graves en caso de que fallen.

o *Funciones superfluas*: Están vinculadas a componentes que no tienen una utilidad significativa en el uso actual del equipo. Puede ocurrir que un equipo complejo, ya sea por modificaciones erróneas o debido a un proyecto no muy pulido o especificaciones no correctas en la compra posea entre un 5 y un 20% de elementos superfluos. Si bien no agregan una función de valor, su falla puede traer consecuencias sobre la fiabilidad del equipo. Para evitar pérdidas de fiabilidad del equipamiento se les debe dedicar tiempo y dinero en mantenimiento. Estos deben ser retirados del equipo aunque a veces no es posible quitarlos o desactivarlos sin afectar el proceso de producción o su costo es muy grande.

Modos de Fallo

Son aquellas causas que tienen mayor probabilidad de provocar la pérdida de una función. En el capítulo 5 se plantearon las distintas formas que pueden adoptar los modos de fallo y sirven de apoyo a la tarea de evaluación del método AMFE. En RCM, el modo de fallo es un aspecto fundamental porque está ligado al concepto de función, es decir modo de fallo implica conocer qué parte o etapa no se cumple de la función. Hay que tener en cuenta que sólo deben registrarse los modos de fallo que tienen una probabilidad elevada de producirse en el caso de que se realicen el análisis por primera vez, aunque si existen antecedentes en equipos similares, se pueden tomar como referencia. Esto es válido siempre que las condiciones de utilización y los procesos sean semejantes. Las fallas pueden ser causadas por:

- Deterioro o desgaste del equipo.

- Errores humanos (operación y mantenimiento)

- Errores de diseño.

Los *fallos ocultos* merecen particular atención ya que, con los medios que dispone el proceso, no pueden ser detectados y traen como consecuencia fallas inducidas en elementos o sistemas vinculados al órgano que falla. De esta manera se puede desencadenar un *fallo múltiple* de graves consecuencias. La falla de la válvula de seguridad de una caldera puede producir la explosión de la misma. La detención del sistema de enfriamiento del aceite de temple en un horno automático de tratamiento térmico debido a la detención del motor que hace circular agua, provoca que el aceite aumente su temperatura. Esto conduce que no solo pierda su capacidad de realizar un templado adecuado, sino que además puede causar un incendio al alcanzarse la temperatura del flashpoint del aceite. Las consecuencias de los fallos múltiples pueden ser serias y hasta catastróficas.

Efecto de los fallos

Los efectos de los fallos son las consecuencias que se producen cuando no se cumple una función. Estos deben describirse como si no existiera ninguna acción preventiva para impedirlos. Cuando las consecuencias de la falla son más graves se llevan adelante acciones más eficaces para evitarlas, sin embargo el RCM desarrolla un proceso orientado a reducir o evitar las consecuencias de las fallas y no las fallas en sí mismas. Las consecuencias de las fallas pueden clasificarse en cuatro grupos:

- Consecuencias de *fallas ocultas*: provocan en el equipo y el proceso fallas múltiples con derivaciones potencialmente catastróficas.

- Consecuencias para la *seguridad y el ambiente*: son aquellas que pueden provocar lesiones a las personas e impactos ambientales.

- Consecuencias *operacionales*: se refieren a las que afectan a la *producción* en cantidad, calidad, costo, plazo.

- Consecuencias *No operacionales*: son efectos que tienen un impacto menor y se relacionan al costo para reparar el fallo.

La prevención de los fallos

El proceso de análisis RCM hace una revisión de las consecuencias de falla para cada uno de los modos de falla probables y pone a las consecuencias sobre la seguridad y el ambiente como prioritarias. El método no se concentra en prevenir las fallas en sí mismas sino que se orienta a evitar las consecuencias que estas fallas acarrean, cuando estas sean importantes. Las técnicas de tratamiento de fallas se pueden considerar, como ya sabemos, en dos instancias, mediante la anticipación o la intervención para restituir el funcionamiento. Así recordamos las siguientes:

Tareas proactivas:

Son tareas que se realizan para evitar que un equipo llegue al estado de falla y es lo que se conoce como, en términos generales como mantenimiento preventivo. Dentro de este esquema se encuentran las acciones relacionadas con el mantenimiento periódico preventivo (TBM) y de acuerdo a las condiciones o predictivo (CBM). Así se tienen

a) Tareas de reacondicionamiento cíclico.

b) Tareas de sustitución cíclica.

c) Tareas cíclicas "a condición" o condicionales (predictivo)

Reacondicionamiento cíclico y sustitución cíclica

El reacondicionamiento cíclico y sustitución cíclica consisten en revisar y reparar o reemplazar a intervalos fijos las partes componentes de un equipo independientemente de su estado en ese momento con objeto de restaurar su resistencia original al fallo. Se efectúan en partes que toman contacto con el producto y donde las fallas están asociadas a la edad, fatiga, corrosión, abrasión, desgaste.

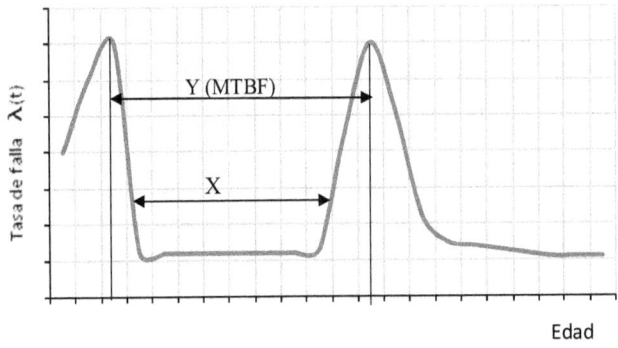

Fig. 10.8. Tasa de falla en función del tiempo (Equipos de 2° generación)

En la figura 10.8, si Y es el tiempo medio entre fallos, el reacondicionamiento cíclico debe realizarse dentro de un periodo menor de tiempo X. Se aplica en equipos y partes cuya relación entre fiabilidad y tiempo responde a la curva de la bañera es decir, supone que los equipos o elementos trabajan a una tasa de falla determinada durante un tiempo dado y luego se deterioran rápidamente. Este modo de funcionamiento es válido para equipos sencillos, como los de segunda generación donde el desgaste es cuestión de tiempo.

Tareas cíclicas "a condición" o condicionales (Predictivo)

Se basan en que la mayoría de los fallos emiten señales previas o durante su ocurrencia, que dan cuenta de los llamados fallos potenciales. Estas señales son parámetros físicos y pueden ser detectados y medidos. Puntos calientes o temperaturas anómalas, vibraciones excesivas, fisuras, partículas en aceite producto del deterioro de algún componente interno, desgastes excesivos, ruidos anormales, pérdidas o fugas, consumos excesivos de energía, etc., son indicadores de una falla en progreso. Cuando las fallas o mejor dicho, las pérdidas de función comienzan, no son detectadas sino hasta un determinado momento en el que, según los medios que se disponga, se hacen evidentes. En el punto A del gráfico comienza a generarse una pérdida de especificación que no es detectada sino hasta el punto B, después que ha pasado cierto tiempo y su magnitud se ha incrementado. Es allí donde se advierte el fallo potencial, o sea cuando es detectada un degradación de la especificación respecto a los valores previos, aunque en realidad el proceso de degeneración comenzó antes, en el punto A.

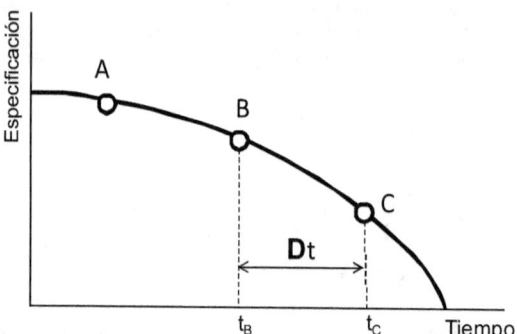

Fig. 10.9. Pérdida de especificación de diseño con el tiempo

La frecuencia de una tarea a condición está determinada por el intervalo $Dt = t_c - t_b$ y en la práctica se toma como frecuencia de control a la mitad de dicho intervalo. Cuando ese intervalo es muy pequeño y las consecuencias del fallo son graves debemos usar monitoreo continuo (ej. vibración de turbinas).

No obstante lo expuesto, existen algunos recaudos que se deben tener a la hora de programar las tareas de mantenimiento preventivo y sirven para justificar estas intervenciones.

- La actividad debe reducir o eliminar a las consecuencias de los fallos que pretende prevenir.

- La tarea preventiva debe justificarse en el campo económico.

- Si no se encuentra una tarea que reduzca el riesgo de fallo a nivel aceptable debe modificarse el equipo.

Tareas alternativas o Tareas "a falta de":

Estas acciones plantean opciones a las intervenciones preventivas y se usan cuando no existen tareas de prevención efectivas o cuando estas no se pueden llevar a cabo por factibilidad limitada por el proceso o costos elevados de los programas preventivos. Estas pueden incluir:

- Revisiones periódicas de funciones ocultas para determinar si presentan fallas. Este es el caso de algunos sistemas de seguridad, que en su condición normal, no se activan. Si se produce el cambio del elemento dentro de un período programado para prevenir una falla aleatoria porque no se puede determinar el deterioro, no hay garantía de que al instalar el nuevo componente no falle inmediatamente. Es por eso que se hace necesario realizar rutinas basadas en pruebas que activen los equipos para verificar la función. Si el dispositivo no admite una prueba se debe rediseñar el equipo.

- Rediseño de los equipos, mejorando las prestaciones originales. Hay que tener en cuenta en este caso, la diferencia entre prestación deseada y prestación o fiabilidad inherente en el marco de las especificaciones técnicas originales del equipo. Si la fiabilidad o prestación deseada supera a la fiabilidad inherente, ninguna de las acciones o planes de mantenimiento puede satisfacer estos requerimientos, siendo la única alternativa la modificación de los equipos. Basado en este criterio, el Mantenimiento Centrado en la Confiabilidad tiene como misión lograr que los activos físicos continúen trabajando según la confiabilidad de diseño o inherente. (Fig. 10.10)

- Realizar de las intervenciones cuando se adviertan fallos que pueden resultar en detenciones mayores de equipos, trabajando dentro del mantenimiento programado a averías.

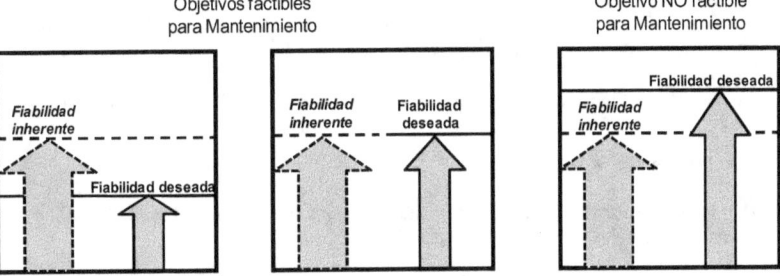

Fig. 10.10. Relación fiabilidad inherente y deseada

10.5 Proceso de Implementación del RCM

Una fortaleza del RCM es la facilidad para entender y decidir cual tarea proactiva es técnicamente factible en el contexto operacional actual, quién debe hacerla y con qué frecuencia. Una tarea proactiva vale la pena hacerse si reduce o elimina las consecuencias de la falla en cuestión. Si esto no se logra encuentra una tarea que reduzca las consecuencias de la falla debe tomarse acciones alternativas "a falta de". El proceso de selección de tareas es el siguiente:

- **Fallas ocultas:** En este caso es conveniente realizar una tarea proactiva si reduce significativamente el riesgo de la falla oculta. Si esto no es posible debe realizarse una tarea de búsqueda de fallas, y de no encontrar una tarea de búsqueda de fallas efectiva se deberá rediseñar el equipo.

- **Fallas de seguridad o con impacto ambiental:** Al igual que en el caso anterior, solo las acciones que eliminan o reducen significativamente estos riesgos se realizaran mediante planes de prevención, de lo contrario se deberán realizar búsquedas de fallas y si esto no es factible se debe apelar al rediseño.

- **Falla con consecuencia operacional:** Vale la pena ejecutar una tarea proactiva si el costo de realizarla, a lo largo de un cierto periodo prolongado de tiempo, es menor al costo de las consecuencias operacionales más el costo de la reparación medidos en el mismo período.

- **Falla con consecuencia no operacional:** Realizar una tarea proactiva vale la pena si el costo de llevarla adelante a lo largo de un cierto período prolongado de tiempo es menor al costo de las reparaciones medidas en el mismo lapso. Estas tareas deben también justificarse en el plano económico sino la decisión será "Ningún Mantenimiento Programado" o el rediseño.

El proceso RCM analiza todas las acciones de mantenimiento posibles antes de pensar en el rediseño. Las intervenciones de mantenimiento deben dar respuesta a las necesidades de producción con el equipo en configuración actual y no esperar a que se realicen las modificaciones.

En un proceso de desarrollo de RCM deben tenerse en cuenta las siguientes etapas:

a) Planificación:

    1. Decidir cuáles son los beneficios esperados y para cuales activos físicos.

    2. Evaluar los recursos necesarios.

    3. Analizar la relación costo beneficio.

    4. Si existe beneficio decidir quién realizara y quien auditara cada análisis. Las personas que realizan estas tareas deben estar correctamente formadas.

    5. Asegurarse que el contexto operacional de cada activo este claramente comprendido.

b) Formación de los grupos de análisis:

Se debe constituir un equipo de trabajo multifuncional para responder las siete preguntas del RCM. La conformación típica del grupo es como se muestra a continuación.

Fig. 10.11. Conformación del Grupo de Análisis RCM

En el grupo deben participar al menos una persona de producción y una de mantenimiento que conozcan profundamente el activo físico bajo análisis. Los facilitadores son especialistas en la metodología RCM y que además está entrenado en técnicas de conducción de grupos. Debe trabajar como guía del grupo y su rol es asegurar que:

- Se realice correctamente el análisis RCM, los limites sean claramente definidos, no de pasen por alto ítems importantes y que se registren los resultados.

- El RCM se comprenda y se aplique correctamente por el grupo.

- El grupo llegue al consenso en forma rápida y ordenada, controlando el entusiasmo individual de los miembros.

- No se omita ningún componente o sistema del activo.

- El análisis progrese sin demoras y se cumpla la planificación.

- Toda la documentación del RCM se complete correctamente.

   c) Análisis de los resultados:

Un proceso RCM bien aplicado debe dar resultados tangibles que permitan proveer información clara para realizar planes de mantenimiento optimizados. Para ejecutar estos planes es fundamental disponer además, de procedimientos de operación o estándares tanto para los especialistas de mantenimiento como por los operarios del equipo y este es otro producto del RCM. También se logra con esta metodología, y luego de un proceso de análisis especializado, tanto las modificaciones técnicas necesarias de los equipos, como los cambios en los procedimientos y estándares de mantenimiento y operación que acompañan a los rediseños. Otros resultados adicionales son el intercambio de puntos de vista y experiencias, la puesta en común de necesidades y la comprensión total acerca de cómo funciona el activo o sistema.

   d) Revisión, aprobación e implementación:

Una vez completada la revisión de cada uno de los equipos por parte del grupo de análisis, el responsable de la planta debe comprobar en cada caso, que el análisis hecho sobre la maquinaria y las decisiones tomadas por el grupo sean razonables y aplicables. Solo entonces darán su visto bueno para la implementación. Esta consiste en una serie de acciones que comprenden la anexión de planes de control y mantenimiento dentro del plan ya establecido, la incorporación de cambios en los procedimientos operativos y la presentación de propuestas de modificaciones técnicas sobre los activos, al departamento competente.

10.6 Objetivos y logros del RCM

Recordando los requisitos que se espera de los activos de tercera generación se pueden reagrupar de acuerdo a la visión planteada por el método. Así:

Mayor nivel de seguridad:

La seguridad y el cuidado ambiental son planteados como aspectos prioritarios dentro del esquema de análisis. Son evaluados sus impactos antes que los propios de los aspectos operativos. En realidad los temas vinculados a la seguridad y al ambiente son parte del proceso operativo en general ya que un siniestro o un impacto en el ambiente son pérdidas del proceso de transformación que tienen implicancias legales y económicas. Por otro lado, provocan daños a la imagen corporativa y golpes serios a la Responsabilidad Social Empresaria siendo los efectos en ocasiones, irreversibles. Por lo tanto, el RCM considera prioritarios estos temas de forma tal que, una vez detectadas las funciones vinculadas con la seguridad y el ambiente, no admite la falta de acción de corrección para llevar los niveles de riesgo a valores aceptables en caso de que no puedan ser eliminados. Los criterios que sigue el RCM en este campo son:

- Revisión sistemática de los efectos de toda falla vinculada a los aspectos de seguridad e impacto ambiental antes que los aspectos operativos.

- Enfoque estructurado en los sistemas de protección basado en la búsqueda de falla oculta permite reducir la aparición de fallas múltiples, las que pueden tener consecuencias muy graves.

- La interacción en los grupos de análisis de participantes técnicos y operarios logra sensibilizar a los integrantes sobre los peligros inherentes de los equipos y procesos. Esto ayuda a que se tomen decisiones más acertadas y se eviten errores que originen siniestros.

- Reducción significativa de las tareas propias de mantenimiento que conduce a una disminución del riesgo de fallas críticas.

Mayor disponibilidad y confiabilidad de los equipos:

Es lógico pensar que reduciendo las fallas de los equipos se logra una mayor disponibilidad y confiabilidad de estos, particularmente en los casos en los que se puede anticipar las paradas de equipo con consecuencias operacionales. El RCM colabora para evitar estas pérdidas mediante la revisión sistemática de las consecuencias operacionales de las fallas separándolas de las otras consecuencias. Este modo de trabajo se refuerza con las tareas a condición (CBM) que permite detectar las fallas potenciales antes de que las pérdidas de función sean mayores. Así se puede programar la intervención cuando se afecte menos a la producción y se disponga de los repuestos necesarios, evitando además los tiempos muertos de reparación por logística de componentes. Menor tiempo para realizar un diagnóstico de falla implica menores tiempos de equipo parado.

Otro aspecto interesante es que, conociendo la función y su modo de falla, es posible preparar las herramientas más convenientes de diagnóstico de falla. Esto significa que el activo es sacado de servicio con menor frecuencia y con menor tiempo muerto. La detección anticipada de las fallas potenciales, antes de que devengan en fallas funcionales, claramente permite prepararse para la intervención y evitar daños mayores con lo cual se aumenta la disponibilidad de los equipos.

Mejor calidad de producto obtenido

Por lo general, en las empresas donde los objetivos de calidad están subordinados a los de producción, las pérdidas de capacidad de los equipos para lograr productos dentro de especificaciones de diseño no son consideradas como fallas. Pero si la cantidad de producto no conforme por deficiencias y la pérdida de capacidad de la máquina exceden los objetivos planteados, este punto de vista cambia y entonces estas derivas se tornan fallas con implicancias operacionales. Hoy, los requisitos del cliente y las exigencias del mercado demandan sistemas de gestión de calidad certificados. Toda empresa que disponga un sistema de gestión de calidad certificado, debe tener las características del proceso debidamente controladas. La Norma ISO 9001: 2008, en su requisito 8.3.2 *Seguimiento y Medición de los procesos,* especifica que los métodos de medición y seguimiento aplicados por la organización deben "demostrar la capacidad de los procesos para alcanzar los resultados planificados"

Mayor eficiencia en la gestión del mantenimiento

Un resultado relevante derivado de la ejecución del RCM es la optimización de los costos del mantenimiento. En aquellas empresas que tienen implementado el mantenimiento TBM y aplican correctamente la metodología RCM, pueden lograr una eficiencia en la gestión de mantenimiento reduciendo, no solo las tareas preventivas, sino también la frecuencia de control de tales tareas. Por otro lado, al eliminarse tareas innecesarias, se aumenta la fiabilidad porque se reduce la posibilidad de fallas provocadas por errores en los recambios y reacondicionamientos. Llevando adelante adecuadamente las revisiones se pueden lograr la eliminación de elementos superfluos y componentes con fiabilidad baja. Esto reduce la cantidad de intervenciones en los equipos y minimiza la lista de trabajos a realizar con lo cual se requieren menos recursos y se aumenta la productividad. La racionalización en la utilización de recursos externos, tanto en servicios como en contratación de especialistas mejora de la eficiencia del mantenimiento. Al trabajarse en la revisión orientada a los efectos de las fallas, los daños y paradas provocados por fallas secundarias se reducen. Todo lo anterior conlleva al incremento en la vida útil de los activos.

Generación de una base de datos de mantenimiento

Al trabajarse en grupos con personas que desempeñan distintas funciones en planta, se logra recopilar información técnica y operativa que enriquece el conocimiento de las debilidades de los equipos. Esta información se agrega a la base de datos existente que puede ser conocida y compartida por todos los interesados. Los manuales, planos, procedimientos y registros pueden ser mejorados y con ellos los planes de intervención.

Motivación del personal

El trabajo en grupo permite a sus participantes alcanzar la satisfacción por la obtención de logros concretos y es un excelente medio para la motivación y el crecimiento del personal tanto en aspectos técnicos como sociales.

10.7 Aplicación a un caso práctico

A continuación se muestra la aplicación del método a un caso concreto extractado de una presentación de Aladon Ltd. En la figura se muestra el esquema de un transportador nuevo de materiales áridos de una cantera cuya capacidad máxima es de 50 tn/h y que por cuestiones de programa productivo debe entregar un caudal másico medio de 40 tn/h. El material es transportando desde un depósito de 6000 tn hasta un silo de 150 tn.

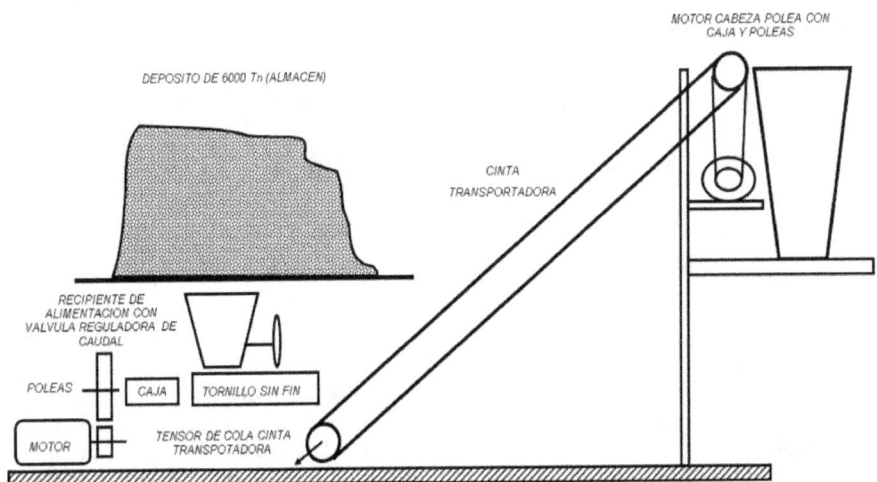

Las principales características del sistema son:

- Capacidad del depósito: 6000 tn.

- Densidad del material 1,6 tn/m3.

- Hay 3 transportadores antiguos de 35 tn /h y funcionan a 30tn/h = 90tn/h

- Caudal necesario de movimiento de material: 130 tn/h

- Caudal máximo del transportador nuevo: 50 tn/hora.

- Caudal medio del transportador: 40 tn/hora.

- Capacidad del silo: 150 tn

- Alarma de vaciado del silo: suena por debajo de las 75 tn.

- El mantenimiento de las correas y otras tareas menores las realiza un solo operador.

- Cinta transportadora: ancho 600 mm de 5 capas con una capa superior de 5mm de inferior de 2mm de espesor.

- Los rodillos de tracción (cabeza y cola) están recubiertos con goma.

- Los rodillos locos de 36° están cada 1m y cada 20m hay 6 rodillos auto alineados, todos montados sobre rodamientos sellados.

- El transportador funciona mediante un motor, un juego de correas y una caja reductora que contiene un dispositivo de detención anti retorno.

- Caudal máximo del tornillo sin fin: 50 tn / hora.

- La tolva y el silo están construidos con placas desmontables.

- Los motores tienen protección térmica por sobrecarga y suena una alarma en la sala de control

- Existe un cable de parada que va a lo largo del transportador.

1) Lo primero que se debe realizar es completar la Hoja de Información RCM del equipo donde se completan los siguientes datos para cada función del equipo.

- Función

- Fallo de la función

- Modo de fallo

- Efecto del fallo

2) Con la información de cada una de las filas de la Hoja de Información RCM se ingresa al Diagrama de decisión RCM por la esquina superior izquierda (INICIO) comenzando por el análisis de las consecuencias de las fallas ocultas (H) y se avanza sobre el diagrama respondiendo a cada una de la preguntas que se plantean. Si las fallas no se consideran ocultas, se pasa a analizar en la Parte 2 las consecuencias que las fallas

pueden tener sobre la seguridad y el ambiente. Igual que en el caso anterior, si la falla no tiene implicancia en estos campos se pasa por último a la parte 3 donde se consideran los efectos que las fallas producen en los aspectos operativos.

3) A partir de los datos colocados en la Hoja de Información y mediante la ayuda del Diagrama de Decisión RCM se completa la Hoja de Decisión RCM de donde surge el plan de mantenimiento de los equipos analizados. En las primeras tres columnas de cada fila se completan los datos de referencia sacados del la Hoja de Información, y en los casilleros H, S, E, O de las cuatro columnas siguientes se colocan las respuestas que surgen de los bloques de decisión de entrada a cada área de análisis, es decir si (S) o no (N) según corresponda a falla oculta, falla con consecuencias en seguridad, ambiente u operacional. En las tras columnas siguientes hay que considerar los bloques de decisión internos de cada área o sea los Hi, Si, Ei, Oi con i=1 a 3, para el caso de las tareas proactivas o preventivas. En estos casilleros se coloca la respuesta que surge en cada caso. En las tres columnas siguientes se encuentran casilleros para las respuestas en los casos en que las tareas sean "a falta de" de las áreas de análisis H y S (H4, H5 y S4). Por último, en cada fila luego del análisis, hay tres campos para completar las tareas propuestas que surgen del Diagrama de Decisión, la frecuencia con la que se realizará y quién será el encargado de ejecutarla.

HOJA DE INFORMACION RCM

PLANTA:	ELEMENTO:	REALIZADO POR:	FECHA REALIZACIÓN:	Hoja 1
Molino 3	Transportador.			de 5
PROCESO:	COMPONENTE:	REVISADO POR:	FECHA REVISIÓN:	
Molienda de áridos	Varios			

FUNCIÓN (F)	FALLO FUNCIONAL (FF)	MODO DE FALLO (MF)	EFECTO DEL FALLO
1.- Transferir material árido desde el depósito al silo a una tasa mínima de 40 t/h	A.- No se transfiere el material	1.- La tolva de salida se obstruye con objetos extraños	El flujo de la tolva se detiene luego de 10 minutos y suena la alarma en la sala de control cuando el nivel en la tolva cae por debajo de 75 tn. La remoción de la obstrucción
		2.- Tornillo sin fin se atasca por objeto extraño.	El motor del tornillo se enclava (se activa protección termomagnética) y suena la alarma en la sala de control. El flujo de material se detiene y generalmente toma alrededor de 2 horas liberar el tornillo.
		3.- El eje del tornillo sin fin se corta.	El motor gira pero el flujo de material del tolva se detiene luego de 10 minutos y la alarma suena cuando el nivel baja de 75 tn. Toma 6 hs reemplazar el eje. (Hasta ahora no fallaron nunca los ejes)
		4.- Los rodamientos del tornillo sin fin están agarrotados.	El motor del tornillo se enclava () y suena la alarma en la sala de control. El flujo de material se detiene y generalmente toma alrededor de 4 horas cambiar el rodamiento.
		5.- Las correas en V se cortan por desgaste.	El motor gira pero el flujo de material se detiene y finalmente suena la alarma. El tiempo de parada para cambiar las correas en V es de 1 hr. (la cubierta de protección de las correas en V es fijado en posición por 4 tornillos).
		6.- Falla chaveta de las correas en V	El motor gira pero el flujo de material se detiene y finalmente suena la alarma. El tiempo previsto para cambiar la chaveta es de 2 hr (solo fallan cuando se montan incorrectamente).
		7.- Los rodamientos de la caja reductora están agarrotados.	El motor del tornillo se enclava (se activa protección termomagnética) y suena la alarma en la sala de control. El flujo de material se detiene y generalmente toma alrededor de 5 horas cambiar los rodamientos de la caja.
		8.- La caja reductora del tornillo sin falla por falta de aceite	La varilla para medir el aceite va del mínimo al máximo con una variación de 0,5 lt de aceite. Si falla la caja reductora el motor se clava, se activa protección termomagnética y suena la alarma. El flujo se detiene por 5 hs para cambiar la caja reductora.

HOJA DE DECISIÓN RCM														
PLANTA: Molino 3			**EQUIPO:** Transportador							**REALIZADO POR:**			**FECHA REALIZACIÓN:**	
PROCESO: Molienda de áridos			**COMPONENTE:** Varios							**REVISADO POR:**			**FECHA REVISIÓN:**	
Función	Falla Función	Modo de Fallo	Evaluación de efectos				Tareas proactivas			Tareas "a falta de"			Tareas propuestas	Frecuencia inicial	A realizar por
			H	S	E	O	H1 S1 O1 N1	H2 S2 O2 N2	H3 S3 O3 N3	H4	H5	S4			
1	A	1	S	N	N	S	N	N	N				Ningún mantenimiento programado		
1	A	2	S	N	N	S	N	N	N				Ningún mantenimiento programado		
1	A	3	S	N	N	S	N	N	N				Ningún mantenimiento programado		
1	A	4	S	N	N	S	S	S	S				Revisar si hacen ruido los rodamientos del tornillo sin fin	Semanal	Op. Mantenimiento
1	A	5	S	N	N	S	N	N	N				Ningún mantenimiento programado		
1	A	6	S	N	N	S	N	N	N				Ningún mantenimiento programado		
1	A	7	S	N	N	S	S	S	S				Revisar si hacen ruido los rodamientos de la caja reductora	Semanal	Op. Mantenimiento
1	A	8	S	N	N	S	S	S	S				Revisar el nivel de aceite del tornillo sin fin y completas con Terolube 90	Semanal	Op. Mantenimiento

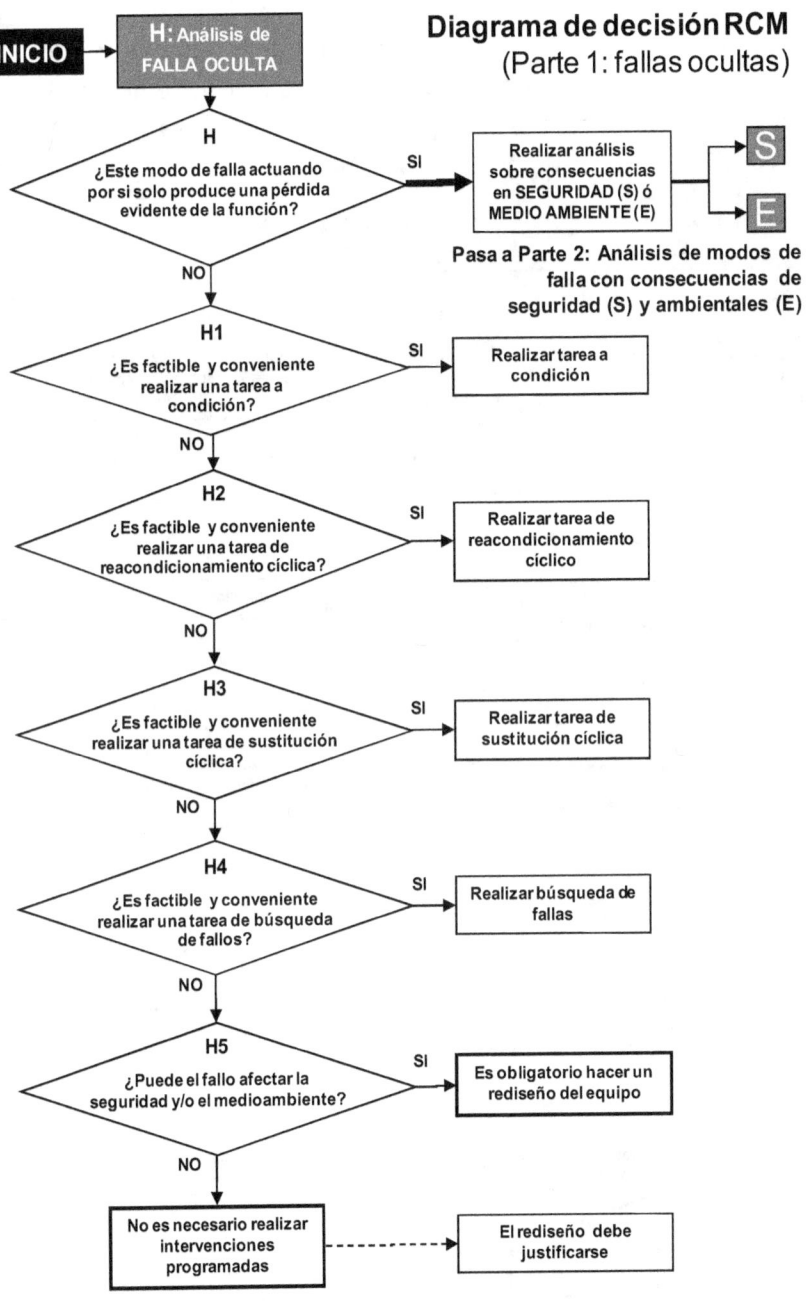

Diagrama de decisión RCM
(Parte 1: fallas ocultas)

INICIO → **H: Análisis de FALLA OCULTA**

H — ¿Este modo de falla actuando por si solo produce una pérdida evidente de la función? — **SI** → Realizar análisis sobre consecuencias en SEGURIDAD (S) ó MEDIO AMBIENTE (E) → **S** / **E**

Pasa a Parte 2: Análisis de modos de falla con consecuencias de seguridad (S) y ambientales (E)

NO ↓

H1 — ¿Es factible y conveniente realizar una tarea a condición? — **SI** → Realizar tarea a condición

NO ↓

H2 — ¿Es factible y conveniente realizar una tarea de reacondicionamiento cíclica? — **SI** → Realizar tarea de reacondicionamiento cíclico

NO ↓

H3 — ¿Es factible y conveniente realizar una tarea de sustitución cíclica? — **SI** → Realizar tarea de sustitución cíclica

NO ↓

H4 — ¿Es factible y conveniente realizar una tarea de búsqueda de fallos? — **SI** → Realizar búsqueda de fallas

NO ↓

H5 — ¿Puede el fallo afectar la seguridad y/o el medioambiente? — **SI** → Es obligatorio hacer un rediseño del equipo

NO ↓

No es necesario realizar intervenciones programadas ---- → El rediseño debe justificarse

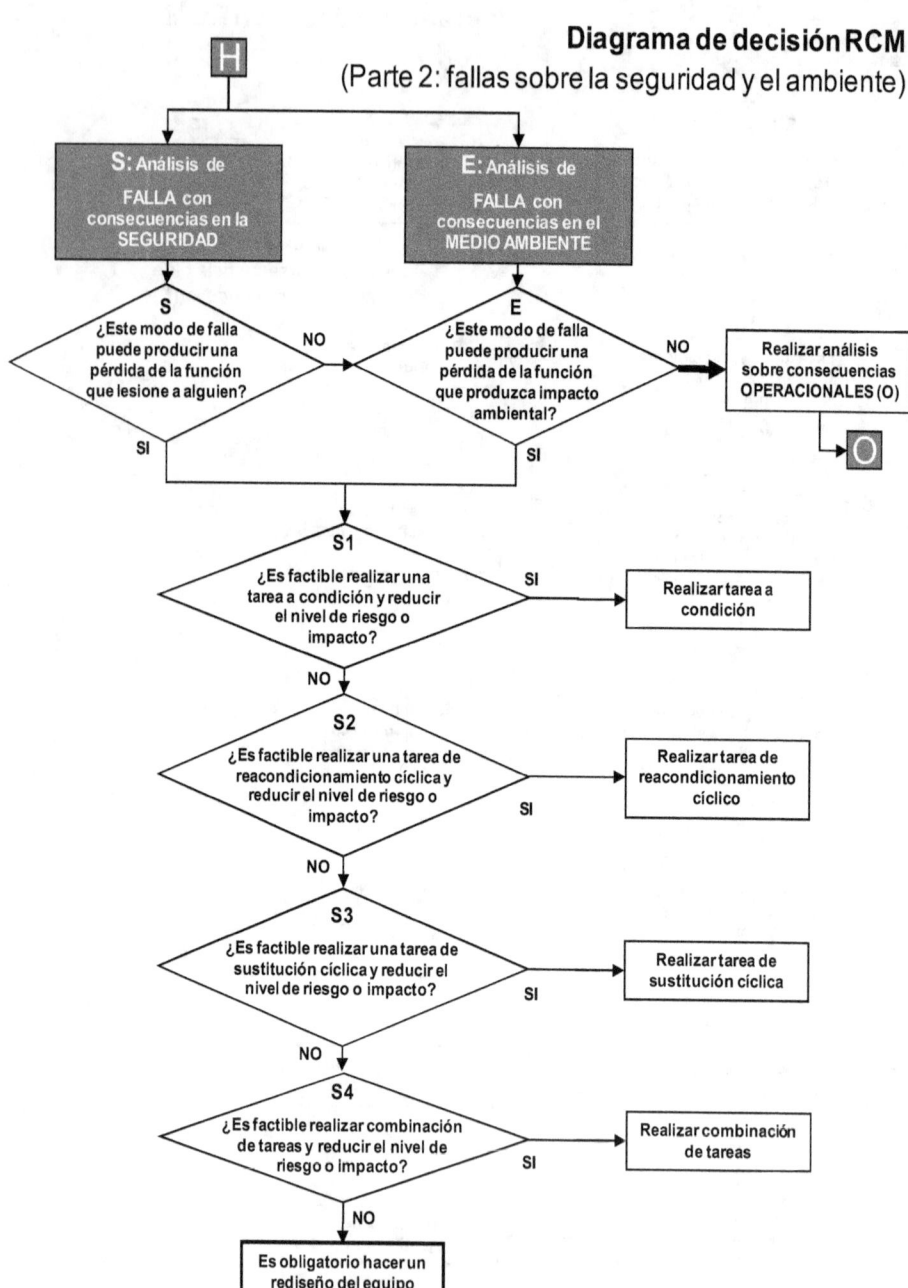

Diagrama de decisión RCM
(Parte 2: fallas sobre la seguridad y el ambiente)

Diagrama de decisión RCM
(Parte3: fallas operacionales y no operacionales)

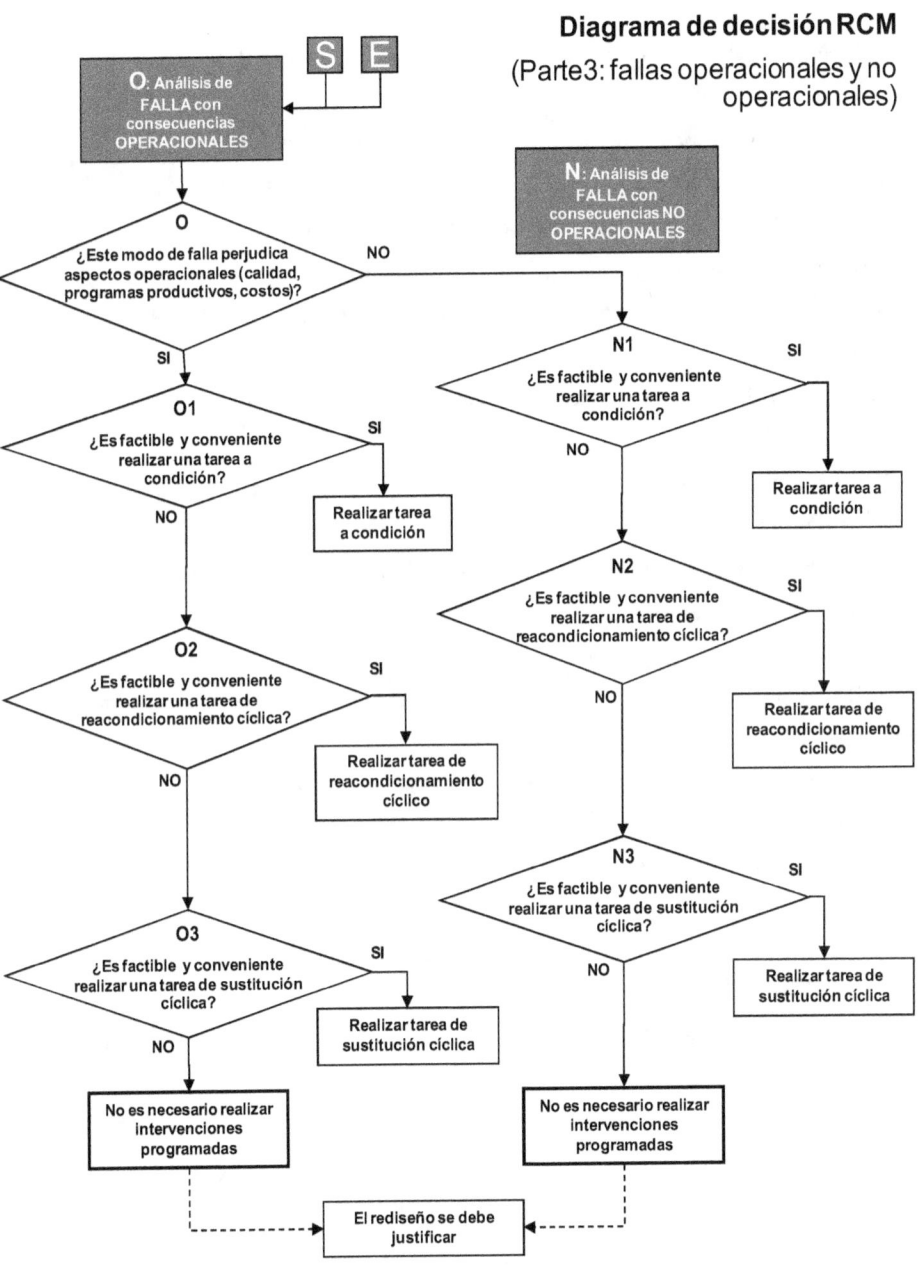

Bibliografía

- **AVALLONE, Eugene** *Manual del ingeniero mecánico,* Ed. Mac Graw Hill, Estados Unidos (1997)

- **ANDRADE, César J.**: *Mantenimiento preventivo, predictivo y monitoreo industrial,* Ed. Dimas, Córdoba, Argentina, (1989)

- **BLANCO IBARRA, Felipe**: *Contabilidad analítica,* Ed. Deusto, Bilbao, España.

- **BOERO, Carlos**: *Mantenimiento Industrial* Ed. Universitas, Córdoba, Argentina, (1998)

- **BROCH, Jens**: *Mechanical vibration and shock measurements,* Brüel and Kjaer Systems, 2° edición junio 1973

- **CORTÉS DÍAZ, José María**: *Técnicas de prevención de riesgos laborales,* Ed. Tebar, Madrid, España (1987)

- **GARCÍA PEYRANO, Oscar**: *Tecnología de análisis de vibraciones y monitoreo de máquinas,* UNC - FCEFyN, Córdoba, Argentina (1997)

- **JOHNSON, Richard**: *Estadísticas para Ingenieros de Miller y Freund,* Prentice Hall, 5ta ed. (1997)

- **LUBRIQUIP INC.**: *Notas sobre técnicas de lubricación*

- **MOUBRAY, John**: *Reliabilty Centered Maintenance,* Butterworth – Heinemann 2° ed. Oxford (1997)

- **OPTIMOL LUBRICANTES**: *Seminario de lubricantes y técnicas aplicadas,* Bs. As., Argentina, (1997)

- **ROSALER, Robert**: *Manual del ingeniero de planta,* Ed. Mac Graw Hill, Estados Unidos (1997)

- **SOLANAS, Ricardo**: *Producción, su organización y administración,* Ediciones Interoceánicas, Bs. As., Argentina (1998)

- **SUZUKI, Tokutaro y otros**: *TPM en las industrias de proceso,* Ed. TGP-Hoshin, Madrid, España, (1995)

- **TAVARES, Lourival**: *Seminario taller: técnicas de evaluación de gestión de mantenimiento* Bs. As., Argentina (1996)

JORGE SARMIENTO EDITOR - UNIVERSITAS